网络空间安全专业规划教材

总主编　杨义先　　执行主编　李小勇

信息安全数学基础

徐国胜　罗守山　编

北京邮电大学出版社
www.buptpress.com

内 容 简 介

本书围绕网络空间安全相关课程所需的数学基础，介绍了初等数论、抽象代数、数理逻辑和图论4个部分的基本理论和方法。本书的内容包括素数与带余除法、最大公因子与辗转相除法、模运算与同余理论、群、环、域、命题逻辑及其推理、一阶逻辑及其推理、图论的基本理论。为了使学生对网络空间安全中的数学方法有更好的理解，本书介绍了一些面向网络空间安全技术发展的应用实例；同时，各章还配有一定数量的习题，便于教学与自学。

本书可作为普通高等学校网络空间安全、信息安全等专业“信息安全数学基础”课程本科教材，也可供其他专业的学生和科技人员参考。

图书在版编目(CIP)数据

信息安全数学基础 / 徐国胜，罗守山编. -- 北京 ：北京邮电大学出版社，2018.8
ISBN 978-7-5635-5562-8

Ⅰ. ①信… Ⅱ. ①徐… ②罗… Ⅲ. ①信息安全—应用数学—高等学校—教材 Ⅳ. ①TP309②O29

中国版本图书馆 CIP 数据核字(2018)第 176795 号

书　　　名：信息安全数学基础
著作责任者：徐国胜　罗守山　编
责 任 编 辑：徐振华　孙宏颖
出 版 发 行：北京邮电大学出版社
社　　　址：北京市海淀区西土城路 10 号(邮编：100876)
发　行　部：电话：010-62282185　传真：010-62283578
E-mail：publish@bupt.edu.cn
经　　　销：各地新华书店
印　　　刷：北京玺诚印务有限公司
开　　　本：787 mm×1 092 mm　1/16
印　　　张：10
字　　　数：260 千字
版　　　次：2018 年 8 月第 1 版　2018 年 8 月第 1 次印刷

ISBN 978-7-5635-5562-8　　定价：24.00 元

序

Prologue

作为最新的国家一级学科，由于其罕见的特殊性，网络空间安全真可谓是典型的“在游泳中学游泳”。一方面，蜂拥而至的现实人才需求和紧迫的技术挑战，促使我们必须以超常规手段，来启动并建设好该一级学科；另一方面，由于缺乏国内外可资借鉴的经验，也没有足够的时间纠结于众多细节，所以，作为当初“教育部网络空间安全一级学科研究论证工作组”的八位专家之一，我有义务借此机会，向大家介绍一下 2014 年规划该学科的相关情况，并结合现状，坦诚一些不足，以及改进和完善计划，以使大家有一个宏观了解。

我们所指的网络空间，也就是媒体常说的赛博空间，意指通过全球互联网和计算系统进行通信、控制和信息共享的动态虚拟空间。它已成为继陆、海、空、太空之后的第五空间。网络空间里不仅包括通过网络互联而成的各种计算系统（各种智能终端）、连接端系统的网络、连接网络的互联网和受控系统，也包括其中的硬件、软件乃至产生、处理、传输、存储的各种数据或信息。与其他四个空间不同，网络空间没有明确的、固定的边界，也没有集中的控制权威。

网络空间安全，研究网络空间中的安全威胁和防护问题，即在有敌手对抗的环境下，研究信息在产生、传输、存储、处理的各个环节中所面临的威胁和防御措施，以及网络和系统本身的威胁和防护机制。网络空间安全不仅包括传统信息安全所涉及的信息保密性、完整性和可用性，同时还包括构成网络空间基础设施的安全和可信。

网络空间安全一级学科，下设五个研究方向：网络空间安全基础、密码学及应用、系统安全、网络安全、应用安全。

方向 1，网络空间安全基础，为其他方向的研究提供理论、架构和方法学指导；它主要研究网络空间安全数学理论、网络空间安全体系结构、网络空间安全数据分析、网络空间博弈理论、网络空间安全治理与策略、网络空间安全标准与评测等内容。

方向2,密码学及应用,为后三个方向(系统安全、网络安全和应用安全)提供密码机制;它主要研究对称密码设计与分析、公钥密码设计与分析、安全协议设计与分析、侧信道分析与防护、量子密码与新型密码等内容。

方向3,系统安全,保证网络空间中单元计算系统的安全;它主要研究芯片安全、系统软件安全、可信计算、虚拟化计算平台安全、恶意代码分析与防护、系统硬件和物理环境安全等内容。

方向4,网络安全,保证连接计算机的中间网络自身的安全以及在网络上所传输的信息的安全;它主要研究通信基础设施及物理环境安全、互联网基础设施安全、网络安全管理、网络安全防护与主动防御(攻防与对抗)、端到端的安全通信等内容。

方向5,应用安全,保证网络空间中大型应用系统的安全,也是安全机制在互联网应用或服务领域中的综合应用;它主要研究关键应用系统安全、社会网络安全(包括内容安全)、隐私保护、工控系统与物联网安全、先进计算安全等内容。

从基础知识体系角度看,网络空间安全一级学科主要由五个模块组成:网络空间安全基础、密码学基础、系统安全技术、网络安全技术和应用安全技术。

模块1,网络空间安全基础知识模块,包括:数论、信息论、计算复杂性、操作系统、数据库、计算机组成、计算机网络、程序设计语言、网络空间安全导论、网络空间安全法律法规、网络空间安全管理基础。

模块2,密码学基础理论知识模块,包括:对称密码、公钥密码、量子密码、密码分析技术、安全协议。

模块3,系统安全理论与技术知识模块,包括:芯片安全、物理安全、可靠性技术、访问控制技术、操作系统安全、数据库安全、代码安全与软件漏洞挖掘、恶意代码分析与防御。

模块4,网络安全理论与技术知识模块,包括:通信网络安全、无线通信安全、IPv6安全、防火墙技术、入侵检测与防御、VPN、网络安全协议、网络漏洞检测与防护、网络攻击与防护。

模块5,应用安全理论与技术知识模块,包括:Web安全、数据存储与恢复、垃圾信息识别与过滤、舆情分析及预警、计算机数字取证、信息隐藏、电子政务安全、电子商务安全、云计算安全、物联网安全、大数据安全、隐私保护技术、数字版权保护技术。

其实,从纯学术角度看,网络空间安全一级学科的支撑专业,至少应该平等地包含信息安全专业、信息对抗专业、保密管理专业、网络空间安全专业、网络安全与执法专业等本科专业。但是，由于管理渠道等诸多原因，我们当初只重点考虑了信息安全专业，所以，就留下了一些遗憾，甚至空白，比如，信息安全心理学、安全控制论、安全系统论等。不过值得庆幸的是，学界现在已经开始着手，填补这些空白。

北京邮电大学在网络空间安全相关学科和专业等方面，在全国高校中一直处于领先水平，从20世纪80年代初至今，已有30余年的全方位积累，而且，一直就特别重视教学规范、课程建设、教材出版、实验培训等基本功。本套系列教材主要是由北京邮电大学的骨干教师们，结合自身特长和教学科研方面的成果，撰写而成。本系列教材暂由《信息安全数学基础》《网络安全》《汇编语言与逆向工程》《软件安全》《网络空间安全导论》《可信计算理论与技术》《网络空间安全治理》《大数据服务与安全隐私技术》《数字内容安全》《量子计算与后量子密码》《移动终端安全》《漏洞分析技术实验教程》《网络安全实验》《网络空间安全基础》《信息安全管理(第3版)》《网络安全法学》《信息隐藏与数字水印》等20余本本科生教材组成。这些教材主要涵盖信息安全专业和网络空间安全专业，今后，一旦时机成熟，我们将组织国内外更多的专家，针对信息对抗专业、保密管理专业、网络安全与执法专业等内容，出版更多、更好的教材，为网络空间安全一级学科提供更有力的支撑。

杨义先

教授、长江学者

国家杰出青年科学基金获得者

北京邮电大学信息安全中心主任

灾备技术国家工程实验室主任

公共大数据国家重点实验室主任

2017年4月，于花溪

前言

Foreword

随着信息技术与产业的空前繁荣和发展，网络空间安全的危害事件不断发生。不法分子的恶意破坏、黑客攻击、恶意软件侵扰、利用计算机犯罪、隐私泄露等对网络空间安全构成了极大的威胁；此外，科学技术的进步也对信息安全提出严峻的挑战，如量子计算机具有并行性，从而使得许多现有公钥密码在量子计算机环境下将不再安全。因此，网络空间安全的形势异常严峻。“没有网络安全，就没有国家安全。没有信息化，就没有现代化。”2015 年，为实施国家安全战略，加快网络空间安全高层次人才培养，国家决定在“工学”门类下增设“网络空间安全”一级学科。网络空间安全是一个涉及数学、计算机与信息科学等多个领域的交叉学科，数学在其中起着核心的作用。本书依据网络空间安全专业设置指导文件对信息安全数学基础进行了介绍。

本书介绍了信息安全数学基础中的一些基本理论与方法，组织安排如下。

第 1 章　数论基础。本章介绍素数与带余除法、最大公因子与辗转相除法、模运算与同余、同余方程、中国剩余定理、数论在密码学中的应用等内容。

第 2 章　群。本章介绍关系与等价关系、运算与同态、群的定义与性质、子群与群的同态、循环群、陪集与正规子群、群与纠错编码等内容。

第 3 章　环。本章介绍环的定义及其性质，子环和环的同态，环的直积、矩阵环、多项式环、序列环，理想与环同态基本定理，环在信息安全中的应用等内容。

第 4 章　域。本章介绍分式域、扩域、多项式的分裂域、域的特征和有限域的结构、有限域上的离散对数与密钥交换协议等内容。

第 5 章　数理逻辑基础。本章介绍命题逻辑、命题逻辑等值演算与推理、一阶逻辑、数理逻辑在信息安全中的应用等内容。

第 6 章　图论基础。本章介绍图的定义、完全图和正则图、子图、通路与回路、图的矩阵表示、欧拉图与汉密尔顿图、树与生成树、图论在信息安全中的应用等内容。

通过本书读者可以学习到信息安全数学基础的一些基本知识，加上本书每章习题的训练，读者可以获得相关的技能。本书可作为信息安全专业及相关的数学域信息科学专业的本科教材。

本书由北京邮电大学的徐国胜、罗守山老师共同编写。其中，罗守山编写第 1 章、第 2 章、第 3 章、第 4 章，徐国胜编写第 5 章、第 6 章。由于编者水平有限，在编写的过程中难免出现疏漏，恳请广大读者批评指正。

编 者

2018 年 7 月

目录

Contents

第 1 章

数论基础

数论是研究整数性质的一个数学分支，它在密码学与网络安全领域中有着很多重要的应用。在本章中，我们将学习关于整数与多项式的一些基本知识，如素数与带余除法、最大公因子与辗转相除法、模运算与同余、欧拉定理、多项式的带余除法与辗转相除法、同余方程、同余方程组。同时，我们还将介绍一些密码学的基本知识，并学习一些基于上述知识的古典密码算法。

1.1 素数与带余除法

1.1.1 素数

整除是数论中的基本概念。这里主要介绍与整除相关的一些基本概念及其性质。这些基本概念如整除、因子、公因子、分解因子等已经被大家所熟悉。在这里我们将给出这些概念的严格的数学定义。通过对这些概念的数学定义及其性质的掌握，可以解决许多初等数论里与整除相关的问题。这些知识不仅是数论的基础，而且在密码学中有很广泛的应用。

我们知道整数集合中除了加法和乘法之外，还可以作减法运算，但是一般不能作除法，由此引出初等数论中第一个基本概念：数的整除性。

定义 1.1 设 a 和 b 是整数，$b\neq 0$，如果存在整数 c 使得 $a=bc$，则称 b 整除 a，表示成 $b|a$，并称 b 是 a 的因子，而 a 为 b 的倍数。如果不存在上述的整数 c，则称 b 不整除 a，表示成 $b\nmid a$。

由整除的定义，立即导出整除的如下基本性质：

① $b|b$；

② 如果 $b|a$，$a|c$，则 $b|c$；

③ 如果 $b|a$，$b|c$，则对任意整数 x，y，有 $b|(ax+cy)$；

④ 如果 $b|a$，$a|b$，则 $b=\pm a$；

⑤ 设 $m\neq 0$，那么，$b|a \Leftrightarrow mb|ma$；

⑥ 设 $b\neq 0$，那么，$a|b \Rightarrow |a|\leqslant|b|$。

性质②的证明：由于 $b|a$，根据整除的定义知，存在 x，使 $a=xb$，同样，存在 y 使得 $c=ya$，从而 $c=ya=yxb=(yx)b$，即 $b|c$。

其他性质可以采用类似的方法证明。

显然，± 1、$\pm b$ 是 b 的因子，我们称其为 b 的平凡因子；b 的其他因子称为 b 的真因子。

定义 1.2 设 p 为大于 1 的整数，如果 p 没有真因子，即 p 的正因子只有 1 和 p 自身，则称 p 为素数，否则称为合数。

定理 1.1 素数有无穷多个。

证明：用反证法。假设只有有限个素数，设为 $q_1, q_2, \cdots, q_k$，考虑数 $a=q_1q_2\cdots q_k+1$，由于每一个 q_i 均不为 a 的因子，由素数的定义知，a 为素数。这与假设矛盾，故得证。

在密码学中，还会遇到一个与素数有关的问题是素数的检测问题，即素性测试。素性测试指的是判断一个大整数是否为素数。目前的素性测试算法都是概率性的算法，而非确定性的。一种较好的常用素性测试算法是 Miller-Rabin 概率算法，该算法产生的结果几乎是肯定的。关于该算法，可以这样简单理解：返回的否定结论一定是正确的，返回的肯定结论的出错概率很低。因此执行多次后，若均返回肯定结论，则出错的概率会大大降低。

1.1.2 带余除法

初等数论还有一个基本的结论：带余除法定理。

定理 1.2 设 a 和 b 是整数，$b>0$，则存在整数 q, r，使得 $a=bq+r$，其中 $0\leqslant r<b$，并且整数 q, r 由上述条件唯一决定。以上方法称为带余除法，或欧几里得除法。式中整数 q 称为 a 被 b 除的商，整数 r 称为 a 被 b 除得到的余数。

证明：唯一性。假设存在另外的一对整数 q_1, r_1，满足 $a=bq_1+r_1$，其中 $0\leqslant r_1<b$。将以上两式相减，得 $b(q-q_1)=r_1-r$。两边取绝对值，$b|q-q_1|=|r_1-r|$。因为 $0\leqslant r_1, r<b$，则 $0\leqslant|r_1-r|<b$，即 $b|q-q_1|<b$，则有 $q=q_1$，从而 $r=r_1$。

再证存在性。考虑整数序列：$\cdots, -3b, -2b, -b, 0, b, 2b, 3b, \cdots$。此时，整数 a 一定位于其中的某两个相邻的整数之间。即存在一个整数 q，使得 $qb\leqslant a<(q+1)b$，令 $r=a-qb$，则有 $a=bq+r$，其中 $0\leqslant r<b$。

例 1.1 证明 x^3 被 9 除之后所得的余数只能是 0,1,8。这里 x 为任意整数。

证明：由带余除法的知识可知，只需讨论 x 为 0 至 8 之间的数即可：$0^3=0\times9+0$；$1^3=0\times9+1$；$2^3=0\times9+8$；$3^3=3\times9+0$；$4^3=7\times9+1$；$5^3=13\times9+8$；$6^3=24\times9+0$；$7^3=38\times9+1$；$8^3=56\times9+8$。故得证。

定理 1.3 设 $a\geqslant2$ 是给定的正整数。那么任一正整数 n 必可唯一表示为：$n=r_ka^k+r_{k-1}a^{k-1}+\cdots+r_1a+r_0$。其中整数 $k\geqslant0$，$0\leqslant r_j\leqslant a-1(0\leqslant j\leqslant k)$，$r_k\neq0$。这就是正整数的 a 进位表示。

证明：对正整数 n 必有唯一的 $k\geqslant0$，使 $a^k\leqslant n<a^{k+1}$。由带余除法知，必有唯一的 q_0, r_0，满足 $n=q_0a+r_0$，这里 $0\leqslant r_0<a$。

以下对 k 采用数学归纳法。

若 $k=0$，则必有 $q_0=0$，$1\leqslant r_0<a$，所以结论成立。

假设，当 $k=m\geqslant0$ 时结论成立。那么当 $k=m+1$ 时，q_0 满足 $a^m\leqslant q_0<a^{m+1}$。由假设知 $q_0=s_ma^m+s_{m-1}a^{m-1}+\cdots+s_1a+s_0$，其中 $0\leqslant s_j\leqslant a-1(0\leqslant j\leqslant m-1)$，$1\leqslant s_m\leqslant a-1$。因而有 $n=s_ma^{m+1}+s_{m-1}a^m+\cdots+s_0a+r_0$，即结论对 $m+1$ 也成立。故得证。

在本节中，我们学习了素数与整数的相关知识，素数的数量是无限的。我们还学习了带余除法，通过带余除法，可以将任意一个正整数用 a 进位来表示。这些知识在密码学中的一些加密算法中都有着应用。

1.2 最大公因子与辗转相除法

辗转相除法在数论中有着重要的地位。利用辗转相除法不仅可以求出有限个整数之间的最大公因子，而且可以求出最大公因子用这些整数表示的线性系数。该方法还可以直接用于求解一次不定方程。欧几里得算法在密码学中也有多种应用，并可用于破译或分析某些密码算法的安全性。

定义 1.3　设 $a,b,\cdots,c$ 是有限个不全为零的整数，满足下面两个条件（唯一）的整数 d 称为它们的最大公因子（或最大公约数），记作 $(a,b,\cdots,c)$ 或 $\gcd(a,b,\cdots,c)$：

① d 是 $a,b,\cdots,c$ 的公约数，即 $d|a,d|b,\cdots,d|c$；

② d 是 $a,b,\cdots,c$ 的所有公约数中最大的，即如果整数 d_1 也是 $a,b,\cdots,c$ 的公约数，则 $d_1\leqslant d$。

任意整数 $a,b,\cdots,c$ 必然有公约数（例如 ±1）。如果它们不全为零，则易知它们的公约数只有有限多个，所以它们的最大公约数必然存在并且是唯一的。此外，最大公约数一定是正整数。

由于 0 可以被任意整数整除，所以，任一正整数 a 与 0 的最大公因子就是其本身 a。

如果 $(a,b,\cdots,c)=1$，则称 $a,b,\cdots,c$ 是互素的。如果 $a,b,\cdots,c$ 中任意两个是互素的，则称两两互素。

定理 1.4　设 a,b,c 为 3 个正整数，且 $a=bq+c$，其中 q 为整数，则 $(a,b)=(b,c)$。

证明： 由公约数的定义知 $(a,b)|a,(a,b)|b$，又 $c=a-bq$，因此 $(a,b)|c$，可以得到 $(a,b)|(b,c)$。同理可得 $(b,c)|(a,b)$，因此 $(a,b)=(b,c)$。

关于最大公约数，有如下的一些性质。

① 对于任意整数 x，有 $(a_1,a_2)=(a_1,a_2+a_1x)$。

② 设 $m>0$，则 $m(b_1,b_2,\cdots,b_k)=(mb_1,mb_2,\cdots,mb_k)$。

③ $\left(\frac{a_1}{(a_1,a_2)},\frac{a_2}{(a_1,a_2)}\right)=1$，一般情况下，有 $\left(\frac{a_1}{(a_1,\cdots,a_k)},\frac{a_2}{(a_1,\cdots,a_k)},\cdots,\frac{a_k}{(a_1,\cdots,a_k)}\right)=1$。

④ 设 $a,b,\cdots,c$ 是不全为零的整数，则存在整数 $x,y,\cdots,z$，使得 $ax+by+\cdots+cz=(a,b,\cdots,c)$。特别地，如果 $a,b,\cdots,c$ 互素，则存在整数 $x,y,\cdots,z$，使得 $ax+by+\cdots+cz=1$。

⑤ 设 $(a,m)=(b,m)=1$，则 $(ab,m)=1$。

⑥ 如果 $c|ab$，且 $(c,b)=1$，则 $c|a$。

例 1.2　设 a,b,c 为 3 个正整数，证明 $\left(\frac{a}{(a,c)},\frac{b}{(b,a)},\frac{c}{(c,b)}\right)=1$。

证明： 由最大公因子的定义，有 $\frac{a}{(a,c)}\mid\frac{a}{(a,b,c)}$，$\frac{b}{(b,a)}\mid\frac{b}{(a,b,c)}$，$\frac{c}{(c,b)}\mid\frac{c}{(a,b,c)}$。故 $\left(\frac{a}{(a,c)},\frac{b}{(b,a)},\frac{c}{(c,b)}\right)\mid\left(\frac{a}{(a,b,c)},\frac{b}{(a,b,c)},\frac{c}{(a,b,c)}\right)$。又 $\left(\frac{a}{(a,b,c)},\frac{b}{(a,b,c)},\frac{c}{(a,b,c)}\right)=1$，则 $\left(\frac{a}{(a,c)},\frac{b}{(b,a)},\frac{c}{(c,b)}\right)=1$。

对于正整数 a,b，利用上述定理及带余除法，可以求出 a,b 的最大公约数 (a,b)，该方法称为辗转相除法。具体步骤如下：

令 $r_0=b,r_1=a,b\leqslant a$；

用 r_1 除 r_0，$r_0=r_1q_1+r_2,0\leqslant r_2<r_1$；

用 r_2 除 r_1，$r_1=r_2q_2+r_3,0\leqslant r_3<r_2$；

…

用 r_{m-1} 除 r_{m-2}，$r_{m-2}=r_{m-1}q_{m-1}+r_m,0\leqslant r_m<r_{m-1}$；

用 r_m 除 r_{m-1}，$r_{m-1}=r_mq_m$。

注意：$r_0>r_1>\cdots>r_{m-1}>\cdots\geqslant 0$。从而上述的带余除法有限步后余数必为零。此外，由上述定理，知 $(a,b)=(r_0,r_1)=(r_1,r_2)=\cdots=(r_{m-1},r_m)=(r_m,0)=r_m$。

欧几里得辗转相除法不仅可以求出 (a,b)，还可以求出不定方程 $sa+tb=(a,b)$ 的一组整数解，在该表达式中，s,t 是变量。具体做法如下。

由算法的倒数第二行，得到 $(a,b)=r_m=r_{m-2}-r_{m-1}q_{m-1}$，这就将 (a,b) 表示成 r_{m-2}，r_{m-1} 的整系数线性组合。再用算法中其前面的一行，得到 $r_{m-1}=r_{m-3}-r_{m-2}q_{m-2}+r_m$，代入上式，消去 r_{m-1}，得出 $(a,b)=(1+q_{m-1}q_{m-2})r_{m-2}-q_{m-1}r_{m-3}$，即 (a,b) 为 r_{m-2}，r_{m-3} 的线性组合，如此进行，最终可得 $(a,b)=sa+tb$。

例 1.3 求 42 823 及 6 409 的最大公因子，并将它表示成 42 823 和 6 409 的整系数线性组合形式。

解： 采用辗转相除法。$42\,823=6\times 6\,409+4\,369$，$6\,409=1\times 4\,369+2\,040$，$4\,369=2\times 2\,040+289$，$2\,040=7\times 289+17$，$289=17\times 17$。于是有：$(42\,823,6\,409)=(6\,409,4\,369)=(4\,369,2\,040)=(2\,040,289)=(289,17)=17$。将上述各式由后向前逐次代入：$17=2\,040-7\times 289$，$17=2\,040-7\times(4\,369-2\times 2\,040)=-7\times 4\,369+15\times 2\,040$，$17=-7\times 4\,369+15\times(6\,409-4\,369)=15\times 6\,409-22\times 4\,369$，$17=15\times 6\,409-22\times(42\,823-6\times 6\,409)=-22\times 42\,823+147\times 6\,409$。这就求出了线性组合形式：$(42\,823,6\,409)=-22\times 42\,823+147\times 6\,409$。

例 1.4 若 $(a,b)=1$，则任一整数 n 必可表示为 $n=ax+by$，此时，x,y 是整数。

证明： 因 $(a,b)=1$，由上述定理知：存在 x_0，y_0，使得 $ax_0+by_0=1$。故可取：$x=nx_0$，$y=ny_0$。

在本节中，我们学习了最大公因子的概念与辗转相除法。利用辗转相除法，我们可以计算出任意两个正整数的最大公约数。在计算效率上，辗转相除法具有较高的效率。因此，该方法在密码学中有着应用。例如，在公钥加密算法 RSA 中，可以采用辗转相除法来高效地计算私钥。

1.3 模运算与同余

在密码学算法中，通常会用到模运算。模运算可以将数字的加法、乘法的结果限制在一定的范围内。利用模运算，可以规定两个整数之间的同余关系。欧拉定理是公钥加密算法 RSA 设计的理论基础。在本节中，我们将学习模运算、同余、欧拉定理等知识。

1.3.1 模运算

模运算的含义是：取得两个整数相除后结果的余数。记作 mod。例如：$7 \bmod 3=1$。因为 7 除以 3 商 2 余 1。余数 1 即执行模运算后的结果。

一般地，给定一个正整数 p、任意一个整数 n，由带余除法知，一定存在等式 $n=kp+r$，其中 k,r 是整数，且 $0\leqslant r<p$。我们称 k 为 n 除以 p 的商，r 为 n 除以 p 的余数。

对于正整数 p 和整数 a，定义模运算：$a \bmod p$，表示 a 除以 p 的余数。

下面，仅以 $p=8$ 为例，给出模 8 加法、模 8 乘法运算表，分别如图 1.1、图 1.2 所示。

+	0	1	2	3	4	5	6	7
0	0	1	2	3	4	5	6	7
1	1	2	3	4	5	6	7	0
2	2	3	4	5	6	7	0	1
3	3	4	5	6	7	0	1	2
4	4	5	6	7	0	1	2	3
5	5	6	7	0	1	2	3	4
6	6	7	0	1	2	3	4	5
7	7	0	1	2	3	4	5	6

图 1.1　模 8 加法运算表

×	0	1	2	3	4	5	6	7
0	0	0	0	0	0	0	0	0
1	0	1	2	3	4	5	6	7
2	0	2	4	6	0	2	4	6
3	0	3	6	1	4	7	2	5
4	0	4	0	4	0	4	0	4
5	0	5	2	7	4	1	6	3
6	0	6	4	2	0	6	4	2
7	0	7	6	5	4	3	2	1

图 1.2　模 8 乘法运算表

由模运算的定义知，模运算满足以下的性质：

① $(a+b) \bmod p=[(a \bmod p)+(b \bmod p)] \bmod p$；

② $(a-b) \bmod p=[(a \bmod p)-(b \bmod p)] \bmod p$；

③ $(a\times b) \bmod p=[(a \bmod p)\times(b \bmod p)] \bmod p$。

1.3.2　同余

同余指的是两个整数之间可能满足的一种关系。如果两个数 a,b 满足 $a \bmod p=b \bmod p$，则称它们同余（或模 p 相等），记作：$a\equiv b \bmod p$。

同余也可以这样叙述，对于 3 个整数 a,b 及 p，当且仅当 a 与 b 的差为 p 的整数倍时，称 a 在模 p 时与 b 同余，即 $a-b=kp$，其中 k 为任一整数。若 a 与 b 在模 p 中同余，记作：$a\equiv b \bmod p$。

可知：若 a 与 b 在模 p 中同余，则 p 必整除 a 与 b 的差，即 p 整除 $a-b$，在符号上我们可写成 $p|(a-b)$。

需要注意的是，对于同余和模 p 乘法来说，有一个和普通整数中的四则运算不同的规则。在普通整数的四则运算中，有这样一个结论：如果 c 是一个非零整数，则由 $ac=bc$，可以得出 $a=b$，即乘法满足消去律。

但是，在模 p 运算中，这种关系不存在，例如：$(3\times3) \bmod 9=0$；$(6\times3) \bmod 9=0$。但是，$3 \bmod 9=3$；$6 \bmod 9=6$。即对于同余和模 p 乘法而言，消去律不一定成立。但是，如果增加一些约束条件，消去律也可以满足。

定理 1.5（消去律）　如果 $\gcd(c,p)=1$，则 $ac\equiv bc \bmod p$，可以推出 $a\equiv b \bmod p$。

证明：因为 $ac\equiv bc \bmod p$，所以 $ac=bc+kp$，也就是 $c(a-b)=kp$。因为 c 和 p 没有除 1 以外的公因子，因此上式要成立必须满足下面两个条件中的一个：① c 能整除 k；② $a=b$。

以下针对条件②，分两种情况讨论。

如果②不成立，则 $c|kp$。因为 c 和 p 没有公因子，因此显然 $c|k$，所以 $k=ck'$，k' 是整数。因此，$c(a-b)=kp$ 可以表示为 $c(a-b)=ck'p$。由 $a-b=k'p$，得出 $a\equiv b \bmod p$。

如果②成立，即 $a=b$，则 $a\equiv b \bmod p$ 显然成立。故得证。

同余关系跟通常意义的相等关系极为相似。在同余的基本运算中，存在以下的基本定理。

定理 1.6 模的同余类关系满足：

① $a=a \bmod n$（自反性）；

② 若 $a=b \bmod n$，则 $b=a \bmod n$（对称性）；

③ 若 $a=b \bmod n$ 且 $b=c \bmod n$，则 $a=c \bmod n$（传递性）。

证明略。

定理 1.7 若 $a=b \bmod n$，且 $c=d \bmod n$，则 $a\pm c=b\pm d \bmod n$，$ac=bd \bmod n$。

证明：因 $a=b \bmod n$，$c=d \bmod n$，所以 $a=kn+b$，$c=hn+d$，故 $a\pm c=(k\pm h)n+(b\pm d)$，从而 $a\pm c=b\pm d \bmod n$。

同理可证：$ac=bd \bmod n$。

定理 1.8 若 $ac=bd \bmod n$ 且 $c=d \bmod n$ 及 $(c,n)=1$，则 $a=b \bmod n$。此时，(c,n) 表示 c 和 n 的最大公因子，$(c,n)=1$ 表示 c 与 n 互素。

证明：由 $(a-b)c+b(c-d)=ac-bd=0 \bmod n$，可得 $n|(a-b)c$。因为 $(c,n)=1$，故得 $n|(a-b)$。因此 $a=b \bmod n$。

注意，定理 1.8 中，若 c 与 n 不互素，则此定理不成立。

例如，$3\times 2=1\times 2 \bmod 4$，且 $2=2 \bmod 4$，但 $3\neq 1 \pmod 4$。

定理 1.9 若 $ac=bc \bmod n$，$d=(c,n)$，则 $a=b \bmod n/d$。

例如，因 $42=7 \bmod 5$，即 $6\times 7=7 \bmod 5$。$d=(c,n)=(7,5)=1$，所以 $6=1 \bmod 5$。

例 1.5 求使 2^n+1 能被 3 整除的一切自然数 n。

解：因为 $2\equiv -1 \pmod 3$，所以 $2^n\equiv(-1)^n \pmod 3$，则 $2^n+1\equiv(-1)^n+1 \pmod 3$。因此，当 n 为奇数时，2^n+1 能被 3 整除；当 n 为偶数时，2^n+1 不能被 3 整除。

例 1.6 求 2^{999} 的最后两位数字。

解：考虑用 100 除 2^{999} 所得的余数。

因为 $2^{12}=4\,096\equiv -4 \pmod{100}$，所以 $2^{999}=(2^{12})^{83}\cdot 2^3\equiv(-4)^{83}\cdot 2^3 \pmod{100}$。又因 $4^6=2^{12}=4\,096\equiv -4 \pmod{100}$，所以 $4^{83}=(4^6)^{13}\cdot 4^5=-4^{13}\cdot 4^5\equiv -4^{18}\equiv -(4^6)^3\equiv -(-4)^3\equiv 64 \pmod{100}$，$2^{999}\equiv(-4)^{83}\cdot 2^3\equiv(-64)\cdot 2^3\equiv -2^9\equiv -512\equiv 88 \pmod{100}$，故 2^{999} 的最后两位数字为 88。

1.3.3 欧拉定理

利用同余概念，所有整数在模 n 中被分成 n 个不同的剩余类。任意一个整数，用 n 除所得的余数可能为 $0,1,2,\cdots,n-1$ 中的一个。具体地说，以 n 整除余数为 1 的数为一剩余类，记作 $[1]$；余数为 2 的数为一剩余类，记作 $[2]$，…，以此类推。于是有 $Z=[0]\cup[1]\cup[2]\cup\cdots\cup[n-1]$。这里，$Z$ 表示全体整数构成的集合，即整数集合可以表示成若干个不相交集合的并集。$[i]$ 中的任何两个整数都是模 i 同余的，而 $[i]$ 中的数与 $[j]$ 中的数 $(0\leqslant i,j\leqslant n-1;i\neq j)$ 是

模 n 不同余的。子集合$[i]$称为模 n 的一个剩余类。若将每一剩余类中取一数为代表，形成一集合，则此集合称为模 n 的完全剩余系，以 Z_n 表示。很明显，集合$\{0,1,2,\cdots,n-1\}$为模 n 的一组完全剩余系。

例如，取 $n=6$，则 $Z_6=\{[0],[1],[2],[3],[4],[5]\}$，而 0,1,2,3,4,5 为模 6 的一组完全剩余系。6,13,20,39,−2,17 也是模 6 的一组完全剩余系，因为$[6]=[0]$，$[13]=[1]$，$[20]=[2]$，$[39]=[3]$，$[-2]=[4]$，$[17]=[5]$。

在模 n 的完全剩余系中，若将所有与 n 互素的剩余类形成一集合，则此集合称为模 n 的既约剩余系，以 Z_n^* 表示。例如，$n=10$ 时，$\{0,1,2,3,4,5,6,7,8,9\}$为模 10 的完全剩余系；而$\{1,3,7,9\}$为模 10 的既约剩余系。在模 n 中取既约剩余系的原因，为在模 n 的既约剩余系中取一整数 a，则必存在另一整数 b（也属于此既约剩余系），使得 $ab=1 \bmod n$ 且此解唯一。若 $ab=1 \bmod n$，则称 b 为 a 在模 n 的乘法逆元，b 可表示为 a^{-1}。

例如，以 $n=10$ 为例，既约剩余系中 $ab=1 \bmod n$ 的解如表 1.1 所示。

表 1.1　既约剩余系中 $ab=1 \bmod n$ 的解

a	0	1	2	3	4	5	6	7	8	9
b	×	1	×	7	×	×	×	3	×	9

注：其中“×”表示“无意义”。

定理 1.10　若$(a,n)=1$，则存在唯一整数 b，$0<b<n$，且$(b,n)=1$，使得 $ab=1 \bmod n$。

证明：由上述定理知，若$(a,n)=1$，且 $i\neq j \bmod n$，则 $ai\neq aj \bmod n$。因此，集合$\{ai \bmod n\}_{i=0,1,\cdots,n-1}$为集合$\{0,1,2,\cdots,n-1\}$的一排列（Permutation）。因此 b 为 $ab=1 \bmod n$ 的唯一解。此外，因 $ab-1=kn$，k 为整数，若$(b,n)=g$，则 $g\mid(ab-1)$。因为 $g\mid ab$，所以 $g\mid 1$。因此 $g=1$，故 b 也与 n 互素。

欧拉函数是数论中很重要的一个函数，欧拉函数是指：对于一个正整数 n，小于 n 且和 n 互质的正整数的个数，记作 $\varphi(n)$。其中 $\varphi(1)$被定义为 1，但是并没有任何实质的意义。

定义 1.4　令 $\varphi(n)$为小于 n，且与 n 互素的所有整数的个数，即 $\varphi(n)$为模 n 既约剩余系中所有元素的个数，此 $\varphi(n)$称为欧拉函数（Euler's Totient Function）。

显然，对于素数 p，$\varphi(p)=p-1$。

定理 1.11　对于两个素数 p,q，它们的乘积 $n=pq$，满足 $\varphi(n)=(p-1)(q-1)$。

证明：考虑 n 的完全余数集：$\{1,2,\cdots,pq\}$。不与 n 互质的集合由下面 3 个集合的并构成：

① 能够被 p 整除的集合$\{p,2p,3p,\cdots,(q-1)p\}$，共计 $q-1$ 个；

② 能够被 q 整除的集合$\{q,2q,3q,\cdots,(p-1)q\}$，共计 $p-1$ 个；

③ 同时能够被 p,q 整除的集合$\{pq\}$，只有 1 个元素。

很显然，①和②的集合中没有共同的元素，因此，既约剩余系中元素个数$=pq-(p-1+q-1+1)=(p-1)(q-1)$。

定理 1.12　令$\{r_1,r_2,\cdots,r_{\varphi(n)}\}$为模 n 的一组既约剩余系，且$(a,n)=1$，则$\{ar_1,ar_2,\cdots,ar_{\varphi(n)}\}$也为模 n 的一组既约剩余系。

证明：设$(ar_j,n)=g$，则 $g\mid a$ 或 $g\mid r_j$。因此我们得以下两种情况：①$g\mid a$ 且 $g\mid n$；②$g\mid r_j$ 且 $g\mid n$。①不可能，因为$(a,n)=1$；②也不可能，因为 r_j 为模 n 既约剩余系的一元素。因此$(ar_j,n)=1$。此外 $ar_i\neq ar_j$，若 $r_i\neq r_j$。因此$\{ar_1,ar_2,\cdots,ar_{\varphi(n)}\}$为模 n 的一组既约剩余系。

定理 1.13(欧拉定理,Euler's Theorem) 若$(a,n)=1$,则 $a^{\varphi(n)}=1 \bmod n$。

证明: 令 $\{r_1,r_2,\cdots,r_{\varphi(n)}\}$为模 n 的既约剩余系,由上述定理知,若$(a,n)=1$,则$\{ar_1,ar_2,\cdots,ar_{\varphi(n)}\}$也为一组既约剩余系。因此,$\prod_{i=1}^{\varphi(n)}(ar_i) \bmod n=\prod_{i=1}^{\varphi(n)} r_i \bmod n$。故得$(a^{\varphi(n)} \bmod n)(\prod_{i=1}^{\varphi(n)} r_i \bmod n)=\prod_{i=1}^{\varphi(n)} r_i \bmod n$,由消去法可得 $a^{\varphi(n)}=1 \bmod n$。

例如,$\{1,3,5,7\}$为模 8 的一既约剩余系,3 与 8 互素,因此由上述定理,$3^4=3^{\varphi(8)}=1 \bmod 8$。

当 p 为素数时,$\varphi(p)=p-1$。对于素数幂 p^n,因为不超过 p^n 的正整数中有 p^{n-1} 个 p 的倍数,故 $\varphi(p^n)=p^n-p^{n-1}=p^{n-1}(p-1)$。

例如,令 $p=7$,此时,$\varphi(7)=6$,计算可知:$2^6=64=1 \bmod 7$;$3^6=9^3=2^3=1 \bmod 7$;$4^6=(-3)^6=1 \bmod 7$;$5^6=(-2)^6=1 \bmod 7$;$6^6=(-1)^6=1 \bmod 7$。

定理 1.14 费马定理(Fermat's Theorem) 令 p 为素数,且$(a,p)=1$,$a^{p-1}=1 \bmod p$。

证明: 若 p 为素数,则 $\varphi(p)=p-1$,由欧拉定理可得证。

利用欧拉定理,可以得到一个求元素 a 的逆元素的方法。即已给 a 及 n 且$(a,n)=1$,求 a^{-1},使得 $aa^{-1}=1 \bmod n$。

若 $\varphi(n)$已可以计算,则由欧拉定理可知 $aa^{\varphi(n)-1}=1 \bmod n$,因此,$a^{\varphi(n)-1}=a^{-1} \bmod n$。

需要注意的是,若 n 为合数,则 $\varphi(n)$不一定容易计算。

在本节中,我们学习了模运算、同余关系、欧拉定理等知识。在密码学算法中,我们会将信息的加解密运算转化为整数的运算。模运算可以将这些整数的运算限制在一个给定的范围内。同余指的是两个整数之间可能满足的一种关系。如果两个数除以 p 之后的余数相等,就称它们同余。在使用 RSA 加密算法进行保密通信时,发方将数据加密后传给收方,收方利用解密算法解密。欧拉定理能保证收方正确地实施解密。

1.4 同余方程

在前面,我们学习了模运算、同余关系等知识。在本节中,我们将学习同余方程的相关知识。

首先,我们给出同余方程的概念。

已给整数 a,b 及 $n>0$,下式称为单变量同余方程(线性同余式)

$$ax=b \bmod n$$

其中 x 为变量。

若整数 x_1 满足同余方程 $ax=b \bmod n$,即 $ax_1=b \bmod n$,可证明,模 n 与 x_1 同余的所有整数都满足这个线性同余式,即若 $x_2=x_1 \bmod n$,则 $ax_2=b \bmod n$。与 x_1 模 n 同余的整数构成同余方程 $ax=b \bmod n$ 的解。

下面的定理告诉我们同余方程 $ax=b \bmod n$ 是否有解,以及若有解,解的个数。

定理 1.15 令 a,b 及 n 为整数,且 $n>0$ 及$(a,n)=d$。

① 若 $d\nmid b$,则 $ax=b \bmod n$ 无解。

② 若 $d|b$,则 $ax=b \bmod n$ 恰好有 d 个模 n 不同余的解。

证明： 由定义知，求解同余方程等价于求两变量 x 及 y 满足 $ax-ny=b$。整数 x 为 $ax=b \bmod n$ 的一个解，当且仅当存在整数 y，使得 $ax-ny=b$。

以下分两种情况讨论。

① 当 $d \nmid b$ 时，因 $d|ax$ 及 $d|yn$，使得 $d|(ax-yn)$，故当 $d \nmid b$ 时，$ax-ny=b$ 无解。

② 当 $d|b$ 时，$ax=b \bmod n$ 有多个解。因为若 x_0 及 y_0 为解时，所有 $x=x_0+\left(\frac{n}{d}\right)t$，$y=y_0+\left(\frac{n}{d}\right)t$ 均为其解，其中 t 为任意整数。但上述解中只有 d 个模 n 的不同余类，因为 $\left(\frac{n}{d}\right)t \bmod n$ 中只有 d 个不同的同余类，即 $t=0,1,2,\cdots,d-1$。

由本定理知，若 $(a,n)=1$，则 $ax=b \bmod n$ 有唯一解。

上述定理只告诉我们同余方程 $ax=b \bmod n$ 是否有解，以及若有解，有多少个解。以下我们介绍当有解时，如何求出其解。

求解同余方程 $ax=b \bmod n$ 的步骤如下。

① 利用欧几里得辗转相除法，求出 $(a,n)=d$，若 $d \nmid b$，则上式无解。

② 若 $d|b$，则令 $a'=\frac{a}{d}$，$b'=\frac{b}{d}$，$n'=\frac{n}{d}$。则 $a'x'=b' \bmod n'$ 有唯一解，因为 $(a',n')=1$。此解可以由欧几里得算法求出。例如，先求 a' 为模 n' 的乘法逆元 $(a')^{-1}$〔即求出 x，使之满足同余方程 $a'x=1(\bmod n')$，此时 $x=(a')^{-1}$〕，$x'=(a')^{-1}b' \bmod n'$ 即为其解。接着令 $x_0=x' \bmod n$，则 x_0 即为 $ax=b \bmod n$ 的一个解。令 $x=x_0+\left(\frac{n}{d}\right)t \bmod n$，$t=0,1,2,\cdots,d-1$，则所有 d 个解均可求出。

例 1.7　求解同余方程 $24x=7 \bmod 59$。

解： 由于 $(24,59)=1$，从而方程有唯一的解：$x=\frac{7}{24}=\frac{7+59}{24}=\frac{11}{4}=\frac{-48}{4}=-12 \bmod 59$。

例 1.8　求解同余方程 $9x=12 \bmod 15$。

解： ① $(9,15)=3$ 且 $3|12$，故有 3 个解。

② 求解 $3x'=4 \bmod 5$，由于 $3\times 2=1 \bmod 5$，故 $3^{-1}=2 \bmod 5$。所以 $x'=2\times 4=3 \bmod 5$。令 $x=x_0=3 \bmod 15$ 且 $x=x_0+5=8 \bmod 15$，$x=x_0+5\times 2=13 \bmod 15$，此为所有 3 个解。

在本节中，我们学习了一元一次同余方程的概念与求解方法。同余方程是指形如 $ax=b \bmod n$ 的表示式，其中，a,b,n 为已知数，x 为变量。我们学习了该同余方程是否有解的判定条件，以及在有解的前提下，求出这些解的方法。

1.5　中国剩余定理

在上一节，我们学习了同余方程的求解方法。多个同余方程可以构成一个同余方程组。中国剩余定理能够求解一些特殊的同余方程组（即线性同余方程组）。在本节中，我们将学习中国剩余定理。

我们先看一个例子。

在我国古代的一部数学著作《孙子算经》中，有这样一道题，名为“物不知其数”：今有物不知其数，三三数之剩二，五五数之剩三，七七数之剩二，问物几何？该问题的意思是：对一些物体计数，三个三个地数，剩下两个，五个五个地数，剩下三个，七个七个地数，剩下两个，问这些物体共有多少个？

这个问题的解法可以用一首诗来论述：三人同行七十稀，五树梅花廿一枝，七子团圆正半月，除百零五便得知。

“正半月”暗指 15。“除百零五”的原意是，当所得的数比 105 大时，就 105、105 地往下减，使之小于 105；这相当于用 105 去除，求出余数。这 4 句口诀暗示的意思是：当除数分别是 3、5、7 时，用 70 乘以用 3 除的余数，用 21 乘以用 5 除的余数，用 15 乘以用 7 除的余数，然后把这 3 个乘积相加。加得的结果如果比 105 大，就除以 105，所得的余数就是满足题目要求的最小正整数解。

可以这样来计算：$2\times70+3\times21+2\times15=233$，减去 2 个 105，得到答案 23。

在这种方法里，我们看到 70、21、15 这 3 个数很重要，稍加研究，可以发现它们的特点是：70 是 5 与 7 的倍数，而用 3 除余 1；21 是 3 与 7 的倍数，而用 5 除余 1；15 是 3 与 5 的倍数，而用 7 除余 1。因而 70×2 是 5 与 7 的倍数，用 3 除余 2；21×3 是 3 与 7 的倍数，用 5 除余 3；15×2 是 3 与 5 的倍数，用 7 除余 2。

如果一个数除以 a 余数为 b，那么给这个数加上 a 的一个倍数以后再除以 a，余数仍然是 b。所以，把 70×2、21×3 与 15×2 都加起来所得的结果能同时满足“用 3 除余 2、用 5 除余 3、用 7 除余 2”的要求。

一般地，$70m+21n+15k(1\leqslant m<3,1\leqslant n<5,1\leqslant k<7)$ 能同时满足“用 3 除余 m、用 5 除余 n、用 7 除余 k”的要求。除以 105 取余数，是为了求合乎题意的最小正整数解。

我们已经知道了 70、21、15 这 3 个数的性质和用处，那么，是怎么把它们找到的呢？

为了求出是 5 与 7 的倍数而用 3 除余 1 的数，我们看看 5 与 7 的最小公倍数是否合乎要求。5 与 7 的最小公倍数是 $5\times7=35$，35 除以 3 余 2，35 的 2 倍除以 3 就能余 1 了，于是得到了“三人同行七十稀”。为了求出是 3 与 7 的倍数而用 5 除余 1 的数，我们看看 3 与 7 的最小公倍数是否合乎要求。3 与 7 的最小公倍数是 $3\times7=21$，21 除以 5 恰好余 1，于是得到了“五树梅花廿一枝”。为了求出是 3 与 5 的倍数而用 7 除余 1 的数，我们看看 3 与 5 的最小公倍数是否合乎要求。3 与 5 的最小公倍数是 $3\times5=15$，15 除以 7 恰好余 1，因而我们得到了“七子团圆正半月”。3、5、7 的最小公倍数是 105，所以“除百零五便得知”。

针对上述例题，对于这种求解方法进行归纳，可以得到以下的一般性方法。

定理 1.16(中国剩余定理) 令 $n_1,n_2,\cdots,n_t$ 为两两互素的正整数，令 $N=n_1n_2\cdots n_t$。则同余方程组 $x=a_1 \bmod n_1, x=a_2 \bmod n_2,\cdots,x=a_t \bmod n_t$，在 $[0,N-1]$ 中有唯一解。

证明：首先，证明解的存在性。

由于 $n_1,n_2,\cdots,n_t$ 两两互素，故对所有 $i=1,2,\cdots,t$，$\left(n_i,\dfrac{N}{n_i}\right)=1$，因此，存在 y_i，使得 $\left(\dfrac{N}{n_i}\right)y_i=1 \bmod n_i$。此外，$\left(\dfrac{N}{n_i}\right)y_i=0 \bmod n_j$，当 $j\neq i$ 时，这是因为 $\dfrac{N}{n_i}$ 为 n_j 的整数倍。若我们令 $x=\left[\left(\dfrac{N}{n_1}\right)y_1a_1+\left(\dfrac{N}{n_2}\right)y_2a_2+\cdots+\left(\dfrac{N}{n_t}\right)y_ta_t\right]\bmod N=\left[\sum_{i=1}^{t}\left(\dfrac{N}{n_i}\right)y_ia_i\right]\bmod N$，则 x 为上述同余方程组的解。因为对于所有 $i,1\leqslant i\leqslant t$，$x \bmod n_i=\left(\dfrac{N}{n_i}\right)y_ia_i \bmod n_i=a_i$。

其次，证明解的唯一性。

若上述同余系统有两个解，分别为 x 及 z，则对所有 $i,1\leqslant i\leqslant t$，满足 $x=z=a_i \bmod n_i$，故

$n_i|(x-z)$。因此 $N|(x-z)$，即 $x=z \bmod N$。因此，此系统有唯一解。

例 1.9 求满足同余方程组 $x=2 \bmod 3, x=3 \bmod 5, x=2 \bmod 7$ 的解 x。

解：$N=3\times5\times7=105$，$\left(\frac{N}{n_1}\right)=\left(\frac{105}{3}\right)=35$，$\left(\frac{N}{n_2}\right)=21$，$\left(\frac{N}{n_3}\right)=15$，所以由 $35y_1=11 \bmod 3$，得 $y_1=2$；由 $21y_2=1 \bmod 5$，得 $y_2=1$；由 $15y_3=1 \bmod 7$，得 $y_3=1$。故 $x=35\times2\times2+21\times1\times3+15\times1\times2=23 \bmod 15$。

在本节中，我们学习了中国剩余定理。利用该定理，我们可以求解一类特殊的同余方程组，即求解一组模数两两互素的线性同余方程组。中国剩余定理在密码学中有着重要的应用，如可以利用中国剩余定理进行密钥管理。密钥分享是密钥管理的一个方面，其含义是：先将主密钥分解为多个子密钥，之后，通过部分子密钥恢复主密钥。利用中国剩余定理可以设计出密钥分享协议。

1.6 数论在密码学中的应用

密码学是研究信息及信息系统安全与保密的科学，是数学与计算机科学相结合的产物。数学是密码学的基础。在本节中，我们将学习密码学的基本概念及一些基于模运算的古典密码算法，如移位密码、多表代换密码、多字母代换密码等。同余方程与中国剩余定理在密码学中有着应用。同余方程可以用于一些古典密码的设计，中国剩余定理在密码学中的密钥管理方面有着应用。在本节中，我们将对这方面的内容进行学习。

1.6.1 密码学的基本概念

密码技术的基本思想是伪装信息，使未授权者不能理解消息的真正含义。所谓伪装就是对信息进行一组可逆的数学变换。伪装前的原始信息称为明文(Plaintext)，伪装后的信息称为密文(Ciphertext)，伪装的过程称为加密(Encryption)，加密在机密密钥(Key)的控制下进行。用于对数据进行加密的一组数学变换称为加密算法。消息的发送者将明文数据加密成密文，然后将密文数据送入数据通信网络或存入计算机文件。授权的收信者接收到密文后，施行与加密相逆的变换，去掉密文的伪装，恢复出明文，这一过程称为解密(Decryption)。解密在解密密钥的控制下进行。用于解密的一组数学变换称为解密算法。因为数据以密文的形式存储在计算机文件中，或在数据通信网络中传输，因此即使数据被未授权者非法窃取或因系统故障和操作人员误操作而造成数据泄露，未授权者也不能理解其真正含义，从而达到数据保密的目的。同样，未授权者也不能伪造合理的密文，因而不能篡改数据，从而达到确保数据的真实性的目的。

一个密码系统通常简称为密码体制，由五部分组成。

① 明文空间 P，它是全体明文的集合。

② 密文空间 C，它是全体密文的集合。

③ 密钥空间 K，它是全体密钥的集合。其中每一个密钥 K 均由加密密钥 K_e 和解密密钥 K_d 组成，即 $K=\langle K_e, K_d\rangle$。

④ 加密算法 E，它是一簇由 M 到 C 的加密交换。

⑤ 解密算法 D，它是一簇由 C 到 M 的解密交换。

对于每一个确定的密钥，加密算法将确定一个具体的加密变换，解密算法将确定一个具体的解密变换，而且解密变换是加密变换的逆变换。对于明文空间 M 中的每一个明文 m，加密算法 E 在密钥 K_e 的控制下将明文 m 加密成密文 c：$c=E(m,K_e)$。而解密算法 D 在密钥 K_d 的控制下将密文 c 解密出同一明文 m：$m=D(c,K_d)=D(E(m,K_e),K_d)$。

下面假设通信双方为 Alice 和 Bob，演示一下利用密码系统实现保密通信的基本过程。

首先，他们选择一个随机密钥 $k\in K$。为了不被窃听者 Oscar 知道，他们可以在一起协商这个密钥 k，如果他们不能够在一起协商，就只能通过另一个安全的信道来确定密钥 k。在以后某个时间，假定 Alice 要通过一个不安全的信道传递消息给 Bob。可以把这个消息表示为一个字符串 $x=x_1x_2\cdots x_n$，对某个 $n\geqslant 1$，其中每个明文符号 $x_i\in P$，$1\leqslant i\leqslant n$。每个 x_i 在预先确定的密钥 k 的作用下，用加密函数 e_k 加密。因此 Alice 计算 $y_i=e_k(x_i)$，$1\leqslant i\leqslant n$，并传送所得的密文串 $y=y_1y_2\cdots y_n$。当 Bob 收到密文 y 后，他用解密函数 d_k 解密，获得起初的明文串 x。密码系统的基本过程如图 1.3 所示。

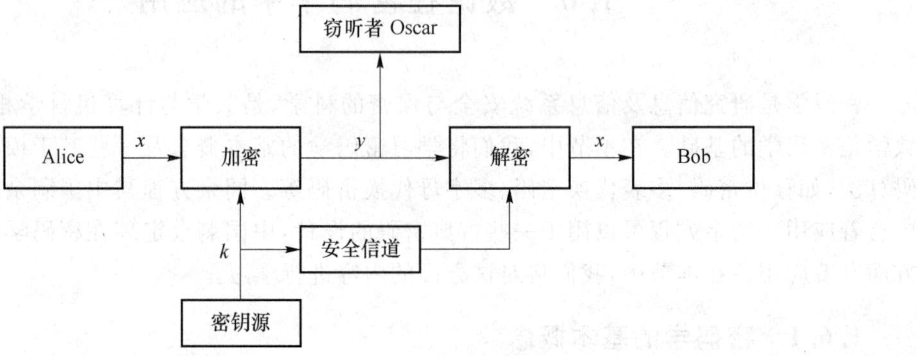

图 1.3　密码系统的基本过程

一般意义下，在密码体制具体实现过程中，加密密钥与解密密钥是一一对应关系。根据由加密密钥得到解密密钥的算法复杂度的不同，分组密码体制分为私钥（对称）密码体制和公开密钥密码体制。私钥密码体制的加解密密钥可以很容易地相互得到，更多的情况下，两者甚至完全相同，在实际应用中发送方必须通过一个可能的安全信道将密钥送到接收方；公开密钥密码体制中，由加密密钥（公钥）得到解密密钥（私钥）很困难，所以实际应用中接收方可以将加密密钥公开，任何人都可以使用该密钥（公开密钥）进行加密，而只有接收者拥有解密密钥（私钥），这样只有接收者能解密。

密码学的发展经历了一个很漫长的过程，按照其发展阶段可划分成两大类：古典密码学和现代密码学。古典密码的特征主要是以纸和笔进行加密与解密的操作。此时，这些加密与解密的方法还没有成为一门科学，而仅仅是一门技艺或一些技巧。

古典密码的历史源远流长，这些密码大多比较简单，用手工或机械操作即可实现加解密。虽然用近代密码学的观点来看，许多古典密码是很不安全的，或者说是极易破译的，但是我们不能忘记古典密码在历史上发挥的巨大作用。另外，设计古典密码的基本方法对于设计现代密码仍然有效，研究这些密码的原理，对于理解、构造和分析现代密码都是十分有益的。

下面先介绍模运算在一些古典密码中的应用，之后，再介绍中国剩余定理在密钥管理中的应用。

1.6.2 移位密码

以对英文内容的编码方案为例。英文字母有26个，可以建立英文字母和模26的剩余之间的对应关系，如图1.4所示。对于英文文本，明文、密文空间都可定义为 $Z_{26}=\{0,1,2,\cdots,25\}$。当然很容易推广到一般 n 个字母的情况。

A	B	C	D	E	F	G	H	I	J	K	L	M	N
0	1	2	3	4	5	6	7	8	9	10	11	12	13

O	P	Q	R	S	T	U	V	W	X	Y	Z
14	15	16	17	18	19	20	21	22	23	24	25

图1.4 英文字母和模26的剩余之间的对应关系

移位密码的数学原理如下。

设 $P=C=K=Z_{26}$，对 $0\leqslant k\leqslant 25$，定义加密、解密运算：$y=e_k(x)=x+k \bmod 26$，$d_k(y)=y-k \bmod 26$ $(x,y\in Z_{26})$。其中，x 是明文数据，y 是密文数据，k 是密钥。

容易看出移位密码满足密码系统的要求，即 $d_k(e_k(x))=x$，对每个 $x\in Z_{26}$。

如果明文字母和密文字母被数字化，且各自表示为 x，y，则每个明文 $x\in Z_{26}$ 被加密为 $y=x+k \bmod 26$。

例如，恺撒(Caesar)密码是 $k=3$ 的情况，即简单地向右移动3个字母，则形成如下代换字母表(图1.5)。

Θ:	a	b	c	d	e	f	g	h	i	j	k	l	m
Ξ:	D	E	F	G	H	I	J	K	L	M	N	O	P

n	o	p	q	r	s	t	u	v	w	x	y	z
Q	R	S	T	U	V	W	X	Y	Z	A	B	C

图1.5 恺撒密码映射表

若明文为：please confirm receipt

则密文为：SOHDVH FRQILUP UHFHLSW

注意，移位密码是不安全的，因为其密钥空间小，可被穷举密钥搜索的方式攻击。仅有26个可能的密钥，尝试每一个可能的解密规则 d_k，直到一个有意义的明文串被获得。平均地，一个明文在尝试 $26/2=13$ 次解密规则后将显现出来。

1.6.3 多表代换密码

多表代换密码是以一系列(两个以上)代换表依次对明文消息的字母进行代换的加密方法。令明文字母表为 Z_q，$f=(f_1,f_2,\cdots)$ 为代换序列，明文字母序列 $x=x_1x_2\cdots$，则相应的密文字母序列为 $c=e_k(x)=f(x)=f_1(x_1)f_2(x_2)\cdots$。若 f 是非周期的无限序列，则相应的密码称为非周期多表代换密码。这种密码完全可以隐蔽明文的特点，但由于需要的密钥量和明文消息长度相同而难于广泛使用。为了减少密钥量，在实际应用中多采用周期多表代换密码，即代换表个数有限，重复地使用。下面我们介绍 Vigenère 密码。

Vigenère 密码是由法国密码学家 Blaisede Vigenère 于 1858 年提出的，它是一种以移位代换（当然也可以用一般的字母代换表）为基础的周期代换密码。该密码体制的数学表示如下。

设 m 是某固定的正整数，定义 $P=C=K=(Z_{26})^m$，对一个密钥 $\boldsymbol{k}=(k_1,k_2,\cdots,k_m)$，我们定义加密、解密算法如下：$e_k(x_1,x_2,\cdots,x_m)=(x_1+k_1,x_2+k_2,\cdots,x_m+k_m)$，$d_k(y_1,y_2,\cdots,y_m)=(y_1-k_1,y_2-k_2,\cdots,y_m-k_m)$。此时，所有的运算都在 Z_{26} 中，即这里的运算是模 26 运算。

我们称 $\boldsymbol{k}=(k_1,\cdots,k_m)$ 为长为 m 的密钥字(key word)。密钥量为 26^m，所以对一个值相当小的 m，穷举密钥法需要很长的时间。若 $m=5$，则密钥空间大小超过 1.1×10^7，手工搜索不容易。

在 Vigenère 密码中，一个字母可被映射到多个字母（即 m 个可能的字母之一，假定密钥字包含 m 个不同的字符），所以分析起来比单表代换困难。

例 1.10 设 $m=6$，且密钥字是 CIPHER，这相应于密钥 $\boldsymbol{k}=(2,8,15,7,4,17)$。假定明文串是 this cryptosystem is not secure，首先将明文串转化为数字串，按 6 个一组分段，“加”上密钥字之后，模 26 得：

$$\begin{array}{cccccc} 19 & 7 & 8 & 18 & 2 & 17 \\ 2 & 8 & 15 & 7 & 4 & 17 \\ \hline 21 & 15 & 23 & 25 & 6 & 8 \end{array} \qquad \begin{array}{cccccc} 24 & 15 & 19 & 14 & 18 & 24 \\ 2 & 8 & 15 & 7 & 4 & 17 \\ \hline 0 & 23 & 8 & 21 & 22 & 15 \end{array}$$

$$\begin{array}{cccccc} 18 & 19 & 4 & 12 & 8 & 18 \\ 2 & 8 & 15 & 7 & 4 & 17 \\ \hline 21 & 1 & 19 & 19 & 12 & 9 \end{array} \qquad \begin{array}{cccccc} 13 & 14 & 19 & 18 & 4 & 2 \\ 2 & 8 & 15 & 7 & 4 & 17 \\ \hline 15 & 22 & 8 & 25 & 8 & 19 \end{array}$$

$$\begin{array}{ccc} 20 & 17 & 4 \\ 2 & 8 & 15 \\ \hline 22 & 25 & 19 \end{array}$$

相应的密文串将是 VPXZGIAXIVWPUBTTMJPWIZITWZT。

解密过程与加密过程类似，不同的只是进行减去密钥字后模 26。

1.6.4 多字母代换密码

下面介绍一种多字母系统，即希尔密码(Hill Cipher)。这个密码是 1929 年由 Lester S. Hill 提出的。多字母代换密码的特点是每次对 $L>1$ 个字母进行代换，这样做的优点是容易将字母的自然频度隐蔽或均匀化，而有利于抵抗统计分析。

例如，如果 $m=2$，可以将明文写为 $\boldsymbol{x}=(x_1,x_2)$，密文写为 $\boldsymbol{y}=(y_1,y_2)$。这里 y_1,y_2 都将是 x_1,x_2 的线性组合。若取 $y_1=11x_1+3x_2$，$y_2=8x_1+7x_2$，简记为 $\boldsymbol{y}=\boldsymbol{xk}$，其中 $\boldsymbol{k}=\begin{pmatrix}11 & 8\\ 3 & 7\end{pmatrix}$为密钥。需要注意的是，这里的运算是模 26 运算。

由线性代数的知识可知，可用矩阵 $\boldsymbol{k}^{-1}$ 来解密，此时的解密公式为 $\boldsymbol{x}=\boldsymbol{yk}^{-1}$。可以验证 $\begin{pmatrix}11 & 8\\ 3 & 7\end{pmatrix}^{-1}=\begin{pmatrix}7 & 18\\ 23 & 11\end{pmatrix}$。此时，运算是在 Z_{26} 中进行的。

希尔密码体制的数学描述如下。

设 m 是某个固定的正整数，$P=C=(Z_{26})^m$，又设 $K=\{Z_{26}$上的 $m\times m$ 阶可逆矩阵$\}$；对任意 $\boldsymbol{k}\in K$，定义加密、解密的运算如下：$e_k(\boldsymbol{x})=\boldsymbol{xk}$，则 $d_k(\boldsymbol{y})=\boldsymbol{yk}^{-1}$。其中所有的运算都是在 Z_{26}中进行的。

希尔密码体制需要求出逆矩阵 $\boldsymbol{k}^{-1}$。由线性代数的知识可知：除了 m 取很小的值($m=2$，3)外，计算 $\boldsymbol{k}^{-1}$没有有效的方法。这个结论限制了希尔密码体制的广泛应用，但希尔密码体制对密码学的早期研究很有推动作用。

例如，假定密钥是 $\boldsymbol{k}=\begin{pmatrix}11 & 8\\ 3 & 7\end{pmatrix}$，则 $\boldsymbol{k}^{-1}=\begin{pmatrix}7 & 18\\ 23 & 11\end{pmatrix}$。现在我们加密明文 july，分为两个明文组(9，20)(相应于 ju)和(11，24)(相应于 ly)。计算如下：$(9,20)\begin{pmatrix}11 & 8\\ 3 & 7\end{pmatrix}=(99+60,72+140)=(3,4)\pmod{26}$，$(11,24)\begin{pmatrix}11 & 8\\ 3 & 7\end{pmatrix}=(121+72,88+168)=(11,22)\pmod{26}$。因此，july 的加密是 DELW。解密过程可以利用逆矩阵 $\boldsymbol{k}^{-1}=\begin{pmatrix}7 & 18\\ 23 & 11\end{pmatrix}$来计算。

1.6.5 同余方程与仿射密码

仿射密码是一种古典密码，该密码的算法在设计时用到的数学基础有模运算和同余方程。

在仿射密码中，通过选择参数 a,b，我们用形如 $e_k(x)=ax+b \bmod 26(a,b\in Z_{26})$的加密函数。其中，$Z_{26}=\{0,1,2,\cdots,25\}$。这样的函数被称为仿射函数，所以命名为仿射密码。(注意当 $a=1$ 时，为移位密码。)

为了解密是可能的，必须要求仿射函数是双射。换句话说，对任何 $y\in Z_{26}$，我们要使得同余方程 $ax+b\equiv y\pmod{26}$有唯一的解。数论知识告诉我们当且仅当 $\gcd(a,26)=1$ 时，即 a 与 26 这两个数互素时，上述同余方程对每个 y 有唯一的解。(注：gcd 函数表示两个数的最大公因子。)

仿射密码的数学表示如下。

设 $P=C=Z_{26}$，且 $K=\{(a,b)\in Z_{26}\times Z_{26}:\gcd(a,26)=1\}$，对 $\boldsymbol{k}=(a,b)\in K$，定义加密、解密运算：$e_k(x)=ax+b \bmod 26$，$d_k(y)=a^{-1}(y-b) \bmod 26$，$x,y\in Z_{26}$。

因为满足 $a\in Z_{26}$，$\gcd(a,26)=1$ 的 a 只有 12 种候选，对参数 b 没有要求。所以仿射密码有 $12\times 26=312$ 种可能的密钥。一般地，用 $\boldsymbol{k}=(a,b)$来表示仿射密码的密钥，它表示仿射变换的两个参数分别为 a,b。

例 1.11 假定密钥 $\boldsymbol{k}=(7,3)$，试分析由该密钥生成的仿射密码。

解：此时，$7^{-1} \bmod 26=15$，加密函数为 $e_k(x)=7x+3$，则相应的解密函数为 $d_k(y)=15(y-3)=15y-19$，其中所有的运算都是在 Z_{26}中进行的。容易验证 $d_k(e_k(x))=d_k(7x+3)=15(7x+3)-19=x+45-19=x$。

加密、解密运算的实现可以通过下面的一个实例说明。设加密明文为 hot，首先转化这 3 个字母分别为数字 7，14 和 19。然后加密

$$7\begin{pmatrix}7\\14\\19\end{pmatrix}+\begin{pmatrix}3\\3\\3\end{pmatrix}=\begin{pmatrix}0\\23\\6\end{pmatrix}=\begin{pmatrix}a\\x\\g\end{pmatrix}\pmod{26}$$

即密文串为 axg。解密运算

$$15\left(\begin{pmatrix}0\\23\\6\end{pmatrix}-\begin{pmatrix}3\\3\\3\end{pmatrix}\right)(\bmod 26)=\begin{pmatrix}7\\14\\19\end{pmatrix}=\begin{pmatrix}h\\o\\t\end{pmatrix}$$

1.6.6 中国剩余定理与密钥的分散管理

密钥分散管理的含义是：将密钥在一组参与者中进行分配，使得若干参与者联合起来就能够恢复密钥。密钥分散管理系统为将密钥分配给多人掌握提供了可能。

下面以主密钥为例，介绍密钥分散管理的思想。密钥的分散管理就是把主密钥复制给多个可靠的用户保管，而且可以使每个持密钥者具有不同的权力。其中权力大的用户可以持有几个密钥，权力小的用户只持有一个密钥。也就是说密钥分散把主密钥信息进行分割，不同的密钥持有者掌握其相应权限的主密钥信息。主密钥的分散管理如图 1.6 所示。

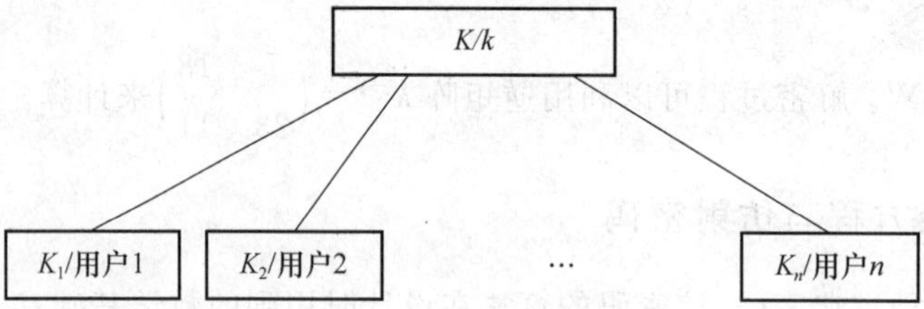

图 1.6 密钥的分散管理

在这个密钥分散管理模型下，网络中所有节点都拥有公钥 K，把私有密钥 k 分配给 n 个不同的子系统。这样，不同子系统的私有密钥分别是 $k_1,\cdots,k_n$，即各个子系统分别掌握私钥的一部分信息，而要进行会话的真实密钥是所有这些子系统所掌握的不同密钥的组合，但不是简单的合并。这样做的好处是，攻击者只有将各个子系统全部破解，才能得到完整的密钥。但是，这种机制有很明显的缺陷，就是如果节点多，要得到所有 n 个子系统的私有密钥才能完成认证，这会导致系统效率不高。采用存取门限机制可以解决认证过程复杂、低效的问题。一般来说，门限子系统的个数不应该少于 n 个子系统的一半，这样才能保证系统的安全。假设实际密钥 k，通过 3 个服务器进行分散管理，而设定的门限值是 2，即只要能获得两个服务器所掌握的密钥信息，就可以获得实际进行通信的密钥 k。

密钥分散管理的一种实现方式是秘密共享。该方案的基本观点是：将密钥 k 按下列方式分成 n 个共享 $k_1,k_2,\cdots,k_n$，并满足下面两个条件。

① 已知任意 t 个 k_i 值，易于算出 k。

② 已知任意 $t-1$ 个或更少个 k_i，则由于信息短缺而不能决定出 k。这种方式也称为 (t,n)门限方案。

将 n 个共享 $k_1,k_2,\cdots,k_n$ 分给 n 个用户。由于要重构密钥要求至少有 t 个共享，故暴露 $s(s\leqslant t-1)$个共享不会危及密钥，且少于 t 个用户的组不可能共谋得到密钥。同时，若一个共享被丢失或毁坏，仍可恢复密钥（只要至少有 t 个有效的共享）。

在密钥的分散管理中，有一个重要的概念：存取结构。设 $S=\{P_1,P_2,\cdots,P_n\}$为用户的集合。主密钥 k 以某种方式分散在用户中。记 2^S 表示 S 的所有子集。一个 S 的子集族 $\Gamma\subset 2^S$ 称为 S 上的一个存取结构，如果用户集 A 满足以下性质：若 $A\in\Gamma$，则 A 中的用户能够恢复主密钥 k；反之亦然。称集合 $A\in\Gamma$ 为授权集。(t,n)门限方案的存取结构可以表示为 $\Gamma=\{A:A\subset S,\ |A|\geqslant t\}$。门限方案的存取结构是上述存取结构的一般形式。门限存取结构可用于保

护任何类型的数据。下面我们来介绍基于中国剩余定理的秘密共享方案。

Asmuth 和 Bloom 于 1980 年提出了一个基于中国剩余定理的 (t,n) 门限方案。即将密钥分配给 n 个用户，任意 t 个用户合作，就能够恢复该密钥。在他们的方案中，共享的密钥是一个同余方程组的解。该方案论述如下。

令 k 为待分享的主密钥，$p,d_1,d_2,\cdots,d_n$ 是满足下列条件的一组整数：

① $p>k$；

② $d_1<d_2<\cdots<d_n$；

③ 对所有的 i，$\gcd(p,d_i)=1$，对 $i\neq j$，$\gcd(d_i,d_j)=1$；

④ $d_1d_2\cdots d_t>pd_{n-t+2}d_{n-t+3}\cdots d_n$。

令 $N=d_1d_2\cdots d_t$ 是 t 个最小整数之积，则由上述条件知 N/p 大于任意 $t-1$ 个 d_i 之积。令 r 是区域 $[0,\lfloor N/p\rfloor-1]$ 中的一个随机整数。这里，$\lfloor x\rfloor$ 表示不超过 x 的最大整数。

为了将主密钥 k 划分为 n 个共享，需要计算 $k'=k+rp$，知 $k'\in[0,N-1]$。n 个共享为 $k_i=k' \bmod d_i$，$i=1,2,\cdots,n$。将子密钥 (d_i,k_i) 分配给各个用户。

为了恢复 k，找到 k' 就足够了。若给定 t 个共享 $k_{i_1},\cdots,k_{i_t}$，则由中国剩余定理可知同余方程组

$$
\begin{gathered}
x'\equiv k_{i_1}\pmod{d_{i_1}}\\
x'\equiv k_{i_2}\pmod{d_{i_2}}\\
\vdots\\
x'\equiv k_{i_t}\pmod{d_{i_t}}
\end{gathered}
$$

因为 $N_1\geqslant N\geqslant k'$，所以，上述同余方程组在模 $N_1=d_{i_1}d_{i_2}\cdots d_{i_t}$ 中在 $[0,N_1-1]$ 内有唯一解 x，这就唯一地确定了 k'。最后，根据 k'，r 和 p 计算 k，$k=k'-rp$，即 $k=k' \bmod p$。

若仅知道 $t-1$ 个共享 $k_{i_1},\cdots,k_{i_{t-1}}$，可能就只知道 k' 关于模 $N_2=d_{i_1}d_{i_2}\cdots d_{i_{t-1}}$ 在 $[0,N_2-1]$ 内有唯一解 x。因为 $N/N_2>p$，$\gcd(p,N_2)=1$，所以使 $x\leqslant n$ 和 $x\equiv k'$ 的数 x 在模 p 的所有同余类上均匀地分布，因此，没有足够的信息去决定 k'。

例如，设阈值 $t=2$，用户数 $n=3$，主密钥 $k=4$，相关参数：$p=7$，$d_1=9$，$d_2=11$，$d_3=13$。按照上述方案，$N=d_1d_2=99>91=7\times13=p\cdot d_3$。在 $[0,[99/7]-1]=[0,13]$ 之间随机地取 $r=10$，求 $k'=k+rp=4+10\times7=74$，$k_1\equiv k' \bmod d_1=74 \bmod 9\equiv2$，$k_2\equiv k' \bmod d_2=74 \bmod 11\equiv8$，$k_3\equiv k' \bmod d_3=74 \bmod 13\equiv9$。子密钥为 $\{(9,2),(11,8),(13,9)\}$。这就构成了 $(2,3)$ 门限方案。若知道 $\{(9,2),(11,8)\}$，可建立方程组

$$
\begin{cases}
2 \bmod 9\equiv k'\\
8 \bmod 11\equiv k'
\end{cases}
$$

解之得 $k'\equiv(11\times5\times2+9\times5\times8) \bmod 99\equiv74$，所以 $k=k'-rp=74-10\times7=4$。这样就恢复了主密钥。

在本节中，我们学习了密码学的一些基本知识。密码学是一门研究信息的加密与解密技术以及密码破译技术的科学。在通信中，信息可以用一些数字来表示。移位密码是一种单表代换密码，它通过建立英文字母和模 26 的剩余之间的对应关系，来实现信息的保密。多表代换密码是以一系列（两个以上）代换表依次对明文消息的字母进行代换的加密方法。多字母代换密码的特点是每次对 $L>1$ 个字母进行代换，这样做的优点是容易将字母的自然频度隐蔽或均匀化，而有利于抵抗统计分析。利用同余方程的知识，我们可以对仿射变换 $ax+b\equiv y\pmod{26}$ 中的相关参数进行设计，使其作为方程有唯一的解。这样才能够保证其作为加密

与解密变换的可行性。利用中国剩余定理，可以将一个秘密在若干个参与者之间进行分享与恢复，从而实现密码共享。以上这些密码算法都是在密码学的发展过程中曾经被提出并使用过的方法。它们的数学基础是数论。

本章小结

整数是人们在日常生活中使用最多的一类数，这类数在信息安全、密码学中也有着重要的应用。在本章中，第一，我们学习了与整数相关的一些知识，如素数的个数是无限的，学习了素数的分布与数量估计的相关结论，学习了素数定理与算术基本定理。第二，我们学习了带余除法与欧几里得辗转相除法，利用辗转相除法，我们可以求出两个整数的最大公约数。第三，我们学习了模运算与同余的知识，模运算是两个整数之间的一种运算，其结果还是一个整数；同余指的是两个整数之间可能满足的一种关系，欧拉定理说的是：若$(a,n)=1$，则$a^{\varphi(n)}=1 \bmod n$。第四，同余方程是指形如$ax=b \bmod n$的方程，我们学习了该方程是否有解的判定方法，以及在有解的情况下如何求解的方法。第五，利用中国剩余定理，可以求解一类特殊的同余方程组，同时，我们学习了多项式的分解与表示等内容。第六，我们学习了数论在密码学中的应用，利用模运算，我们可以设计一些古典密码算法，如移位密码、多表代换密码、多字母代换密码等；利用同余方程的知识，我们可以构造一些古典密码，利用同余方程组的一些求解方法（如中国剩余定理），可以设计秘密分享协议。

本章习题

1. 求$(293,470)$。

2. 对于下列的整数a,b，运用带余除法，分别求出以a除b所得的商和余数：

① $a=17,b=-235$；

② $a=-8,b=2$；

③ $a=-9,b=-5$；

④ $a=-7,b=-58$。

3. 利用辗转相除法求3个整数的最大公约数：$(2\,104,2\,720,1\,046)$。

4. 利用辗转相除法计算两个整数$a=8\,142,b=11\,766$的最大公约数，并求出整数x,y，使得$(a,b)=ax+by$。

5. 求解同余方程：$6x+3=0 \bmod 51$。

6. 求解同余方程：$256x=179 \bmod 337$。

7. 一个数被3除余1，被4除余2，被5除余4，这个数最小是几？

8. 一个数被3除余2，被7除余4，被8除余5，这个数最小是几？

9. 有一个年级的同学，每9人一排多5人，每7人一排多1人，每5人一排多2人，问这个年级至少有多少人？

第 2 章

群

群理论在信息安全中有着重要的应用，很多密码学相关的计算都是群中元素的计算。在本章中，我们将要学习关系与等价关系、运算与同态、群的定义与性质、子群与群的同态、循环群、陪集与正规子群，以及群理论的应用等内容。

2.1 关系与等价关系

"关系"是一个数学概念。在本节中，我们将学习集合的笛卡儿积的概念，在此基础上，我们还将进一步学习关系、等价关系的知识。

2.1.1 关系

定义 2.1 $A\times B$ 的子集 R，称为 A,B 之间的一个二元关系。当 $(a,b)\in R$ 时，称 a 与 b 具有关系 R，记作 aRb，当 $(a,b)\notin R$ 时，称 a 与 b 不具有关系，记作 $aR'b$。

由上可知，$\forall a\in B, b\in B$，aRb 与 $aR'b$ 二者有一，且仅有一种情况成立。

二元关系形式地给出 A 中某些元素与 B 中某些元素相关联的概念。

例如，实数集 $A=\{x\mid -\infty<x<+\infty\}$ 中，大于关系"$>$"可记作："$>$"$=\{(x,y)\mid x,y\in A$，且 x 大于 $y\}$。此时，定义中的关系"R"被具体化为"$>$"，R 是 $A\times B$ 的子集。在坐标系中，将大于关系"$>$"表示为 $A\times A$ 的子集，如图 2.1 所示。

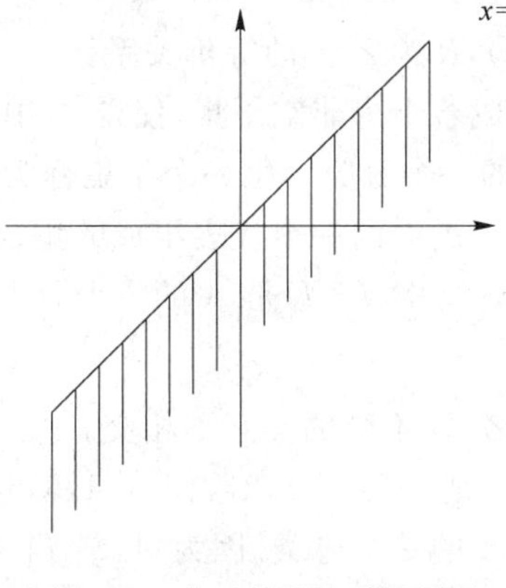

图 2.1 大于关系"$>$"的图示

当集合 $A=B$ 时，关系 R 是 $A\times A$ 的子集，此时称 R 为 A 上的二元关系。

定义 2.2 设 R 是集合 A 上的二元关系，则：

① 若 $\forall a\in A$，均有 aRa，则称 R 具有反身性(自反性)；

② 若 $\forall a,b\in A$，当 aRb 时，均有 bRa，则称 R 具有对称性；

③ 若 $\forall a,b,c\in A$，当 aRb 且 bRc 时，恒有 aRc，则称 R 具有传递性；

④ 若 $\forall a,b\in A$，当 aRb 且 bRa 时，恒有 $a=b$，则称 R 具有反对称性。

例 2.1 考虑大于关系"$>$"$=\{(x,y)\mid x,y\in A$，且 x 大于 $y\}$是否满足自反性、对称性、传递性。

解：因为 $3\not>3$，所以大于关系不具有自反性。

易知，大于关系不具有对称性。

因为 $a>b$ 且 $b>c\Rightarrow a>c$，故大于关系具有传递性。

例 2.2 设整数集 $Z=\{0,\pm1,\pm2,\cdots\}$上的二元关系为 $R=\{(a,b)\mid a,b\in Z$，且 $a\mid b\}$，此时 $a\mid b$ 表示 a 整除 b，即 b 是 a 的倍数。则 R 具有自反性、传递性，但不具有对称性及反对称性。

解：关系 R 显然满足自反性与传递性。

因为 $2\mid 6\Rightarrow 6\mid 2$，故关系 R 不满足对称性。

又因为 $3\mid(-3)$，且$(-3)\mid 3$，但 $-3\neq3$，所以 R 不具备反对称性。

2.1.2 等价关系

定义 2.3 设 R 是集合上的二元关系，如果 R 满足自反性、对称性和传递性，则称 R 为 A 上的等价关系，记作～。若～是 A 上的等价关系，$\forall a,b\in A$，若 $a\sim b$，则称 a 与 b 是等价的，称 $[a]=\{x\mid x\in A$，且 $x\sim a\}$为包含元素 a 的等价类。

例 2.3 设 R 是 $Z=\{0,\pm1,\pm2,\cdots\}$上的二元关系，规定关系 R 为：如果 Z 中的数 a,b 用固定的正整数 n 除，余相等，则$(a,b)\in R$，即 aRb，即 $aRb\Leftrightarrow a-b$ 是 n 的倍数，记作 $a\equiv b(\bmod n)$。

求证：R 是等价关系，称此关系为模 n 的剩余关系（或同余关系）。

证明：对于 $\forall a,b,c\in Z$，有：

① 因为 $a-a=0=n\times0$，所以$(a,a)\in R$，自反性成立；

② 若 $a\equiv b(\bmod n)$，即 $a-b=n\times k(k\in Z)$，即 $b-a=n\cdot(-k)$，所以$(b,a)\in R$，即 bRa，即 $b\equiv a(\bmod n)$；

③ 若 $a\equiv b\ (\bmod n)$且 $b\equiv c(\bmod n)$，即 $a-b=k_1\cdot n$，$b-c=k_2\cdot n$，$(k_1,k_2\in Z)$，所以 $a-c=(k_1+k_2)\cdot n$，$a\equiv c(\bmod n)$，R 为 Z 上的等价关系。

定义 2.4 设一个集合 A 分成若干个非空子集，使得 A 中每一个元素属于且只属于一个子集，则这些子集的全体称为 A 的一个分类。每一个子集称为一个类。类里任何一个元素称为这个类的一个代表。刚好由每一类中的一个代表组成的集合称为一个全体代表团。

由定义可知，A 的非空子集 $S=\{A_i\mid i\in I\}$是 A 的一个分类当且仅当其满足下列性质：

① $\bigcup_{i\in I}A_i=A$；

② 当 $i\neq j$ 时，$A_i\cap A_j=\varnothing$，即不同的类互不相交。

例如，设 $A=\{1,2,3,4,5,6\}$，则 $S_1=\{\{1,2\},\{3\},\{4,5,6\}\}$是 A 的一个分类。但是，$S_2=\{\{1,2\},\{2,3,4\},\{5,6\}\}$就不是 A 的一个分类。因为$\{1,2\}\cap\{2,3,4\}=\{2\}$，$S_3=\{\{1\},\{3,4\},\{5,6\}\}$也不是 A 的一个分类，因为元素"2"不属于任何一个子集。

定理 2.1 设～是集合 A 上的等价关系，则：

① 若对于 $a,b\in A$，$a\sim b$，则$[a]=[b]$；

② 若对于 $a,b\in A$，$a\sim b$（不等价），则$[a]\cap[b]=\varnothing$；

③ A 能写成所有不同等价类的并，即 $A=[a_1]\cup[a_2]\cup\cdots\cup[a_n]\cup\cdots$。

证明： ① 此时，需要证明两个集合相等。即只要证 $[a]\subseteq[b]$ 且 $[b]\subseteq[a]$。

若 $a\sim b$，$\forall x\in[a]$，则 $x\sim a$，又 $a\sim b$，由传递性可得 $x\sim b$，所以 $x\in[b]$，$[a]\subseteq[b]$。同理 $[b]\subseteq[a]$，$[a]=[b]$。

② 采用反证法的思路证明。

若 $a\nsim b$，假设 $\exists x\in a$，且 $x\in[a]\cap[b]$，则 $x\in[a]$，$x\in[b]$，即 $x\sim a$，$x\sim b$，由于 $\sim$ 是等价关系，所以 $a\sim x$，$x\sim b$，$a\sim b$ 与 $a\nsim b$ 矛盾，$[a]\cap[b]=\varnothing$。

③ 由 ① 和 ② 知两个等价类或是相同的，或是不相交的，因 $\forall a\in A$，$a\in[a]$，故 A 是所有不同等价类的并。

以 $n=3$ 时的模 3 同余关系为例。此时

$$Z=\{0,\pm1,\pm2,\cdots\}=[0]\cup[1]\cup[2]$$

$$\begin{cases}[0]=\{\cdots,-6,-3,0,3,6,\cdots\}\\ [1]=\{\cdots,-5,-2,1,4,7,\cdots\}\\ [2]=\{\cdots,-4,-1,2,5,8,\cdots\}=[5]\end{cases}$$

可知等价类由这等价类中的任一元素作代表，即等价类的表示与其代表的选择无关，即 $[2]=[5]=[8]=[-1]$。

在本节中，我们学习了关系与等价关系的知识。一个二元关系是两个集合的笛卡儿积的子集。等价关系是指满足自反性、对称性、传递性的关系。同时，我们还学习了集合分类的知识，并知道，集合 A 上的一个等价关系可以确定该集合的一个分类。

2.2 运算与同态

在数学概念上，映射是运算的基础。运算能够满足一些运算律。在本节中，我们将学习二元运算的概念，以及运算满足的结合律、交换律、分配律。进一步，我们还将学习同态映射的知识。

2.2.1 运算

下面我们给出代数运算的概念。

定义 2.5 设 A,B,D 是 3 个非空集合。从 $A\times B$ 到 D 的映射称为一个 $A\times B$ 到 D 的二元代数运算；当 $A=B=D$ 时，$A\times A$ 到 A 的映射简称 A 上的代数运算或二元运算。

一个代数运算可以用 $\circ$ 表示，并将 (a,b) 在 $\circ$ 下的像记作 $a\circ b$。若 $\circ$ 是 A 上的代数运算 $\Leftrightarrow\forall a,b\in A,a\circ b\in A$。

设 $A=\{a_1,a_2,\cdots,a_n\}$，$B=\{b_1,b_2,\cdots,b_m\}$，则 $A\times B$ 到 D 的一个代数运算 $a_i\circ b_j=d_{ij}$ 可以表示为

$\circ$	b_1	b_2	$\cdots$	b_m
a_1	d_{11}	d_{12}	$\cdots$	d_{1m}
a_2	d_{21}	d_{22}	$\cdots$	d_{2m}
$\vdots$	$\vdots$	$\vdots$		$\vdots$
a_n	d_{n1}	d_{n2}	$\cdots$	d_{nm}

定义 2.6 设 A 是一个非空集合，n 是自然数，$A\times A\times\cdots\times A$（$n$ 个 A 的笛卡儿积）到 A 的映射 f，称为 A 的一个 n 元运算。

例如，设 Q^* 为非零有理数的集合，每个非零有理数的倒数还是有理数，故倒数运算是 Q^* 的一元运算。此时，$f:Q^*\to Q^*$，$f(a)=\frac{1}{a}$，$\forall a\in Q^*$。

一般地，一个二元运算可能会满足一些运算律，如结合律、交换律、分配律。下面依次介绍这些概念。

定义 2.7 设 $\circ$ 是集合 A 的一个代数运算。如果对任意 $a,b,c\in A$，有 $(a\circ b)\circ c=a\circ(b\circ c)$，则称代数运算 $\circ$ 适合结合律，并且统一记成 $a\circ b\circ c$。

需要注意的是，对于 A 中 n 个元素 $a_1,a_2,\cdots,a_n$，当元素的排列顺序不变时（如按下标的自然顺序），可以有 $\frac{(2n-2)!}{n!(n-1)!}=N$ 种不同的加括号方法。对于不同的加括号方法，其计算结果未必相同。如 $n=3$，$N=2$，即有 2 种加括号的方法：$(a\circ b)\circ c$，$a\circ(b\circ c)$。而如 $n=4$，$N=5$，即有 5 种加括号的方法：$(a_1\circ a_2)\circ(a_3\circ a_4)$，$((a_1\circ a_2)\circ a_3)\circ a_4$，$(a_1\circ(a_2\circ a_3))\circ a_4$，$a_1\circ((a_2\circ a_3)\circ a_4)$，$a_1\circ(a_2\circ(a_3\circ a_4))$。不妨用 $\pi_1(a_1\circ a_2\circ\cdots\circ a_n)$，$\pi_2(a_1\circ a_2\circ\cdots\circ a_n)$，$\cdots$，$\pi_N(a_1\circ a_2\circ\cdots\circ a_n)$ 来表示这些加括号的方法。

定理 2.2 设集合 A 的一个代数运算为 $\circ$，当 $\circ$ 适合结合律时，则对任意 $a_1,a_2,\cdots,a_n\in A(n\geqslant 2)$，所有的 $\pi(a_1\circ a_2\circ\cdots\circ a_n)$ 都相等，并将其结果统一记为：$a_1\circ a_2\circ\cdots\circ a_n$。

证明： 用数学归纳法证明任何一种加括号方法计算所得结果都等于按自然顺序依次加括号计算所得的结果〔即 $(\cdots(a_1\circ a_2)\circ\cdots)\circ a_n$〕。

① $n=3$，$N=2$，由已知条件，知定理成立。

② 假定 $k<n$ 时，定理成立，下面证明 n 的情形。

n 个元素的任意一种计算方法，最后一步总是 $u\circ v$ 的形式，其中 u 表示 m 个元素 $a_1,a_2,\cdots,a_m$ 的计算结果，而 v 表示 $n-m$ 个元素 $a_{m+1},a_{m+2},\cdots,a_n$ 的计算结果，$1\leqslant m<n$。

由归纳假设，于是有 $u=(\cdots(a_1\circ a_2)\circ\cdots)\circ a_m$，$v=(\cdots(a_{m+1}\circ a_{m+2})\circ\cdots)\circ a_n$。因此 $u\circ v=[(\cdots(a_1\circ a_2)\circ\cdots)\circ a_m][(\cdots(a_{m+1}\circ a_{m+2})\circ\cdots)\circ a_n]$〔把 $(\cdots(a_{m+1}\circ a_{m+2})\circ\cdots\circ)a_{n-1}$ 看成 v_1〕。由结合律，可以得到 $u\circ v=[(\cdots(a_1\circ a_2)\circ\cdots\circ)a_m\circ((\cdots(a_{m+1}\circ a_{m+2})\circ\cdots\circ)a_{n-1})]\circ a_n\overset{\text{归纳假设}}{=}((\cdots(a_1\circ a_2)\circ\cdots)\circ a_{n-1})\circ a_n$。故得证。

定义 2.8 设 $\circ$ 是 $A\times A$ 到 D 的代数运算。如果 $\forall a,b\in A$，有 $a\circ b=b\circ a$ 成立，则称运算 $\circ$ 满足交换律。

定理 2.3 假设一个集合 A 的代数运算 $\circ$ 同时适合结合律与交换律，那么在 $a_1\circ a_2\circ\cdots\circ a_n$ 中，元素的次序可以互换。证明略。

设 $\odot:B\times A\to A$ 是代数运算，$\oplus:A\times A\to A$ 是 A 上的一个代数运算，显然，对任意 $b\in B$，$a_1,a_2\in A$，$b\odot(a_1\oplus a_2)$ 和 $(b\odot a_1)\oplus(b\odot a_2)$ 均有意义，但是二者未必相等。

定义 2.9 设 $\odot$ 是 $B\times A$ 到 A 的代数运算，$\oplus$ 是 A 上的一个代数运算。若 $\forall a_1,a_2\in A$，$b\in B$，都有 $b\odot(a_1\oplus a_2)=(b\odot a_1)\oplus(b\odot a_2)$ 成立，则称 $\odot$，$\oplus$ 适合第一分配律（左分配律）。同理可以定义第二分配律（右分配律）。

定理 2.4 假设 $\oplus$ 适合结合律，且 $\odot$，$\oplus$ 适合第一分配律，则 $\forall a_1,a_2,\cdots,a_n\in A,b\in B$，有 $b\odot(a_1\oplus a_2\oplus\cdots\oplus a_n)=(b\odot a_1)\oplus(b\odot a_2)\oplus\cdots\oplus(b\odot a_n)$。证明略。

具有一些 n 元运算的集合，称为代数系统。代数系统是近世代数研究的主要内容，特殊代数系数包括群、环、域。设集合 A 的二元运算为 $\circ$，则这个代数系统记为$(A, \circ)$。

2.2.2　同态映射

定义 2.10　设$(S, \circ)$和$(T, *)$是两个代数系统，这里 $\circ$，$*$ 分别为集合 S，T 上的代数运算。如果存在 S 到 T 的映射 f，且保持运算，即 $f(a \circ b) = f(a) * f(b)$，$\forall a, b \in S$，则称 f 是$(S, \circ)$至$(T, *)$的同态映射，简称 f 是 S 到 T 的同态。

同态映射图示如图 2.2 所示。

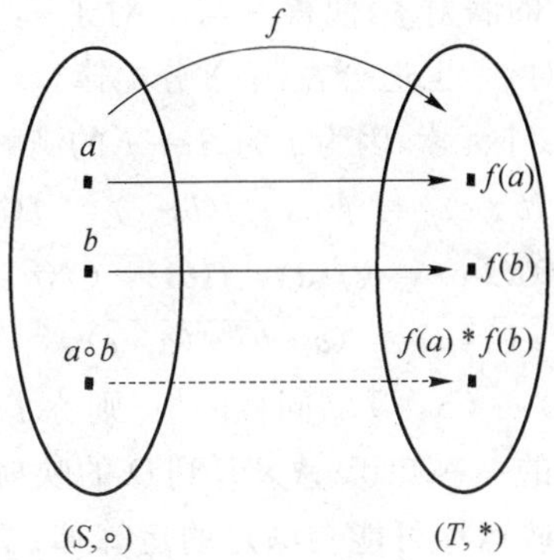

图 2.2　同态映射图示

例如，$A = Z$(整数集)，$\circ$ 是普通加法；$\overline{A} = \{1, -1\}$，$\bar{\circ}$ 是普通乘法。

① $\phi_1: a \mapsto 1$ 是 A 到$\overline{A}$ 的一个同态映射。事实上，$\phi_1(a+b) = 1$，$\phi_1(a) \times \phi_1(b) = 1 \times 1 = 1$，故 $\phi_1(a+b) = \phi_1(a) \times \phi_1(b)$。

② $\phi_2: a \mapsto 1$，若 a 是偶数；$a \mapsto -1$，若 a 是奇数，则 ϕ_2 是满的同态映射。

将 $a, b(\forall a, b \in A)$ 的奇偶性分 4 种情况讨论：

若 a 偶 b 奇，则 $\phi_2(a+b) = -1 = 1 \times (-1) = \phi_2(a) \times \phi_2(b)$；

若 a 偶 b 偶，则 $\phi_2(a+b) = 1 = 1 \times 1 = \phi_2(a) \times \phi_2(b)$；

若 a 奇 b 偶，则 $\phi_2(a+b) = -1 = (-1) \times 1 = \phi_2(a) \times \phi_2(b)$；

若 a 奇 b 奇，则 $\phi_2(a+b) = 1 = (-1) \times (-1) = \phi_2(a) \times \phi_2(b)$。

③ $\phi_3: a \mapsto -1$，则 ϕ_3 是映射，不是同态映射。因为 $\phi_3(a+b) = -1 \neq 1 = (-1) \times (-1) = \phi_2(a) \times \phi_2(b)$。

例如，设代数系统$(Z, +)$，$(R^+, \cdot)$，这里 Z 与 R^+ 分别为整数集和正实数集，$+$，$\cdot$ 分别为数的加法与乘法，规定 $f: Z \to R^+$ 为 $f(x) = e^x$，$\forall x \in Z$，知 f 为 $Z \to R^+$ 的映射且 $\forall x, y \in Z$，$f(x+y) = e^{x+y} = e^x \cdot e^y = f(x) \cdot f(y)$，即 f 保持运算，故 f 是 $Z \to R^+$ 的同态映射。

定义 2.11　如果集合 S 到 T 的同态映射 f 是 $S \to T$ 的单射，则称 f 为 $S \to T$ 的单一同态。如果集合 S 到 T 的同态映射 f 是 $S \to T$ 的满射，则称 f 为 $S \to T$ 的满同态。如果集合 S 至 T 存在满同态，则称 S 与 T 是同态的，记作 $S \sim T$。如果 $S \to T$ 的同态映射 f 是 $S \to T$ 的双射(既满又单的映射，一一映射)，则称 f 为 $S \to T$ 的同构映射(简称同构)，记作 $S \cong T$。

定理 2.5　设代数系统$(S, \circ)$和$(T, *)$，这里 $\circ$，$*$ 分别为集合 S，T 的二元运算，设 f 是 $S \to T$ 的满同态，则：

① 若 $\circ$ 满足结合律，则 $*$ 也满足结合律；

② 若 $\circ$ 满足交换律，则 $*$ 也满足交换律。

证明：① 设$\bar{a},\bar{b},\bar{c}$为T中任意3个元素，因为f为$S\to T$的满同态，故存在$a,b,c\in S$，使$f(a)=\bar{a},f(b)=\bar{b},f(c)=\bar{c}$。只要证$\bar{a}*(\bar{b}*\bar{c})=(\bar{a}*\bar{b})*\bar{c}$。$f[a\circ(b\circ c)]=f(a)*f(b\circ c)=f(a)*(f(b)*f(c))=\bar{a}*(\bar{b}*\bar{c})$，而$f[(a\circ b)\circ c]=f(a\circ b)*f(c)=(f(a)*f(b))*f(c)=(\bar{a}*\bar{b})*\bar{c}$，又由已知$a\circ(b\circ c)=(a\circ b)\circ c$，故$\bar{a}*(\bar{b}*\bar{c})=(\bar{a}*\bar{b})*\bar{c}$。

② 设$\bar{a},\bar{b}$为T中任意2个元素，存在$a,b\in S$使$f(a)=\bar{a},f(b)=\bar{b}$，又$f(a\circ b)=f(a)*f(b)=\bar{a}*\bar{b},f(b\circ a)=f(b)*f(a)=\bar{b}*\bar{a},a\circ b=b\circ a$，所以$\bar{a}*\bar{b}=\bar{b}*\bar{a}$。

定理2.6 设代数系统$(S,\circ,*)$和$(T,\bar{\circ},\overline{*})$，这里$\circ,*$为$S$中的二元运算，$\bar{\circ},\overline{*}$为$T$中的二元运算，设存在一个$S\to T$的满射$f$，使得$S$与$T$对于$\circ,\bar{\circ}$同态，对于$*,\overline{*}$同态。如果$\circ$对$*$适合左(右)分配律，则$\bar{\circ}$对$\overline{*}$也适合左(右)分配律。

证明：设$\bar{a},\bar{b},\bar{c}$为T中任意3个元素，因为f为$S\to T$的满射，所以存在$a,b,c\in S$，使$f(a)=\bar{a},f(b)=\bar{b},f(c)=\bar{c}$，又因$f[a\circ(b*c)]=f(a)\,\bar{\circ}\,f(b*c)=f(a)\,\bar{\circ}\,[f(b)\,\overline{*}\,f(c)]=\bar{a}\,\bar{\circ}\,(\bar{b}\,\overline{*}\,\bar{c})$，$f[(a\circ b)*(a\circ c)]=f(a\circ b)\,\overline{*}\,f(a\circ c)=(f(a)\,\bar{\circ}\,f(b))\,\overline{*}\,(f(a)\,\bar{\circ}\,f(c))=(\bar{a}\,\bar{\circ}\,\bar{b})\,\overline{*}\,(\bar{a}\,\bar{\circ}\,\bar{c})$，而$a\circ(b*c)=(a\circ b)*(a\circ c)$，所以$\bar{a}\,\bar{\circ}\,(\bar{b}\,\bar{\circ}\,\bar{c})=(\bar{a}\,\bar{\circ}\,\bar{b})\,\overline{*}\,(\bar{a}\,\bar{\circ}\,\bar{c})$。

定义2.12 如果f是$(S,\circ)\to(S,\circ)$的同构映射，则称f为S的自同构映射（或自同构）。

在本节中，我们学习了运算的一些知识。$A\times B$到D的映射称为一个$A\times B$到D的二元运算。结合律、交换律、分配律是一些运算可能会满足的运算律。具有一些n元运算的集合，称为代数系统，记为$(A,\circ)$。同态与同构描述了两个代数系统$(S,\circ)$和$(T,*)$之间的关系。如果两个代数系统$(S,\circ)$和$(T,*)$同态，则$(S,\circ)$和$(T,*)$在运算上满足相似的运算律。

2.3 群的定义与性质

群是一个重要的代数系统，在密码学中有着重要的应用。在本节中，我们在学习半群与含幺半群的基础上，学习群的基本知识。我们将学习群的概念、群的一些等价的描述方法，以及群的阶与群中元素的阶的概念与相关性质。

2.3.1 半群与含幺半群

首先，我们学习半群与含幺半群的概念。

定义2.13 设S是一个非空集合，若S上存在一个二元运算$\circ$，满足结合律，即对任意$a,b,c\in S$有$a\circ(b\circ c)=(a\circ b)\circ c$，则称代数系统$(S,\circ)$为半群，简称$S$为半群。

由上述定义知，半群即为带有一个满足结合律的二元代数运算的集合。具体地说，半群即为一个集合，此集合中任意两个元素可以进行某种运算，运算的结果满足封闭性与结合律。半群中的代数运算$\circ$称为乘法，并简记$a\circ b$为ab，称为a与b的积。

例如，设A是任一非空集合，A的幂集为$P(A)$。代数系统$(P(A),\cap)$，$(P(A),\cup)$均为半群，因为集合的交、并运算均为$P(A)$的二元运算，且均满足结合律。

定义2.14 设M为一个半群，其运算记为乘法。$n\in N,a\in M$，n个a的连乘积称为a的n次幂，记为a^n，即

$$a^n=\underbrace{a\cdot a\cdot\cdots\cdot a}_{n个}$$

易证：$a^m a^n=a^{m+n},(a^m)^n=a^{mn},\forall a\in M,\forall m,n\in N$。

然而，一般情况下，$(ab)^m \neq a^m b^m$，$\forall a,b \in M$，$\forall m \in N$。

这里，若 M 中的代数运算为"+"，则 a 的 n 次幂表示为 n 个 a 的和，记为 na，即

$$na = \underbrace{a + a + \cdots + a}_{n个}$$

且有 $ma + na = (m+n)a$，$n(ma) = (nm)a$。

定义 2.15 对于二元运算 $\circ$，如果满足：① $\forall a,b,c \in M$，有 $a \circ (b \circ c) = (a \circ b) \circ c$；② $\exists e \in M$，使 $\forall a \in M$，$e \circ a = a \circ e = a$。则称 $(M, \circ)$ 为含幺半群，称 e 为单位元（幺元）。

例 2.4 求证含幺半群中单位元是唯一的。

证明：设 e_1, e_2 均为单位元，只要证 $e_1 = e_2$。因为 $e_1 = e_1 \circ e_2 = e_2$，故得证。

若 $(S, \circ)$ 是含幺半群，规定 $a^0 = e$（单位元）。

如果半群（含幺半群）$(S, \circ)$ 中的二元运算 $\circ$ 是可交换的，即 $\forall a,b \in S$，$a \circ b = b \circ a$，则称 $(S, \circ)$ 是可换半群（含幺半群）。

例 2.5 设在 $Z^+ = \{1,2,3,\cdots\}$ 中，规定运算 $*$ 为 $\forall x,y \in Z^+$，$x * y = \max\{x,y\}$。问 $(Z^+, *)$ 是半群吗？是含幺半群吗？

解：只要验证运算 $*$ 是 Z^+ 上的二元运算；验证运算 $*$ 满足结合律；找出对于运算 $*$ 的单位元。

$\forall x,y \in Z^+$，$x * y = \max\{x,y\} \in Z^+$。因此，在 Z^+ 中，运算 $*$ 封闭，即运算 $*$ 是 Z^+ 上的二元运算。$\forall x,y,z \in Z^+$，$x*(y*z) = \max\{x,y,z\} = (x*y)*z$，则运算 $*$ 满足结合律。又因 $x * 1 = \max\{x,1\} = x$，故 $(Z^+, *)$ 是半群，并且是含幺半群，单位元为 1。

2.3.2 群

定义 2.16 一个含幺半群 $(G, \circ)$ 称为群，如果 G 的每一元均有逆元，即群是一个具有二元运算的集合，且满足以下 3 个条件：

① 结合律成立，即 $\forall a,b,c \in G$，有 $a \circ (b \circ c) = (a \circ b) \circ c$；

② 单位元存在，即 G 中存在一个元素 e，$\forall a \in G$ 有 $e \circ a = a \circ e = a$；

③ 逆元存在，即 $\forall a \in G$，存在 $a^{-1} \in G$ 满足 $a \circ a^{-1} = a^{-1} \circ a = e$。

当群 G 的运算 $\circ$ 满足交换律时，称 $(G, \circ)$ 为交换群，也称阿贝尔群。

在一个群中，规定 $a^{-m} = (a^{-1})^m$，这里 m 是正整数。

由以上规定知，在一个群中，成立运算律：$a^m a^n = a^{m+n}$，$(a^m)^n = a^{mn}$，$\forall a \in G$，$m,n \in Z$，这里 Z 表示整数集合。

例如，设 $G = \{\boldsymbol{A} \mid \boldsymbol{A}$ 为有理数上的 n 阶矩阵，$|\boldsymbol{A}| \neq 0\}$，则 G 关于矩阵的乘法构成一个群，但不是交换群。

例 2.6 设 $Z_n = \{[0],[1],\cdots,[n-1]\}$ 是模 n 的剩余类，规定 + 为 $[a]+[b]=[a+b]$，$\forall [a],[b] \in Z_n$，证明：$(Z_n, +)$ 是一个交换群。

证明：先看如上规定的 + 运算是否为二元运算，这就需要证明运算的结果与代表的取法无关。设 $[a]=[a_1]$，$[b]=[b_1]$，只要证 $[a]+[b]=[a_1]+[b_1]$。因为 $[a]=[a_1]$，$[b]=[b_1]$，所以 $a_1 \equiv a \pmod n$，$b_1 \equiv b \pmod n$，$a_1 = a + l_1 n$，$b_1 = b + l_2 n$，$(a_1+b_1) = (a+b)+(l_1+l_2)\cdot n$，$(a_1+b_1) = (a+b) \pmod n$，$[a_1+b_1] = [a+b]$，即 + 是二元运算。对 $\forall [a],[b],[c] \in Z_n$，有 $[a]+([b]+[c]) = [a]+[b+c] = [a+(b+c)] = [(a+b)+c] = [a+b]+[c] = ([a]+[b])+[c]$，即 + 满足结合律。单位元为 $[0]$（因为 $[0]+[a]=[0+a]=[a]$），$[a]$ 的逆

元为$[-a]$(因为$[a]+[-a]=[a+(-a)]=[0]$),所以$(Z_n,+)$是群,又因$[a]+[b]=[a+b]=[b+a]=[b]+[a]$,故$(Z_n,+)$是一个交换群。

定义 2.17 设F是平面或空间中的一个图形。图形F的一个对称(或等距)是保持距离的双射$f:F\to F$。保持距离是指,$\forall x,y\in F$,$f(x)$,$f(y)$之间的距离等于x,y之间的距离。如果π是平面上的多边形,则π的一些对称变换组成的群$\Sigma(\pi)$由满足$f(\pi)=\pi$的一切保持距离的双射f构成。集合$\Sigma(\pi)$中的元素称为多边形π的对称。

例 2.7 证明不等边长方形的对称的集合,关于对称的合成$\circ$构成群。

证明: 设长方形的顶点为$\{v_1,v_2,v_3,v_4\}$,如图 2.3 所示。

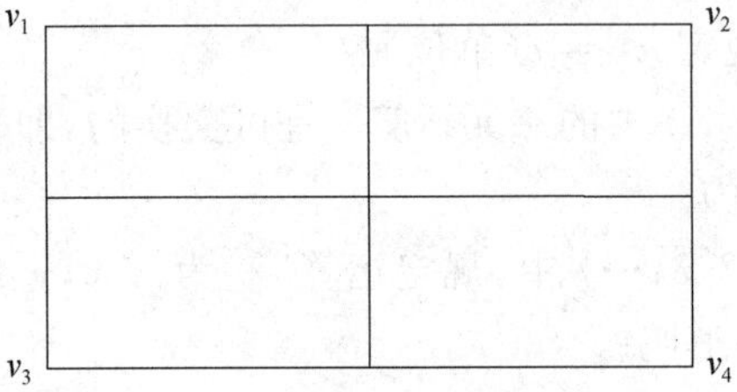

图 2.3 长方形中的对称

设对称α为长方形通过中心的水平轴翻转$180°$,对称β为长方形通过中心的垂直轴翻转$180°$,对称γ为长方形在其所在平面围绕中心顺时针旋转$180°$,对称θ为长方形保持原来的位置。设$G=\{\alpha,\beta,\gamma,\theta\}$。可知,$(G,\circ)$构成一个群,称之为长方形的对称变换构成的群。群$(G,\circ)$的单位元为$\theta$。且$\alpha^2=\beta^2=\gamma^2=\theta$,$\alpha\beta=\beta\alpha=\gamma$,$\alpha\gamma=\gamma\alpha=\beta$,$\beta\gamma=\gamma\beta=\alpha$。

一般地,设 4 个元素的群$G=\{a,b,c,e\}$,元素之间的运算如下

$\circ$	e	a	b	c
e	e	a	b	c
a	a	e	c	b
b	b	c	e	a
c	c	b	a	e

则$(G,\circ)$构成交换群,称之为克莱因四元群。

在群的描述上,有几个等价的定义。

定理 2.7 设G为半群,则下列陈述等价:

① G是群;

② G有左单位元l,而且$\forall a\in G$关于这个左单位元l都是左可逆的(即$\forall a\in G$,$\exists b\in G$,使得$ba=l$);

③ G有右单位元r,而且$\forall a\in G$关于这个右单位元r都是右可逆的(即$\forall a\in G$,$\exists b\in G$,使得$ab=r$);

④ $\forall a,b\in G$,方程$ax=b$,$ya=b$在G中都有解。

证明: ①⇒②。显然,此时令$l=e$,$b=a^{-1}$即可。这里e为群G的单位元。

②⇒③。$\forall a\in G$,设b是a关于l的左逆元,c是b关于l的左逆元,则有$ba=cb=l$,于是$ab=l(ab)=(cb)(ab)=c(ba)b=clb=cb=l$。故$b$也是$a$关于$l$的右逆元。又$al=a(ba)=(ab)a=la=a$,故$l$也是$G$的右单位元,因此②⇒③。

③⇒④。设 c 是 a 关于 r 的右逆元，类似于 ②⇒③ 之证，可知 r 也为左单位元，且 $ca = ac = r$。于是 $a(cb) = (ac)b = rb = b$，$(bc)a = b(ca) = br = b$。故 cb 与 bc 分别是方程 $ax = b$，$ya = b$ 在 G 中的解。

④⇒①。设 l 是方程 $yb = b$ 的一个解，$lb = b$。又 $\forall a \in G$，方程 $bx = a$ 有解，设为 c，即 $bc = a$，则有 $la = l(bc) = (lb)c = bc = a$。

从而 l 是 G 的一个左单位元。同理，方程 $bx = b$ 的一个解是 G 的一个右单位元。

$l = r \overset{d}{\equiv} e$ 为 G 的单位元。

$\forall a \in G$，由方程 $ya = e$ 和 $ax = e$ 在 G 中有解可知，a 既是左可逆，又是右可逆，可得 a 可逆，因而 G 是一个群。故得证。

定义 2.18　对于群 $(G, \circ)$ 中的一个元素 a，满足 $a^n = e$ 的最小正整数 n，称为元素 a 的阶。这里，e 为群 $(G, \circ)$ 中的单位元，记作 $o(a) = n$ 或 $|a| = n$。若这样的 n 不存在，则称元素 a 是无限阶的，记作 $o(a) = \infty$ 或 $|a| = \infty$。

定理 2.8　群中的某元素 a 与其逆元素 a^{-1} 具有相同的阶。

证明：设群 G 的元素 a 与 a^{-1} 的阶分别为 m, n。由于 $a^m = e$，故 $(a^{-1})^m = (a^m)^{-1} = e^{-1} = e$。由前面的定理知，$n|m$。又 $a^n = ((a^{-1})^{-1})^n = ((a^{-1})^n)^{-1} = e^{-1} = e$，故 $m|n$。因此 $m = n$。

例 2.8　在群 $(G, \circ)$ 中，a, b 是群中任意两个元素。证明元素 ab 的阶与 ba 的阶相同。

证明：设元素 ab 的阶为 n，ba 的阶为 m。即 $(ab)^n = e$，$(ba)^m = e$，且 n 与 m 分别为满足其的最小正整数。（证明思路：只要证 $n = m$；即 $n|m$，且 $m|n$；即只要证 $(ba)^n = e$，$(ab)^m = e$。）$(ba)^{n+1} = (ba)(ba)\cdots(ba) = b(ab)^n a = ba$，由消去律，可得 $(ba)^n = e$。由定理知 $m|n$；同理 $n|m$，则 $n = m$。故得证。

定义 2.19　设 $(G, \circ)$ 为一个群，G 中元素的个数称为群 G 的阶，记为 $|G|$ 或 $\# G$。当 $|G|$ 为有限时，称 $(G, \circ)$ 为有限群；当 $|G|$ 为无限时，称 $(G, \circ)$ 为无限群。

下面给出判断一个有限元素的代数系统为一个群的方法。

定理 2.9　设 G 为一个有限半群，若 G 的运算适合左消去律和右消去律，则 G 为群。

证明：因为 $|G| < \infty$，故可以设 $G = \{a_1, a_2, \cdots, a_n\}$，$\forall a \in G$，令 $G' = \{aa_1, aa_2, \cdots, aa_n\}$。

由运算的封闭性可知，$G' \leqslant G$。又由左消去律可知，当 $i \neq j$ 时，$aa_i \neq aa_j$，故 $|G'| = n$，从而 $G' = G$。于是对于 $\forall b \in G$，$\exists a_k \in G$，使得方程 $aa_k = b$ 成立。即方程 $ax = b$ 在 G 中有解，同理方程 $ya = b$ 在 G 中有解。因此，由群的等价定义可知，G 为群。

例如，设 $m \in N$，则全体 m 次单位根所组成的集合为 $U_m = \{\varepsilon \in C | \varepsilon^m = 1\} = \{\varepsilon = e^{\frac{2k\pi i}{m}} | k = 0, 1, \cdots, m-1\}$，将关于复数的乘法做成一个乘法交换群，称为 m 次单位根群，单位元为 1。

$\forall \varepsilon = e^{\frac{2k\pi i}{m}} \in C$，$\varepsilon^{-1} = e^{\frac{2(m-k)\pi i}{m}}$。

例如，当 $m = 3$ 时，$U_3 = \{1, \omega, \omega^2\}$，则 $o(1) = 1$，$o(\omega) = o(\omega^2) = 3$。

元素的阶有如下常见性质。

① $o(a) = o(a^{-1})$。

② 若 $o(a) = m$，则 $a^n = e \Leftrightarrow m \mid n$；$a^h = a^k \Leftrightarrow m \mid (h-k)$；$e = a^0, a^1, \cdots, a^{m-1}$ 且 $a^0, a^1, \cdots, a^{m-1}$ 两两不等；$\forall r \in Z$，$O(a^r) = \dfrac{m}{(m, r)}$。

③ 若 $o(a) = \infty$，则 $a^n = e \Leftrightarrow n = 0$；$a^h = a^k \Leftrightarrow h = k$；$\cdots, a^{-2}, a^{-1}, 0, a^1, a^2, \cdots$ 两两不等；

$\forall r \in Z\backslash\{0\}, O(a^r) = \infty$。

例 2.9 证明在偶数阶的群$(G, \circ)$中，至少存在一个2阶元素。

证明：设$G = \{e, a_1, a_2, \cdots, a_{2k-1}\}$，群$(G, \circ)$的阶为偶数$2k$。令$G_1 = \{e, a_1^{-1}, a_2^{-1}, \cdots, a_{2k-1}^{-1}\}$。知$G_1$是$G$的子集。又因当$a \neq b$时，$a^{-1} \neq b^{-1}$，即集合$G_1$中的元素是互不相同的，则$G_1 = G$，$a_i, a_i^{-1}$同时出现$G$中。又因单位元$e$的逆元是其本身，$G$中元素的个数为偶数，故必有某一元素$a_j$，其逆元素为本身，即$a_j^{-1} = a_j, a_j^2 = e$。故元素$a_j$的阶为2。

在本节中，我们学习了半群、含幺半群、群等代数系统的概念。概括地说，群是满足以下条件的代数系统：运算封闭，满足结合律，有单位元，每一个元素有逆元。利用群中元素是否存在左(右)单位元、左(右)逆元，方程$ax = b, ya = b$在G中是否有解，我们可以得到判断一个代数系统是否构成群的方法(或群的等价定义)。群$(G, \circ)$中的一个元素a的阶，是指满足$a^n = e$的最小正整数n。G中元素的个数称为群G的阶。这两个"阶"是不同的概念。

2.4 子群与群的同态

一个代数系统有子系统。两个代数系统之间可能会存在着同态映射。在本节中，我们将学习子群的概念与性质。同时学习两个群同态时的一些性质。

2.4.1 子群

定义 2.20 设H是群G的一个非空子集，若H对于G的乘法构成群，则称H为G的子群，记作$H \leqslant G$。

对于任意一个群G，都有两个子群：$\{e\}$与G。这两个子群称为G的平凡子群。若$H \leqslant G$且$H \neq G$，则称H是G的一个真子群，记作$H < G$。

关于子群，有以下一些性质。

① 子群的传递性：若$H \leqslant K, K \leqslant G$，则$H \leqslant G$。由子群的定义能够看出这一点。

② 子群中元素的遗传性：若$H \leqslant K$，$\forall a \in H$，则$e_H = e_G, a_H^{-1} = a_G^{-1}$，其中$e_H, e_G$分别表示$H, G$中的单位元，$a_H^{-1}, a_G^{-1}$分别表示$a$在$H$和$G$中的逆元。

证明：① $H \leqslant G \Rightarrow e_H \in G$，且$e_H e_H = e_H = e_H e_G \Rightarrow e_H = e_G$。

② $a \in H \Rightarrow a \in G, aa_H^{-1} = e_H = e_G = aa_G^{-1} \Rightarrow a_H^{-1} = a_G^{-1}$，可以证明，关于子群，有一个等价的定义，$(H, \circ)$称为群$(G, \circ)$的子群，假如满足：

a. $\forall a, b \in H, a \circ b \in H$；

b. $\forall a \in H, a^{-1} \in H$，这里$a^{-1}$表示元素$a$在群$G$中的逆元素。

定理 2.10 设G为群，$\Phi \neq H \subseteq G$，则下列各命题等价：

① $H \leqslant G$；

② $\forall a, b \in H$，都有$ab \in H, a^{-1} \in H$；

③ $\forall a, b \in H$，都有$ab^{-1} \in H$。

证明：证明采用的思路：①⇒②⇒③⇒①。

①⇒②。设$H \leqslant G$，则H为一个群，由封闭性知$ab \in H$；又由"子群中元素的遗传性"知$a_H^{-1} = a_G^{-1} = a^{-1} \in H$。

②⇒③。$b \in H \Rightarrow b^{-1} \in H \Rightarrow ab^{-1} \in H$。

③⇒①。由于 $H \neq \Phi$,所以存在一个元素 $d \in H$,由 ③ 有 $e = dd^{-1} \in H$,$\forall a,b \in H$,$\left.\begin{matrix} e \in H \\ b \in H \end{matrix}\right\} \Rightarrow b^{-1} = eb^{-1} \in H$,$\left.\begin{matrix} a \in H \\ b \in H \end{matrix}\right\} \Rightarrow \left.\begin{matrix} a \in H \\ b^{-1} \in H \end{matrix}\right\} \Rightarrow a(b^{-1})^{-1} = ab \in H$,由于 $H \subseteq G$,则结论显然成立,故 $H \leqslant G$,得证。

对于有限子群 H 是否为群,还有更简便的判别法。

定理 2.11(有限子群的判别法则) 设 G 为群,H 是 G 的一个非空有限子集,则 $H \leqslant G \Leftrightarrow \forall a,b \in H$,都有 $ab \in H$。

证明: ⇒:显然成立。

⇐:由于 $H \subseteq G \Rightarrow$ 在 H 中结合律和消去律都成立,又由假设知,在 H 中满足封闭性,即 H 为一个满足消去律的有限半群,从而 H 是子群,即 $H \leqslant G$。

2.4.2 群的同态

下面我们讨论两个群之间的同态问题。

定理 2.12 设 G 为群,$\overline{G}$ 为一个带有乘法运算的非空集合,若存在 $f:G \to \overline{G}$ 为满同态映射,则 $\overline{G}$ 也是一个群。

证明: 依次验证代数系统 $\overline{G}$ 满足群的条件。

$\overline{G}$ 中的代数运算有封闭性。

由前面的知识可知,$\overline{G}$ 中的运算满足结合律。

验证 $\overline{G}$ 中有单位元。设 e 为 G 中的单位元,下面证明 $f(e)$ 为 $\overline{G}$ 中的单位元:$\forall \overline{a} \in \overline{G}$,则 $\exists a \in G$,使得 $f(a) = \overline{a}$,则 $f(e)f(\overline{a}) = f(ea) = f(a) = \overline{a}$,$f(\overline{a})f(e) = f(ae) = f(a) = \overline{a}$。此即 $f(e)$ 为 $\overline{G}$ 中的单位元。

验证 $\overline{G}$ 中的每一个元素都存在逆元素。$\forall \overline{a} \in \overline{G}$,则 $a \in G$,使得 $f(a) = \overline{a}$,于是 $f(a^{-1})f(a) = f(a^{-1}a) = f(e)$,$f(a)f(a^{-1}) = f(aa^{-1}) = f(e)$,从而 $f(a^{-1})$ 为 $f(a)$ 的逆元,即 $f(a^{-1}) = (f(a))^{-1}$。故 $\overline{G}$ 为一个群。

需要注意的是,上述定理中的 G 与 $\overline{G}$ 的位置不能调换。举例如下:设 $\overline{G} = \{2n+1 \mid n \in Z\}$,乘法定义为普通乘法,$G$ 为平凡群,即 $G = \{e\}$,$ee = e$。规定映射 $\phi:\overline{G} \to G; g \mapsto e$,$\forall g \in G$。则 ϕ 为一个同态满射,但 $\overline{G}$ 不是群,而 G 是群。

例 2.10 在整数集合 Z 上定义运算 $a \oplus b = a + b - 1$,证明 Z 关于给定的运算构成群。

证明 1: 按照群的定义。

易知,运算 $\oplus$ 满足运算的封闭性、结合律。

单位元 $e = 1$,因为 $\forall a \in Z$,$a \oplus e = e \oplus a = a + 1 - 1 = a$。

$\forall a \in Z$,元素 a 的逆元素为 $-a+2$,因为 $a \oplus (-a+2) = (-a+2) \oplus a = a + (-a+2)1 - 1 = 1 = e$。则 Z 关于给定的运算构成群。

证明 2: 利用上述定理的结论来证。证明的思路是:先构造一个群,再构造一个同态映射。

设 $G = (Z, +)$,$\overline{G} = (Z, \oplus)$,构造映射 $f:G \to \overline{G}$ 为 $f(a) = a + 1$。

$\forall a,b \in Z$,$f(a+b) = a + b + 1$,$f(a) = a + 1$,$f(b) = b + 1$,$f(a) \oplus f(b) = (a+1) + (b+1) - 1 = a + b + 1$,即 $f(a+b) = f(a) \oplus f(b)$,则 $f:G \to \overline{G}$ 是代数系统 $G = (Z, +)$ 到 $\overline{G} = (Z, \oplus)$ 的同态映射。

由上述定理可知,由于 $G = (Z, +)$ 是群,故 $\overline{G} = (Z, \oplus)$ 是群。

定义 2.21 设 G 与 G' 都是群,f 是 G 到 G' 的映射,若 f 保持运算,即 $f(xy) = f(x)f(y)$,

$\forall x, y \in G$，则称 f 是 G 到 G' 的同态。

① 若 f 为单射，则称 f 为单同态。

② 若 f 为满射，则称 f 为满同态，并称 G 与 G' 同态，记作 $G \backsim G'$。

③ 若 f 为双射，则称 f 为满同构，并称 G 与 G' 同构，记作 $G \cong G'$。

在本节中，我们学习了子群的相关性质。我们知道：子群具有传递性，子群中的元素具有遗传性。我们学习了子群的几个等价定义，利用这些等价定义，我们可以判断一个代数系统是否为一个群的子群。我们学习了两个群同态时应该具有的一些性质，当两个群同态时，其单位元、逆元在同态映射之下，都会保持不变。

2.5 循环群

循环群是已经研究清楚的群之一，就是说，这种群的元素表达方式和运算规则，以及在同构意义下这种群的数量和它们子群的状况等，都完全研究清楚了。在本节中，我们将学习循环群的概念及其相关知识。

定义 2.22 设 G 是一个群，$a \in G$，若 $\forall b \in G$，均存在 $n \in Z$，Z 表示整数集合，使得 $b = a^n$，则称 G 是由 a 生成的循环群，a 称为群 G 的一个生成元，记作 $G = (a)$。

下面我们来看几个例子。

例如，m 次单位根群 $U_m = \{\varepsilon \mid \varepsilon \in C, \varepsilon^m = 1, m \in Z\}$，这里，$C$ 表示复数集合，Z 表示整数集合。易知，U_m 关于数的乘法构成群，并且是循环群，称之为 m 次单位根群，记作 $U_m = (\varepsilon)$。如 $U_3 = (\omega) = (\omega^2)$。

例如，考虑群 $(Z, +)$，这里，Z 表示整数集合，$+$ 为数的加法运算。易知，$(Z, +)$ 是循环群。生成元为 1 或 -1，即 $(Z, +) = (1) = (-1)$。因为 $\forall m \in Z$，有

$$m = m \cdot 1 = \begin{cases} 1+1+1+\cdots+1 = 1^m, m > 0 \\ 1^0, m = 0 \\ -1+(-1)+\cdots+(-1) = 1^{-m}, m < 0 \end{cases}$$

例如，模 n 剩余类群 $(Z_n, +)$ 为一个群，且为循环群，因为 $(Z_n, +) = ([1])$。事实上，当 $(a, n) = 1$ 时，均有 $(Z_n, +) = ([a])$。

定理 2.13 设 g 是群 $(G, \circ)$ 中的任意元素，g 的阶为 m，则 $G_1 = \{g^r \mid r \in Z\}$ 是 G 的 m 阶子群。

证明： 证明思路是先证 $(G_1, \circ)$ 是 $(G, \circ)$ 的子群；再分 m 为“有限”与“无限”两种情况，证明集合 G_1 中有 m 个元素。

对于任意的 $g^r, g^s \in G_1$，$g^r \circ g^s = g^{r+s} \in G_1$，$(g^r)^{-1} = g^{-r} \in G_1$。故 $(G_1, \circ)$ 是 $(G, \circ)$ 的子群。

再证 $(G_1, \circ)$ 是一个 m 阶的子群。

如果 g 的阶是无限的，则当 $i \neq j$ 时，$g^i \neq g^j$。

反证，若 $g^i = g^j$，并设 $i > j$，则有 $g^{i-j} = e$。这与“g 的阶是无限的”相矛盾。此时 $G_1 = \{\cdots, g^{-2}, g^{-1}, e, g, g^2, \cdots\}$。

如果 g 的阶是有限的数 m，可证 $G_1 = \{g^0 = e, g, g^2, \cdots, g^{m-1}\}$。原因如下：假定 $g^i = g^j$，这里 $0 \leqslant j < i < m$，则 $g^{i-j} = e$，且 $0 < i - j < m$，这与 g 的阶是 m 矛盾。因此 $g^0 = e, g, g^2, \cdots,$

g^{m-1} 是两两不相同的。对于其他的元素 g^t，可以将其指数写为 $t = qm + r$，此时 $0 \leqslant r < m$，故有 $g^t = g^{qm+r} = g^{qm} \circ g^r = (g^m)^q \circ g^r = g^r$。因此，$(G_1, \circ)$ 是一个 m 阶的子群。

例如，群 $(Z, +)$ 中，由元素 2 生成的子群为 $(2) = \{\cdots, -4, -2, 0, 2, 4, \cdots\}$，记作 $2Z$，则 $2Z = \{2r \mid r \in Z\}$ 是 $(Z, +)$ 的一个无限子群。

由上述定理，能够得到以下结论。

推论 2.1　设 $G = (a)$ 为一个循环群，则 $|G| = 0(a)$，具体地说：

① 若 $0(a) = m$，则 $|G| = m$ 且 $G = \{e = a^0, a^1, a^2, \cdots, a^{m-1}\}$；

② 若 $0(a) = \infty$，则 G 为无限群且 $G = \{\cdots, a^{-2}, a^{-1}, a^0, a^1, a^2, \cdots\}$。

推论 2.2　设 $G = (a)$ 为一个循环群，若 $0(a) = m$，则 G 有 $\varphi(m)$ 个生成元：$G = (a^r)$，此时，$(r, m) = 1$。若 $0(a) = \infty$，则 G 有两个生成元：a 和 a^{-1}，即 $G = (a) = (a^{-1})$。

例 2.11　群 $(G, \circ)$ 是循环群 $G = (g)$，证明群 $(G, \circ)$ 的子群 $(H, \circ)$ 也是一个循环群。

证明： 证明思路是找出 $(H, \circ)$ 的生成元。

若 $H = \{e\}$，则 $H = (e)$。

若 $H \neq \{e\}$，则子群 $(H, \circ)$ 中含有群 $(G, \circ)$ 中的某个元素 $g^k (k \neq 0)$。由于 $(H, \circ)$ 是子群，当 $g^k \in H$ 时，$g^{-k} \in H$。故子群 $(H, \circ)$ 中含有一些 g 的正整数幂的元素。

令 $A = \{k \mid k \geqslant 1, k \in Z, g^k \in H\}$。集合 A 是非空集合，其中的元素有最小者，设为 r，即 $r = \min\{a \mid a \in A\}$。下面证明 $H = (g^r)$。

$\forall g^m \in H$，若 m 不是 r 的倍数，则 $m = qr + s$，这里 $0 < s < r$。则 $g^s = g^{m-qr} = g^m (g^{-r})^q$。由于 $g^m, g^{-r} \in H$，则 $g^s \in H$。这与 r 是集合 A 中最小元素矛盾。故 m 一定是 r 的倍数，即 $H = (g^r)$。

定理 2.14　同阶的循环群同构。

证明： 设 G 和 H 为分别由生成元 g 和 h 生成的循环群，$G = (g)$，$H = (h)$。

下面将 G 和 H 的阶分为无限与有限两种情况进行讨论。

① 如果 G 和 H 的阶都是无限的，可知 $G = \{\cdots, g^{-2}, g^{-1}, e_G, g, g^2, \cdots\}$，$H = \{\cdots, h^{-2}, h^{-1}, e_H, h, h^2, \cdots\}$。

规定一个映射 $f: G \to H$ 为 $f(g^r) = h^r$，$\forall g^r \in G, r \in Z$。可证 f 为 $G \to H$ 的一一映射，并且对于任何的 $g^r, g^t \in G$，有 $f(g^r g^t) = f(g^{r+t}) = h^{r+t} = h^r h^t = f(g^r) f(g^t)$，即 f 为 $G \to H$ 的同构映射，$G \cong H$。

② 如果 G 和 H 的阶都是有限的数，设为 n，可知 $G = \{e_G, g, g^2, \cdots, g^{n-1}\}$，$H = \{e_H, h, h^2, \cdots, h^{n-1}\}$。

规定一个映射 $f: G \to H$ 为 $f(g^r) = h^r$，$r = 0, 1, 2, \cdots, n-1$。可证 f 为 $G \to H$ 的一一映射。设 $0 \leqslant r \leqslant n-1$，$0 \leqslant t \leqslant n-1$，令 $r + t = kn + l$，这里 $0 \leqslant l \leqslant n-1$。$f(g^r g^t) = f(g^{r+t}) = f(g^{kn+l}) = f((g^n)^k g^l) = f(g^l) = h^l$，$f(g^r) f(g^t) = h^r h^t = h^{r+t} = h^{kn+l} = (h^n)^k h^l = h^l$。因此 $f(g^r g^t) = f(g^r) f(g^t)$，即 f 为 $G \to H$ 的同构映射，$G \cong H$。

由上述定理，我们可得如下结论。

推论 2.3　设 $G = (a)$ 为一个循环群，若 $0(a) = \infty$，则 $G \cong (Z, +)$；若 $0(a) = m$，则 $G \cong (Z_m, +)$。

即在本质上，任何无限阶的循环群都同构于整数加群；任何 m 阶循环群都同构于模 m 剩余类群。

在本节中，我们学习了循环群的知识。一个循环群是由生成元生成的。整数加群、模 m 剩余类群都是一些循环群的例子，它们是两个重要的循环群。由于同阶的循环群同构，因此，在本质上，循环群只有以上这两类。从同构的意义上，我们已经将循环群研究清楚了。

2.6 陪集与正规子群

在本节中，我们将学习陪集与正规子群的概念。陪集可以将群（作为集合）进行分类。正规子群是一个特殊的子群。利用一个群及其一个正规子群，可以构造商群。

2.6.1 陪集

通过前面的学习，我们知道，利用集合上元素间的等价关系可以将集合进行分类。利用一个群 G 的子群 H，可以确定群中元素间的等价关系。进一步，可以利用群 G 的一个子群 H 来作一个 G 的分类。

我们首先来看一个以前学习过的问题：利用一个整数 n 把全体整数分成剩余类。现在，我们把这种分类方法从另一个角度来考察一下。我们把整数加群称为 $\overline{G}$，把包含所有 n 的倍数的集合称为 $\overline{H}$。

$\overline{H}=\{hn\}, h=\cdots,-2,-1,0,1,2,\cdots$。那么对于 $\overline{H}$ 的任意两个元 hn 和 kn 来说，$hn+(-kn)=(h-k)n\in\overline{H}$。$-kn$ 是 kn 在 $\overline{G}$ 里的逆元，$+$ 是 $\overline{G}$ 的代数运算，可知 $\overline{H}$ 是 $\overline{G}$ 的一个子群。

我们把 $\overline{G}$ 分成剩余类时所利用的等价关系是这样规定的：$a\equiv b(\mathrm{mod}\ n)$，当且仅当 $n|a-b$。

$n|a-b$ 的含义是：$a-b=kn$，也就是说 $a-b\in\overline{H}$；反过来说，如果 $a-b\in\overline{H}$，也就是说 $n\mid a-b$。所以上述等价关系也可以这样规定：$a\equiv b\ \mathrm{mod}(n)$，当且仅当 $a-b\in\overline{H}$。

这样，站在群与子群的角度，我们可以说：$\overline{G}$ 的剩余类是利用子群 $\overline{H}$ 来分的。

利用一个子群 H 来把一个群 G 分类，正是以上特殊情形的推广。

我们看一个群 G 和 G 的一个子群 H。我们规定一个群 G 的元素之间的关系 R：aRb，当且只当 $ab^{-1}\in H$ 的时候。

给了 a 和 b，我们可以唯一决定 ab^{-1} 是不是属于 H，所以 R 是一个关系，且满足：

① $aa^{-1}=e\in H$，所以 aRa；

② $ab^{-1}\in H\Rightarrow(ab^{-1})^{-1}=ba^{-1}\in H$，所以 $aRb\Rightarrow bRa$；

③ $ab^{-1}\in H, bc^{-1}\in H\Rightarrow(ab^{-1})(bc^{-1})=ac^{-1}\in H$，所以 $aRb, bRc\Rightarrow aRc$。

这样，R 是一个等价关系。利用这个等价关系，我们可以得到一个 G 的分类。这样得来的类有一个特殊的名字，并且用一种特殊的符号来表示它们。

定义 2.23　由上面的等价关系 R 所决定的类称为子群 H 的右陪集，包含元 a 的右陪集用符号 Ha 来表示。

可以这样理解上述概念：假如用 a 从右边去乘 H 的每一个元，就得到了包含 a 的类，这就是说，Ha 刚好包含所有可以写成 $ha(h\in H)$ 形式的 G 的元。

这个事实很容易证明。假定 $b\in Ha$，那么 bRa，也就是说，$ba^{-1}=h\in H$。这样，$b=ha(h\in H)$。反过来说，假定 $b=ha$，那么 $ba^{-1}=h\in H$。也就是说 bRa，这样 $b\in Ha$。

右陪集是从等价关系 R：aRb，当且只当 $ab^{-1}\in H$ 的时候，出发而得到的。假如我们规定一

个关系 R_1：aR_1b，当且只当 $b^{-1}a \in H$ 的时候，那么同以上一样地进行分析，可以看出，R_1 也是一个等价关系。利用这个等价关系，我们可以得到 G 的另一个分类。

定义 2.24 由等价关系 R_1 所决定的类称为子群 H 的左陪集，包含 a 的左陪集我们用符号 aH 来表示。

通过同以上一样的分析，我们可以证明：aH 刚好包含所有可以写成 $ah(h \in H)$ 形式的 G 的元素。

因为一个群的乘法不一定适合交换律，所以一般来说，R 和 R_1 两个关系并不相同，H 的右陪集和左陪集也就不相同。

一般地，若 $H \leqslant G$，都有 $G = \dot{\bigcup\limits_{a \in G}} aH$，这称为 G 关于子群 H 的左陪集分解。

定理 2.15 一个子群 H 的右陪集的个数和左陪集的个数相等，它们或者都是无限大，或者都有限并且相等。

证明： 我们把由 H 的右陪集所组成的集合称为 S_r，由 H 的左陪集所组成的集合称为 S_l。规定映射 $\phi: Ha \to a^{-1}H$。

下面证明映射 ϕ 是一个 S_r 与 S_l 间的一一映射。

① $Ha = Hb \Rightarrow ab^{-1} \in H \Rightarrow (ab^{-1})^{-1} = ba^{-1} \in H \Rightarrow a^{-1}H = b^{-1}H$。所以右陪集 Ha 的像与 a 的选择无关，ϕ 是一个 S_r 到 S_l 的映射。

② S_l 的任意元 aH 是 S_r 的元 Ha^{-1} 的像，所以 ϕ 是一个满射。

③ $Ha \neq Hb \Rightarrow ab^{-1} \notin H \Rightarrow (ab^{-1})^{-1} = ba^{-1} \notin H \Rightarrow a^{-1}H \neq b^{-1}H$，即 S_r 与 S_l 间有一一映射存在，定理显然是对的。证完。

定义 2.25 设 $H \leqslant G$，H 在 G 中的左陪集（或右陪集）的个数称为 H 在 G 中的指数，记作 $[G:H]$。

下面我们要用左陪集来证明几个重要定理。因为右陪集和左陪集的对称性，凡是我们以下用左陪集的地方也都可以用右陪集来代替。

定理 2.16 设 $H \leqslant G$，$\forall a \in G$，则在 H 和 aH 之间存在一个一一映射。

证明： 构造映射 $f: aH \to H; ah \mapsto h$，$\forall h \in H$。因为 $ah_1 = ah_2 \Rightarrow h_1 = h_2$，所以 f 为映射。由 $h_1 = h_2 \Rightarrow ah_1 = ah_2$ 知 f 为单射。又由 $\forall h \in H, f(ah) = h$ 知 f 为满射。综上，f 为一一映射。

定理 2.17（Lagrange 定理） 设 G 是有限群，$H \leqslant G$，则 $|G| = [G:H]|H|$。

证明： 因为 $G < \infty$，故 $[G:H] < \infty$，记 $[G:H] = k$，则 $G = a_1H \dot{\cup} a_2H \dot{\cup} \cdots \dot{\cup} a_kH$，又由上述定理知，$|a_iH| = |H|, i = 1,2,\cdots,k$，从而 $|G| = k|H| = [G:H]|H|$。

由 Lagrange 定理可知，子群 H 的阶一定整除群 G 的阶。

定理 2.18 一个有限群 G 的任一个元 a 的阶 n 都整除 G 的阶。

证明： a 生成一个阶是 n 的子群，由以上定理可知，n 整除 G 的阶。证完。

2.6.2 正规子群

下面我们学习一类重要的子群，就是正规子群。我们知道，给了一个群 G 及 G 的一个子群 H，那么 H 的一个右陪集 Ha 未必等于 H 的左陪集 aH。满足 $Ha = aH$ 的子群 H 是一类重要的子群。

定义 2.26 一个群 G 的一个子群 N 称为一个正规子群（或不变子群），假如对于 G 的每一

个元 a 来说，都有 $Na = aN$，则记作 $N \lhd G$。

由定义知，在一个正规子群 N 中，其任意一个左陪集与右陪集相等，故称一个正规子群 N 的左(或右) 陪集为 N 的一个陪集。

例 2.12 一个任意群 G 的子群 G 和 e 总是正规子群，即 $G \lhd G$，$\{e\} \lhd G$。

证明： $\forall a \in G, aG = \{ag \mid g \in G\} = G = Ga = \{ga \mid g \in G\}$，$\forall a \in G, ae = ea = a$。

交换群 G 的任何一个子群都是 G 的正规子群。

有一点我们应该注意，所谓 $aN = Na$，并不是说 a 可以和 N 的每一个元交换，而是说 aN 和 Na 这两个集合一样。

例 2.13 设 G 是群，记 $C(G) = \{a \in G \mid \forall b \in G, ba = ab\}$，求证 $C(G)$ 为 G 的一个子群，更进一步，$C(G)$ 为 G 的一个正规子群，称 $C(G)$ 为群 G 的中心。

证明： 先证明集合 $C(G)$ 不是空集，再验证其满足判定子群的条件。

$e \in C(G) \Rightarrow C(G) \neq \phi$

$$\left.\begin{array}{l} a, b \in C(G) \Rightarrow \forall g \in G, ag = ga \\ bg = gb \Rightarrow g = b^{-1}gb \Rightarrow gb^{-1} = b^{-1}g \Rightarrow b^{-1} \in C(G) \end{array}\right\} \Rightarrow (ab)g = a(bg) = a(gb) = (ag)b$$

$$= (ga)b = g(ab) \Rightarrow ab \in C(G)$$

由中心 $C(G)$ 的定义，易证 $C(G) \lhd G$。

现在我们看一看，一个子群成为正规子群的其他几个条件。我们先规定一个符号。

定义 2.27 假定 $S_1, S_2, \cdots, S_m$ 是一个群 G 的 m 个子集，那么所有可以写成 $s_1 s_2 \cdots s_m$ ($s_i \in S_i$) 形式的 G 的元组成的集合称为 $S_1, S_2, \cdots, S_m$ 的乘积，这个乘积我们用符号 $S_1 S_2 \cdots S_m$ 来表示，即 $S_1 S_2 \cdots S_m = \{s_1 s_2 \cdots s_m \mid s_i \in S_i, i = 1, \cdots, m\}$。

容易看出，集合的乘积运算满足结合律，如 $m = 3$ 时，$S_1(S_2 S_3) = (S_1 S_2) S_3$。

定理 2.19 一个群 G 的一个子群 N 是一个正规子群的充分而且必要条件是：$aNa^{-1} = N$，对于 G 的任意一个元 a 都成立。

证明： 必要性。假如 N 是正规子群，那么对于 G 的任何一个元 a 来说，$aN = Na$。这样，$aNa^{-1} = (aN)a^{-1} = (Na)a^{-1} = N(aa^{-1}) = Ne = N$。

充分性。假如对于 G 的任何一个元 a 来说，有 $aNa^{-1} = N$，那么，$Na = (aNa^{-1})a = (aN)(a^{-1}a) = (aN)e = aN$，故 N 是正规子群。证完。

定理 2.20 一个群 G 的一个子群 N 是一个正规子群的充分而且必要条件是：$\forall a \in G$，$\forall n \in N \Rightarrow ana^{-1} \in N$。

证明： 这个条件是必要的，是上述定理的直接结果。

下面我们证明它也是充分的。

假定这个条件成立，那么对于 G 的任何一个元 a 来说，有：

① $aNa^{-1} \subset N$，因为 a^{-1} 也是 G 的元，我们有 $a^{-1}Na \subset N$，$a(a^{-1}Na)a^{-1} \subset aNa^{-1}$；

② $N \subset aNa^{-1}$。

由 ① 和 ② 可知 $aNa^{-1} = N$。因而由上述定理，N 是正规子群。证完。

要判断一个子群是不是正规子群，一般来说，使用上述定理中所描述的判断方法比较方便。

上述定理也可以改写为：

定理 2.21 一个群 G 的一个子群 N 是一个正规子群的充分而且必要条件是：$\forall a \in G$，$\forall n \in N \Rightarrow a^{-1}na \in N$。

例 2.14　设 $G=\{\begin{pmatrix}a & b\\ 0 & 1\end{pmatrix}\mid a,b\in Q,a\neq 0\}$,$G$ 关于矩阵的乘法构成群。令 $H=\{\begin{pmatrix}1 & c\\ 0 & 1\end{pmatrix}\mid c\in Q\}$,$M=\{\begin{pmatrix}1 & d\\ 0 & 1\end{pmatrix}\mid d\in Z\}$。问:$H$ 是 G 的正规子群吗?M 是 H 的正规子群吗?M 是 G 的正规子群吗?这里,Q 表示有理数集合,Z 表示整数集合。

解: 易知,H 是 G 的子群。对于任何的 $\begin{pmatrix}a & b\\ 0 & 1\end{pmatrix}\in G$, $\begin{pmatrix}1 & c\\ 0 & 1\end{pmatrix}\in H$, 有 $\begin{pmatrix}a & b\\ 0 & 1\end{pmatrix}^{-1}\begin{pmatrix}1 & c\\ 0 & 1\end{pmatrix}\begin{pmatrix}a & b\\ 0 & 1\end{pmatrix}=\begin{pmatrix}1 & c/a\\ 0 & 1\end{pmatrix}\in H$,则 H 是 G 的正规子群。

易知,M 是 H 的子群。对于任何的 $\begin{pmatrix}1 & c\\ 0 & 1\end{pmatrix}\in H$, $\begin{pmatrix}1 & d\\ 0 & 1\end{pmatrix}\in M$, 有 $\begin{pmatrix}1 & c\\ 0 & 1\end{pmatrix}^{-1}\begin{pmatrix}1 & d\\ 0 & 1\end{pmatrix}\begin{pmatrix}1 & c\\ 0 & 1\end{pmatrix}=\begin{pmatrix}1 & d\\ 0 & 1\end{pmatrix}\in M$,则 M 是 H 的正规子群。

但是,M 不是 G 的正规子群。因为取 $\begin{pmatrix}2 & -2\\ 0 & 1\end{pmatrix}\in G$, $\begin{pmatrix}1 & 1\\ 0 & 1\end{pmatrix}\in M$, $\begin{pmatrix}2 & -2\\ 0 & 1\end{pmatrix}^{-1}\begin{pmatrix}1 & 1\\ 0 & 1\end{pmatrix}\begin{pmatrix}2 & -2\\ 0 & 1\end{pmatrix}=\begin{pmatrix}1 & 1/2\\ 0 & 1\end{pmatrix}\notin M$。

由此例知:正规子群不满足传递性,即 $N_1\lhd N_2$,$N_2\lhd N_3$ 推不出 $N_1\lhd N_3$。

定理 2.22　设$(G_1,\circ)$与$(G_2,\circ)$是群$(G,\circ)$的正规子群,则$(G_1G_2,\circ)$是群$(G,\circ)$的正规子群。

思路:①G_1G_2 是群 G 的子群;②G_1G_2 是群 G 的正规子群。

证明: 先验证 G_1G_2 是群 G 的子群。$\forall a_1a_2,b_1b_2\in G_1G_2$,有 $(a_1a_2)(b_1b_2)^{-1}=(a_1a_2)(b_2^{-1}b_1^{-1})=a_1(a_2b_2^{-1})b_1^{-1}$(式 1)。令 $c_2=a_2b_2^{-1}\in G_2$,式 $1=a_1c_2b_1^{-1}$。因为 $c_2G_1=G_1c_2$,所以 $\exists d_1\in G_1$,使得 $c_2b_1^{-1}=d_1c_2$。则有式 $1=a_1c_2b_1^{-1}=a_1d_1c_2$。令 $c_1=a_1d_1\in G_1$,则有式 $1=a_1c_2b_1^{-1}=a_1d_1c_2=c_1c_2\in G_1G_2$。所以 G_1G_2 是 G 的子群。又 $\forall g\in G,\forall a_1a_2\in G_1G_2$,因为 G_1,G_2 都是 G 的正规子群,所以 $g^{-1}a_1g\in G_1$,$g^{-1}a_2g\in G_2$。故有 $g^{-1}a_1a_2g=g^{-1}a_1gg^{-1}a_2g=(g^{-1}a_1g)(g^{-1}a_2g)\in G_1G_2$。因此 G_1G_2 是 G 的正规子群。

正规子群之所以重要,是因为这种子群的陪集,对于某种与原来的群有密切关系的代数运算来说,也构成一个群。

我们再回过去看一看整数加群$\overline{G}$。我们知道,一个固定整数 n 的所有倍数组成一个子群,这个子群我们现在把它称为 $\overline{N}$。因为 $\overline{G}$ 是交换群,$\overline{N}$ 是一个正规子群。

我们知道,$\overline{N}$ 的陪集也就是模 n 的剩余类,对于代数运算 $+$:$[a]+[b]=[a+b]$ 来说,组成一个群,称为剩余类加群。

把一个任意正规子群的陪集组成一个群的方法正是以上特例的推广。

下面我们将一个群 G 的一个正规子群 N 的所有左陪集组成一个集合 $S=\{aN,bN,cN,\cdots\}$。

首先规定该集合上的运算。我们说,运算法则$(xN)(yN)=(xy)N$ 是一个 S 的乘法。

要说明这一点,我们只需证明,两个陪集 xN 和 yN 的乘积与代表 x 和 y 的选择无关。

假定 $xN=x'N$,$yN=y'N$,那么 $x=x'n_1$,$y=y'n_2$,$n_1,n_2\in N$,$xy=x'n_1y'n_2$。由于 N 是正规子群,故有 $n_1y'\in Ny'=y'N$,所以 $n_1y'=y'n_3$,$n_3\in N$,则有 $xy=x'y'(n_3n_2)$,$xy\in$

$x'y'N$。由此 $xyN = x'y'N$。

定理 2.23 一个正规子群的陪集对于上边规定的乘法来说组成一个群。

证明： 由以上分析知，按照上述方式定义的乘法是一个二元运算。

验证乘法结合律：$(xNyN)zN = [(xy)N]zN = (xyz)N, xN(yNzN) = xN[(yz)N] = (xyz)N$。存在单位元：$eNxN = (ex)N = xN$。即单位元为 eN。对于每一个元素，存在逆元素：$x^{-1}NxN = (x^{-1}x)N = eN$。即 xN 的逆元素为 $x^{-1}N$。故得证。

定义 2.28 一个群 G 的一个正规子群 N 的陪集所组成的群称为一个商群，这个群我们用符号 G/N 来表示。

因为 N 的指数就是 N 的陪集的个数，显然有商群 G/N 的元的个数等于 N 的指数。当 G 是有限群的时候，由前述定理：$\dfrac{G\text{ 的阶}}{N\text{ 的阶}} = G/N$ 的阶。

2.6.3 群同态基本定理

在正规子群中，商群与同态映射之间存在几个重要的关系。知道了这几个关系，我们才能看出正规子群和商群的重要意义。

定理 2.24 一个群 G 同它的每一个商群 G/N 同态。

证明： 我们规定一个映射：$a \to aN(a \in G)$。这显然是 G 到 G/N 的一个满射。对于 G 的任意两个元 a 和 b 来说，$ab \to abN = (aN)(bN)$。所以它是一个同态满射。证完。

定义 2.29 设 $\Phi: G \to G'$ 为一个群同态。e' 为 G' 的单位元，集合 $\mathrm{Ker}\,\Phi = \{a \in G \mid \Phi(a) = e'\}$ 称为同态映射 Φ 的核。

例 2.15 设两个群$(C^*, \cdot)$与$(R^+, \cdot)$，这里，C^* 表示不包括 0 的所有复数的集合，R^+ 表示所有正实数的集合。规定映射 $f: C^* \to R^+$ 为 $f(z) = |z|, \forall z \in C^*$。证明 f 是 $C^* \to R^+$ 的同态映射，并求 $\mathrm{Ker}f$。

证明： 易知 f 是 $C^* \to R^+$ 的映射。又 $\forall z_1, z_2 \in C^*$，有 $f(z_1 \cdot z_2) = |z_1 z_2| = |z_1||z_2| = f(z_1) \cdot f(z_2)$，则 f 是 $C^* \to R^+$ 的同态映射。又 $z \in \mathrm{Ker}f \Leftrightarrow f(z) = |z| = 1 \Leftrightarrow z \in \{\mathrm{e}^{\mathrm{i}\theta} \mid \theta \in R\}$。因此 $\mathrm{Ker}f = \{\mathrm{e}^{\mathrm{i}\theta} \mid \theta \in R\}$。

定理 2.25(群同态基本定理) 假定 G 和 $\overline{G}$ 是两个群，并且 G 与 $\overline{G}$ 满同态，那么这个同态满射的核 N 是 G 的一个正规子群，并且 $G/N \cong \overline{G}$，即 $G/\mathrm{Ker}\phi \cong \mathrm{Im}\,\phi$。

证明： 先证明 N 是 G 的一个子群。我们用 f 来表示给定的同态满射。假定 a 和 b 是 N 的任意两个元，那么在 f 之下，$a \to \bar{e}, b \to \bar{e}$，因此 $ab^{-1} \to \bar{e}\bar{e}^{-1} = \bar{e}$。这就是说，$a, b \in N \Rightarrow ab^{-1} \in N$。因此，$N$ 是 G 的一个子群。

再证明 N 是 G 的一个正规子群。

假定 $n \in N, a \in G$，而且在 f 之下，$a \to \bar{a}$。那么在 f 之下，$a \to \bar{a}, n \to \bar{e}; ana^{-1} \to \bar{a}\bar{e}\bar{a}^{-1} = \bar{e}$，这就是说，$n \in N, a \in G \Rightarrow ana^{-1} \in N$，$N$ 是 G 的一个正规子群。

现在规定一个映射法则 $\phi: aN \to \bar{a} = f(a), a \in G$。我们说，这是一个 G/N 与 $\overline{G}$ 间的同构映射。因为：

① $aN = bN \Rightarrow b^{-1}a \in N \Rightarrow \bar{b}^{-1}\bar{a} = \bar{e} \Rightarrow \bar{a} = \bar{b}$，这就是说，在 ϕ 之下 G/N 的一个元素只有一个唯一的像；

② 给了 $\overline{G}$ 的一个任意元 $\bar{a}$，在 G 里至少有一个元 a 满足条件 $f(a) = \bar{a}$，由 ϕ 的定义，$\phi: aN \to$ 给的 $\bar{a}$，这就是说，ϕ 是 G/N 到 $\overline{G}$ 的满射；

③ $aN \neq bN \Rightarrow b^{-1}a \notin N \Rightarrow \overline{b}^{-1}\overline{a} \neq \overline{e} \Rightarrow \overline{a} \neq \overline{b}$，即 ϕ 是 G/N 到 $\overline{G}$ 的单射；

④ 在 ϕ 之下，$aNbN = abN \to \overline{ab} = \overline{a}\overline{b}$，因此，$G/N \cong \overline{G}$。

上述定理告诉我们，当群 G 与群 $\overline{G}$ 同态的时候，我们一定找得到 G 的一个正规子群 N，使得 $\overline{G}$ 的性质和商群 G/N 的完全一样。从这里我们可以看出，正规子群和商群的重要意义。

群的同态满射的核是一个正规子群，这一个重要事实是一个一般事实的特例。我们知道，在一个同态满射之下，一个群的一些性质是不变的，而另一些性质是会变的。让我们看一看，同态满射对于子群和正规子群所发生的影响如何。为说明方便起见，我们先规定子集的像与逆像这两个概念。

定义 2.30　假定 ϕ 是集合 A 到集合 $\overline{A}$ 的一个满射：

我们说，$\overline{S}$ 是 A 的一个子集 S 在 ϕ 之下的像，假如 $\overline{S}$ 刚好包含所有 S 的元在 ϕ 之下的像，即 $\overline{S} = \phi(S) = \{\phi(x) \mid x \in S\}$；

我们说，S 是 $\overline{A}$ 的一个子集 $\overline{S}$ 在 ϕ 之下的逆像，假如 S 刚好包含所有 $\overline{S}$ 的元在 ϕ 之下的逆像，即 $S = \phi^{-1}(\overline{S}) = \{x \mid x \in A, \phi(x) \in \overline{S}\}$。

定理 2.26　设 $\varphi: G \to G'$ 是一个群之间的同态满射：

① $\forall H \leqslant G$，则 $\varphi(H) \leqslant \overline{G}$；

② $\forall N \lhd G$，则 $\varphi(N) \lhd \overline{G}$；

③ $\forall \overline{H} \leqslant \overline{G}$，则 $\varphi^{-1}(\overline{H}) \leqslant G$；

④ $\forall \overline{N} \lhd \overline{G}$，则 $\varphi^{-1}(\overline{N}) \lhd G$。

证明：① $H \neq \phi \Rightarrow \varphi(H) \neq \phi$，$\forall \overline{a}, \overline{b} \in \varphi(H) \Rightarrow \exists a, b \in H$，使得 $\varphi(a) = \overline{a}$，$\varphi(b) = \overline{b}$，$(\overline{a})^{-1}(\overline{b}) = \varphi(a)^{-1}\varphi(b) = \varphi(a^{-1}b) \overset{a^{-1}b \in H}{\Rightarrow} \varphi(a^{-1}b) \in \varphi(H)$，故 $\varphi(H) \leqslant G$。

② $\forall \overline{a} \in \varphi(N)$，$\forall \overline{x} \in \overline{G}$，则 $\exists a \in N, x \in G$，使得 $\begin{cases} \varphi(x) = \overline{x} \\ \varphi(a) = \overline{a} \end{cases}$，从而 $\overline{x}\overline{a}\overline{x}^{-1} = \varphi(x)\varphi(a)\varphi(x)^{-1} = \varphi(xax^{-1}) \in \varphi(N)$，故 $\varphi(N) \lhd \overline{G}$。

③ 由 $\overline{H} \leqslant \overline{G} \Rightarrow \varphi^{-1}(\overline{H}) \neq \phi(\overline{e} \in \overline{H} \Rightarrow e \in \varphi^{-1}(\overline{H}))$，$\forall a, b \in \varphi^{-1}(\overline{H}) \Rightarrow \varphi(a), \varphi(b) \in \overline{H} \Rightarrow \varphi(a)^{-1}\varphi(b) \in \overline{H} \Rightarrow \varphi(a^{-1}b) \in \overline{H} \Rightarrow a^{-1}b \in \varphi^{-1}(\overline{H})$，即 $\varphi^{-1}(\overline{H}) \leqslant G$。

④ $\forall a \in \varphi^{-1}(\overline{N})$，$\forall x \in G$，则 $\varphi(a) \in \overline{N}$，$\varphi(x) \in \overline{G} \overset{\overline{N} \lhd \overline{G}}{\Rightarrow} \varphi(x)\varphi(a)\varphi(x)^{-1} \in \overline{N} \Rightarrow \varphi(xax^{-1}) \in \overline{N} \Rightarrow xax^{-1} \in \varphi^{-1}(\overline{N})$，故 $\varphi^{-1}(\overline{N}) \lhd G$。

在本节中，我们学习了陪集的概念。通过一个群的子群，可以约定等价关系，利用这个等价关系，可以约定左（右）陪集，可以将一个群进行分类。有限群的一个子群 H 的右陪集的个数和左陪集的个数相等。Lagrange 定理给出了有限群中群与子群中元素的数量，以及与陪集的数量之间的关系。正规子群是一个特殊的子群。我们学习了正规子群的判定方法。利用正规子群，通过规定其陪集间的运算，可以构造一个商群。我们知道，给了一个群 G 及其正规子群 N，群 G 同它的商群 G/N 同态，并学习了群同态基本定理。

2.7　群与纠错编码

群理论在数字通信中有着重要的应用。在本节中，我们将学习线性分组码的相关基本概念，包括线性分组码的汉明重量、生成矩阵、校验矩阵等知识，并利用群的陪集的知识构造一种线性码的译码方案。

2.7.1 线性分组码与汉明重量

消息的发送方把信息源的信息转化成数字信息并传送给接收方，这个过程称为数字通信。工程上最易实现的是二元数字信息的传送。二元数字信息就是用有限长的二元 n 元素组$(c_1, c_2, \cdots, c_n)$(其中 $c_i = 0$ 或 1) 代表信息。我们可以把 0，1 看成 Z_2 的元素，即$(c_1, c_2, \cdots, c_n) \in Z_2^n$。数字通信过程如图 2.4 所示。

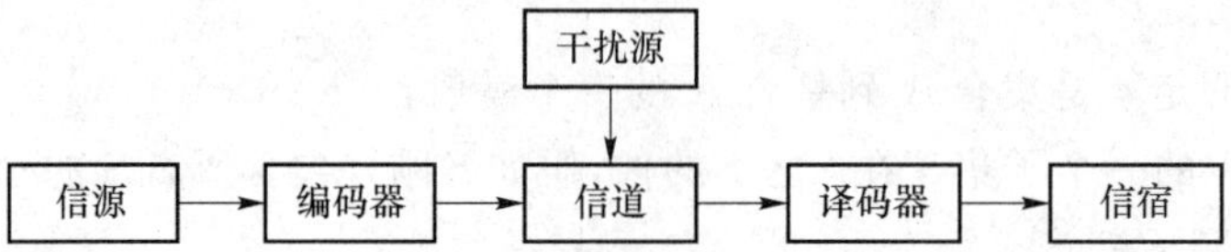

图 2.4 数字通信过程

例如，设原始的数字信息的集合是 Z_2^5，这个原始数字信息是一个二元 5 元素组。我们把这二元 5 元素组扩充成二元 6 元素组。如定义单射 $E: Z_2^5 \to Z_2^6$ 为

$$E(c_1, c_2, c_3, c_4, c_5) = (c_1, c_2, c_3, c_4, c_5, c_6 = \sum_{i=1}^{5} c_i)$$

其中求和是在 Z_2 中进行的。因为$(Z_2, +)$ 是群，所以 $\sum_{i=1}^{5} c_i \in Z_2$。此时，信息源发送给收方的不是$(c_1, c_2, c_3, c_4, c_5)$，而是

$$(c_1, c_2, c_3, c_4, c_5, c_6) = (c_1, c_2, c_3, c_4, c_5, \sum_{i=1}^{5} c_i)$$

记 $\mathrm{Im}\, E = \{E(c_1, c_2, c_3, c_4, c_5) \mid (c_1, c_2, c_3, c_4, c_5) \in Z_2^5\}$。显然，$\mathrm{Im}\, E \subset Z_2^6$，称 $\mathrm{Im}\, E$ 为码，$\mathrm{Im}\, E$ 的元素为码字。前 5 位为信息位，而最后一位是添上的校验位。Z_2^6 的元素称为字。显然，Z_2^6 中的字是码字时，可以推出这个字的 6 个分量的和为 0。例如，收信者收到的字为(1,0,0,1,0,1)，由于 $1+0+0+1+0+1=1$，说明(1,0,0,1,0,1) 不是码字。因此，可以判断出传送过程中出现了差错，并且是奇数个位的差错，即把奇数个位的 0 错传成 1，或 1 错传成 0。如果收到的字为(1,0,0,1,0,0)，由于 $1+0+0+1+0+0=0$，这说明(1,0,0,1,0,0) 是码字，但还不能断定在传送过程中没有差错。因为在这种情况下，可能没有出现差错，也可能出现偶数个位的差错。假如已知码字在信道中传送最多出现 1 个差错，则通过上述方法，收信者可以确定在传送过程中是否有差错。

纠错码是用来对经过有噪信道传输的信息进行纠错的。不同种类的信道会产生不同种类的噪声，对传输的数据造成损害。噪声的产生可以是由于光、设备故障、电压起伏等因素。引入纠错编码的目的是克服这些噪声对消息造成的干扰。纠错编码的基本思想是在消息通过一个有噪声信道传输前以多余符号的形式在消息中增加冗余度。在接收端，如果错误数在该编码策略所容许的范围内，原始消息可以从受损的消息中恢复。

一个好的错误控制编码方案的目标是：

① 可以纠正错误的数量，有时也称为码的纠错能力；

② 快速有效地对消息进行编码；

③ 快速有效地对接收到的消息进行译码；

④ 单位时间内所能够传输的消息比特数尽量大(即具有较少的冗余度)。

在这里,第一个目标是最基本的。为了增加一个编码方案的纠错能力,必须引入更多的冗余度。但是,增加了冗余度,就会降低信息的传输速率。因此,① 与 ④ 不完全相容。此外,为了纠正更多的错误,编码策略会变得复杂。这样,① 与 ② 也很难同时达到。

一般情况下,设信息源的原始数字信息的集合为 Z_2^k,k 为正整数,令 n 是大于 k 的正整数,作单射 $E:Z_2^k \to Z_2^n$,$\operatorname{Im} E$ 称为码,$\operatorname{Im} E$ 的元素称为码字,n 为码长,码字的分量称为码元。这里码元在 Z_2 中取值,所以 $\operatorname{Im} E$ 称为 2 元码。Z_2^n 的元素称为字,E 也称为编码函数。

分组码的编码包括两个步骤:① 将信源的输出序列分为 k 位一组的消息组;② 编码器根据一定的编码规则将 k 位消息转换为 n 个码元的码字。这样的码称为(n,k) 分组码。对于一个(n,k) 分组码,如果码元在 Z_2 中取值,则信源可发出 2^k 个不同的消息组。为使得接收端能够从 n 位长的码字中译出 k 位消息,消息组与码字之间就应该具有一一对应关系。编码器至少要存储 2^k 个码字才能够实现消息到码字的变换。当 k 较大时,这种编码器将很不实用。为了压缩编码器的存储容量,通常需要对编码器附加一些约束条件。线性条件是通常的约束条件,即使得码字的校验位与信息位之间具有线性关系。

定义 2.31 如果 2^k 个 n 维向量(码字)的集合 C 构成 n 维向量空间的一个 k 维子空间,称 C 为(n,k) 线性分组码。

对于(n,k) 线性分组码 C 中的 2^k 个 n 维码字,它们构成一个 k 维子空间的特征是:① 在加法运算之下满足封闭性;② 存在 k 个线性无关的 n 维码字。表 2.1 是一个(5,3) 线性分组码 C 的例子。可以验证其 8 个码字对于加法运算是封闭的,并且$(C,+)$ 构成一个群。

表 2.1 一个(5,3) 线性分组码 C 的例子

消 息	码 字
0 0 0	0 0 0 0 0
0 0 1	0 0 1 0 1
0 1 0	0 1 0 1 0
0 1 1	0 1 1 1 1
1 0 0	1 0 0 1 1
1 0 1	1 0 1 1 0
1 1 0	1 1 0 0 1
1 1 1	1 1 1 0 0

在(n,k) 线性分组码 C 中,由于加入的线性约束,k 维子空间的基由 k 个向量组成。通过这 k 个向量的线性组合就可以得到 2^k 个 n 维码字。因此,线性分组码的编码器不再需要存储 2^k 个码字,只需存储 k 个线性无关的向量即可。

设 $\boldsymbol{u}=(a_1,a_2,\cdots,a_n)\in Z_2^n$,$\boldsymbol{u}$ 中 $a_i(i=1,2,\cdots,n)$ 为 1 的个数称为 $\boldsymbol{u}$ 的重量(也称汉明重量),记为 $W(\boldsymbol{u})$。例如,(110101) 的重量为 4。设 $\boldsymbol{u},\boldsymbol{v}$ 是 Z_2^n 的元素,$\boldsymbol{u}+\boldsymbol{v}$ 的重量 $W(\boldsymbol{u}+\boldsymbol{v})$ 称为 $\boldsymbol{u}$ 和 $\boldsymbol{v}$ 的距离(也称汉明距离),记为 $d(\boldsymbol{u},\boldsymbol{v})$。$\boldsymbol{u},\boldsymbol{v}$ 的距离实际上就是 $\boldsymbol{u},\boldsymbol{v}$ 中对应位置上数字不同的个数。例如,(1110000) 与(1001100) 之间的距离为 4。

在码字 C 中,两个码字的距离的极小值 $\min\{d(\boldsymbol{u},\boldsymbol{v})\mid \boldsymbol{u},\boldsymbol{v}\in C,\boldsymbol{u}\neq \boldsymbol{v}\}$ 称为 C 的极小距离(也称最小距离)。利用极小距离可以确定一种译码方案。给定码字 C,设接收字为 $\boldsymbol{v}$,在 C 中找一个码字 $\boldsymbol{u}$,使 $\boldsymbol{v}$ 与 $\boldsymbol{u}$ 的距离是 $\boldsymbol{v}$ 与 C 中所有码字的距离的极小值,即 $d(\boldsymbol{u},\boldsymbol{v})=\min\limits_{x\in C} d(\boldsymbol{x},\boldsymbol{v})$,则

我们将 $\boldsymbol{v}$ 译成码字 $\boldsymbol{u}$。这种译码方法称为极小距离译码准则。译码过程如图 2.5 所示。其中 $\boldsymbol{u}$ 与 $\boldsymbol{u}_1$ 表示 2 个码字，此时，将 $\boldsymbol{v}$ 译成码字 $\boldsymbol{u}$。

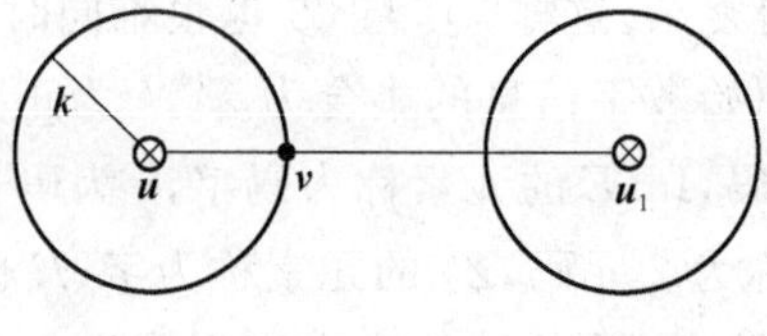

图 2.5　利用最小距离译码准则进行纠错示意图

定理 2.27　线性分组码 C 的最小距离等于 C 中所有码字的最小重量。

证明： 设线性分组码 C 的最小距离为 $d_{\min}$，最小重量为 $w_{\min}$。由相关定义，有 $d_{\min} = \min\limits_{\boldsymbol{v}_i,\boldsymbol{v}_j \in C, i\neq j} d(\boldsymbol{v}_i,\boldsymbol{v}_j) = \min\limits_{\boldsymbol{v}_i,\boldsymbol{v}_j \in C, i\neq j} d(\boldsymbol{0},\boldsymbol{v}_i+\boldsymbol{v}_j) = \min\limits_{\boldsymbol{v}\in C,\boldsymbol{v}\neq \boldsymbol{0}} w(\boldsymbol{v}) = w_{\min}$。

定理 2.28　如果 $\boldsymbol{u}_1,\boldsymbol{u}_2,\boldsymbol{u}_3 \in Z_2^n$，则 $d(\boldsymbol{u}_1,\boldsymbol{u}_2) = d(\boldsymbol{u}_2,\boldsymbol{u}_1)$，并且 $d(\boldsymbol{u}_1,\boldsymbol{u}_3) \leqslant d(\boldsymbol{u}_1,\boldsymbol{u}_2) + d(\boldsymbol{u}_2,\boldsymbol{u}_3)$。

证明： 因为$(Z_2^n,+)$ 是交换群，于是

$$d(\boldsymbol{u}_1,\boldsymbol{u}_2) = W(\boldsymbol{u}_1+\boldsymbol{u}_2) = W(\boldsymbol{u}_2+\boldsymbol{u}_1) = d(\boldsymbol{u}_2,\boldsymbol{u}_1)$$

设 $\boldsymbol{u}_1 = (a_1,a_2,\cdots,a_n)$，$\boldsymbol{u}_2 = (b_1,b_2,\cdots,b_n)$，$\boldsymbol{u}_1 = (c_1,c_2,\cdots,c_n)$。显然，当 $a_i \neq c_i$ 时，一定有 $a_i \neq b_i$ 或 $b_i \neq c_i$。因此，$d(\boldsymbol{u}_1,\boldsymbol{u}_3) \leqslant d(\boldsymbol{u}_1,\boldsymbol{u}_2) + d(\boldsymbol{u}_2,\boldsymbol{u}_3)$。

利用线性分组码 C 的最小距离与 C 中所有码字的最小重量相等这一结论，可以有下面的推论。

推论 2.4　设有线性分组码 C，$\boldsymbol{v}_i,\boldsymbol{v}_j \in C$，则 $w(\boldsymbol{v}_i) + w(\boldsymbol{v}_j) \geqslant w(\boldsymbol{v}_i+\boldsymbol{v}_j)$。

利用上面介绍的线性码最小距离与最小重量的相关结论，就可以进一步来研究线性分组码的纠错能力与检错能力。

定理 2.29　一个码 C 可以检出不超过 k 个差错，当且仅当码 C 的极小距离大于等于 $k+1$。

证明： 设码 C 的极小距离大于等于 $k+1$。假定信息源发送一个码字 $\boldsymbol{u}$，传送时错了小于等于 k 位，结果收到了字 $\boldsymbol{v}$，于是 $d(\boldsymbol{u},\boldsymbol{v}) \leqslant k$。因 C 的极小距离大于等于 $k+1$，则 $\boldsymbol{v}$ 如果不是 $\boldsymbol{u}$ 就不是码字。因此，可以肯定传送时，发生差错。所以，C 是可以检查出 k 个差错的检错码。反之，设 C 可以检查出不超过 k 个差错，这表示与一个码字的距离不超过 $k(k>0)$ 的所有字都不是码字，故 C 的极小距离至少是 $k+1$。

定理 2.30　一个码 C 可以纠正 k 个差错，当且仅当码 C 的极小距离大于等于 $2k+1$。

证明： 设C的极小距离大于等于$2k+1$。假定信息源发送一个码字 $\boldsymbol{u}$，并且传送时错了小于等于 k 位，结果收到的字是 $\boldsymbol{r}$，于是 $d(\boldsymbol{u},\boldsymbol{r}) \leqslant k$。对于任何 $\boldsymbol{v} \in C$，且 $\boldsymbol{u} \neq \boldsymbol{v}$，有 $d(\boldsymbol{u},\boldsymbol{r}) + d(\boldsymbol{r},\boldsymbol{v}) \geqslant d(\boldsymbol{u},\boldsymbol{v}) \geqslant 2k+1$。因此 $d(\boldsymbol{r},\boldsymbol{v}) \geqslant k+1$。这就是说，$\boldsymbol{r}$ 与任意一个不等于 $\boldsymbol{u}$ 的码字的距离都大于等于 $k+1$，而与 $\boldsymbol{u}$ 的距离小于等于 k。因此，$\boldsymbol{r}$ 与 $\boldsymbol{u}$ 的距离最小，由最小距离译码准则，将 $\boldsymbol{r}$ 译成 $\boldsymbol{u}$。

反之，设码 C 能纠正 k 个差错。用反证法，设在 C 中存在两个不同的码字 $\boldsymbol{u},\boldsymbol{v}$，有 $d(\boldsymbol{u},\boldsymbol{v}) \leqslant 2k$。由上述定理，$d(\boldsymbol{u},\boldsymbol{v}) \geqslant k+1$，即 $\boldsymbol{u},\boldsymbol{v}$ 至少有 $k+1$ 个位不同。设发送码字 $\boldsymbol{u}$ 经传送后，得到接收字 $\boldsymbol{r}$，设 $\boldsymbol{r}$ 与 $\boldsymbol{u}$ 有 k 位不同，且这 k 位恰好是 $\boldsymbol{u}$ 与 $\boldsymbol{v}$ 不同位的一部分。因为 $d(\boldsymbol{u},\boldsymbol{v}) \leqslant 2k$，故 $d(\boldsymbol{r},\boldsymbol{v}) \leqslant k$。这样，如果 $d(\boldsymbol{r},\boldsymbol{v}) < k$，由最小距离译码准则，$\boldsymbol{r}$ 将被误译为 $\boldsymbol{v}$；如果 $d(\boldsymbol{r},\boldsymbol{v}) = k$，则 $\boldsymbol{r}$ 既可译成 $\boldsymbol{u}$，又可译成 $\boldsymbol{v}$。因此，不能纠正 k 个错，这与假设矛盾，所以 C 的极小距离大于等于 $2k+1$。

定理 2.31　已知线性码 C 的最小距离 $d_{\min} \geqslant t+t'+1$，且 $t' > t$。在译码时，如果错误位数不超过 t，则可以纠正错误；如果错误位数超过 t，但不超过 t'，则只能够发现错误，但不能够纠正错误。该定理的另一种说法是：若线性码的 $d_{\min} \geqslant t+t'+1$，且 $t' > t$，则该线性码可以纠正 t 位错误，同时，还可以发现 t' 位错误。

证明： 由已知条件知 $d_{\min} \geqslant t+t'+1 > 2t+1$。如图 2.6 所示，设 $\boldsymbol{u},\boldsymbol{v}$ 均代表码字。根据前述定理，知线性码 C 可以纠正小于或等于 t 位错误。当接收向量为 $\boldsymbol{A}$ 时，就将 $\boldsymbol{A}$ 译为码字 $\boldsymbol{v}$。当错位超过 t 位但不超过 t' 时，设发送码字为 $\boldsymbol{v}$，接收的向量为 $\boldsymbol{B}$。除码字 $\boldsymbol{v}$ 外，向量 $\boldsymbol{B}$ 最靠近的码字记为 $\boldsymbol{u}$。此时，仍能够发现差错的条件是 $d(\boldsymbol{B},\boldsymbol{u}) \geqslant t+1$，则 $d_{\min} \geqslant d(\boldsymbol{u},\boldsymbol{v}) = t' + d(\boldsymbol{B},\boldsymbol{u}) \geqslant t+t'+1$。

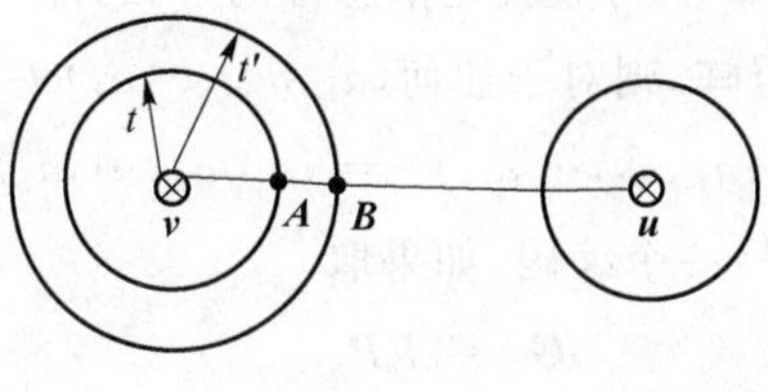

图 2.6　利用最小距离译码准则进行纠错并检错示意图

例如，码 $C = \{000000,001101,010011,011110,100110,101011,110101,111000\}$，则 C 的极小距离为 3，于是可纠 1 个错。如接收字是 110001，应译为 110101。设接收字 001001 是由发送字 000000 在第三位和第六位出错而得到的，则将会把 001001 译为 001101。因此，码 C 不能纠两个错。

2.7.2　线性码的生成矩阵与校验矩阵

编码函数 $E: Z_2^k \to Z_2^n$，确定每个 k 个数字的信息 $(a_1,a_2,\cdots,a_k)$ 到一个 n 个数字的码字 $(b_1,b_2,\cdots,b_k,b_{k+1},\cdots,b_n)$。不难验证：$Z_2^n$ 是 Z_2 上的 n 维线性空间，如果 $\operatorname{Im} E$ 是 Z_2^n 的线性子空间，则称 $\operatorname{Im} E$ 是二元线性码。$(Z_2^n,+)$ 的子群一定是子空间，反之亦然。因此，若 $(\operatorname{Im} E,+)$ 是 $(Z_2^n,+)$ 的子群，码 $\operatorname{Im} E$ 就是二元线性码，所以，二元线性码也称为群码。

设 $C = \operatorname{Im} E$ 是码长为 n 的二元线性码，若 C 是 Z_2^n 的 k 维子空间，设 $\boldsymbol{v}_1,\boldsymbol{v}_2,\cdots,\boldsymbol{v}_k$ 是 C 在 Z_2 上的一组基，令

$$\boldsymbol{G} = \begin{pmatrix} \boldsymbol{v}_1 \\ \boldsymbol{v}_2 \\ \vdots \\ \boldsymbol{v}_k \end{pmatrix}$$

于是 $\boldsymbol{G}$ 是 Z_2 上一个秩为 k 的 $k \times n$ 矩阵。如果设 $\boldsymbol{v}_i = (v_{i1},v_{i2},\cdots,v_{in})$，$1 \leqslant i \leqslant k$，则

$$\boldsymbol{G} = \begin{pmatrix} v_{11} & v_{12} & \cdots & v_{1n} \\ v_{21} & v_{22} & \cdots & v_{2n} \\ \vdots & \vdots & & \vdots \\ v_{k1} & v_{k2} & \cdots & v_{kn} \end{pmatrix}$$

因为 $\boldsymbol{v}_1,\boldsymbol{v}_2,\cdots,\boldsymbol{v}_k$ 是 C 的一组基，所以 C 中任一码字 $\boldsymbol{u} = (u_1,u_2,\cdots,u_n)$ 都可以表示成它们的线性组合，而系数属于 Z_2，并且表示是唯一的，即

$$\boldsymbol{u} = a_1\boldsymbol{v}_1 + a_2\boldsymbol{v}_2 + \cdots + a_k\boldsymbol{v}_k, a_i \in Z_2$$

反之，$\boldsymbol{v}_1,\boldsymbol{v}_2,\cdots,\boldsymbol{v}_k$ 的任一系数属于 Z_2 的线性组合，都是 C 中的码字。因此，$\boldsymbol{G}$ 称为 C 的一个生成矩阵。上式可以改写为

$$\boldsymbol{u}=(a_1,a_2,\cdots,a_k)\begin{pmatrix}\boldsymbol{v}_1\\ \boldsymbol{v}_2\\ \vdots\\ \boldsymbol{v}_k\end{pmatrix}=(a_1,a_2,\cdots,a_k)\boldsymbol{G}$$

可以将上式看作是原始数字信息集合 Z_2^k 的一个编码，即

$$E((a_1,a_2,\cdots,a_k))=(a_1,a_2,\cdots,a_k)\boldsymbol{G}$$

这样，编码就依赖于 $\boldsymbol{G}$ 的选择，$\boldsymbol{G}$ 的行数就是信息位的个数，即 C 的维数。由于 C 的基不是唯一的，若 $\boldsymbol{G}_1$ 是 C 的另一个生成矩阵，则对于任何 $(a_1,a_2,\cdots,a_k)\in Z_2^k$ 有

$$E((a_1,a_2,\cdots,a_k))=(a_1,a_2,\cdots,a_k)\boldsymbol{G}_1$$

这是原始数字信息集合 Z_2^k 的另一个编码。如果取

$$\boldsymbol{G}=(\boldsymbol{I}_k\boldsymbol{P}_{k\times(n-k)})$$

这里 $\boldsymbol{I}_k$ 是 Z_2 上的 k 阶单位矩阵，$\boldsymbol{P}_{k\times(n-k)}$ 是 Z_2 上的任意 $k\times(n-k)$ 矩阵。这时 $\boldsymbol{u}$ 的前 k 位就可以看作它的信息位。

例如，设二元线性码的生成矩阵

$$\boldsymbol{G}=\begin{pmatrix}1&0&0&1&1&0\\0&1&0&1&0&1\\0&0&1&0&1&1\end{pmatrix}$$

取 $(1,0,1)\in Z_2^3$，于是

$$E((1,0,1))=(1,0,1)\begin{pmatrix}1&0&0&1&1&0\\0&1&0&1&0&1\\0&0&1&0&1&1\end{pmatrix}=(1,0,1,1,0,1)\in Z_2^6$$

若取 $(a_1,a_2,a_3)\in Z_2^3$，则

$$\boldsymbol{u}=E((a_1,a_2,a_3))=(a_1,a_2,a_3)\begin{pmatrix}1&0&0&1&1&0\\0&1&0&1&0&1\\0&0&1&0&1&1\end{pmatrix}=(a_1,a_2,a_3,a_1+a_2,a_1+a_3,a_2+a_3)\in Z_2^6$$

这时 $\boldsymbol{u}$ 的前 3 位就是信息位。从这个例子可以看出：在码长为 6，信息位为 3 的码〔简写(6,3)〕中，任何信息向量 $\boldsymbol{r}=(a_1,a_2,a_3)$ 都能够通过 $\boldsymbol{rG}$ 编码。

例如，以下的矩阵 $\boldsymbol{G}_1,\boldsymbol{G}_2$ 的行向量组是等价的，它们是同一个(6,3)码的生成矩阵。它们所对应的编码规则如表 2.2 所示。

$$\boldsymbol{G}_1=\begin{pmatrix}1&0&1&0&1&1\\1&1&0&1&0&1\\1&1&1&0&0&0\end{pmatrix},\ \boldsymbol{G}_2=\begin{pmatrix}1&0&0&1&1&0\\0&1&0&0&1&1\\0&0&1&1&0&1\end{pmatrix}$$

表 2.2 同一个(6,3)码的不同生成矩阵对应的编码规则

消 息	由 G_1 得到的(6,3)码	由 G_2 得到的(6,3)码
000	000000	000000
001	111000	001101
010	110101	010011
011	001101	011110
100	101011	100110
101	010011	101011
110	011110	110101
111	100110	111000

值得注意的是,由 $\boldsymbol{G}_2$ 生成的码,其前3位与消息完全相同,称这样的码为系统码。一般地,系统码的编码器仅需存储 $k\times(n-k)$ 个数字即可。而非系统码需存储 $k\times n$ 个数字。系统码的译码仅需对前 k 个信息位进行纠错,即可恢复消息。由于系统码的编码和译码比较简单,而性能与非系统码一样,所以,系统码有着广泛的应用。

设 C 是一个二元(n,k)线性码,$\boldsymbol{G}$ 是它的一个生成矩阵,令

$$C^* = \{\boldsymbol{u} \mid \boldsymbol{u} \in Z_2^n,\text{而 } \boldsymbol{v}\boldsymbol{u}^{\mathrm{T}} = \boldsymbol{0}, \forall \boldsymbol{v} \in C\}$$

这里 $\boldsymbol{u}^{\mathrm{T}}$ 是 $\boldsymbol{u}$ 的转置。不难证明,C^* 是 Z_2^n 的一个 $n-k$ 维子空间。C^* 可以看作是一个二元$(n, n-k)$线性码。我们称 C^* 为 C 的对偶码。

设 $\boldsymbol{u}_1,\boldsymbol{u}_2,\cdots,\boldsymbol{u}_{n-k}$ 是 C^* 在 Z_2 上的一组基,令

$$\boldsymbol{H} = \begin{pmatrix} \boldsymbol{u}_1 \\ \boldsymbol{u}_2 \\ \vdots \\ \boldsymbol{u}_{n-k} \end{pmatrix}$$

于是 $\boldsymbol{H}$ 是 C^* 的一个生成矩阵,它是 Z_2 上的一个秩为 $n-k$ 的$(n-k)\times n$ 矩阵。显然,对于任何 $\boldsymbol{x} \in Z_2^n$,$\boldsymbol{x} \in C$ 当且仅当 $\boldsymbol{H}\boldsymbol{x}^{\mathrm{T}} = \boldsymbol{0}^{\mathrm{T}}$。因此,$\boldsymbol{H}$ 可用来判断 Z_2^n 中的字是否是 C 中的码字,所以 $\boldsymbol{H}$ 称为 C 的一个校验矩阵。

设

$$\boldsymbol{G} = \begin{pmatrix} 1 & 0 & 0 & \cdots & 0 & p_{11} & p_{12} & \cdots & p_{1,n-k} \\ 0 & 1 & 0 & \cdots & 0 & p_{21} & p_{22} & \cdots & p_{2,n-k} \\ \vdots & \vdots & \vdots & & \vdots & \vdots & \vdots & & \vdots \\ 0 & 0 & 0 & \cdots & 1 & p_{k1} & p_{k2} & \cdots & p_{k,n-k} \end{pmatrix} = (\boldsymbol{I}_k,\boldsymbol{P})$$

由 $\boldsymbol{G}\boldsymbol{H}^{\mathrm{T}} = \boldsymbol{0}$,即 $\boldsymbol{G}$ 的每一个行向量与 $\boldsymbol{H}$ 的每一个行向量是正交的,则有

$$\boldsymbol{H} = \begin{pmatrix} p_{11} & p_{21} & \cdots & p_{k1} & 1 & 0 & 0 & \cdots & 0 \\ p_{12} & p_{22} & \cdots & p_{k2} & 0 & 1 & 0 & \cdots & 0 \\ \vdots & \vdots & & \vdots & \vdots & \vdots & \vdots & & \vdots \\ p_{1,n-k} & p_{2,n-k} & \cdots & p_{k,n-k} & 0 & 0 & 0 & \cdots & 1 \end{pmatrix} = (\boldsymbol{P}^{\mathrm{T}},\boldsymbol{I}_{n-k})$$

设 $\boldsymbol{x} \in Z_2^n$,我们把 $n-k$ 维列向量 $\boldsymbol{H}\boldsymbol{x}^{\mathrm{T}}$ 称为 $\boldsymbol{x}$ 的校验子。因此,$\boldsymbol{x}$ 是 C 的一个码字,当且仅当 $\boldsymbol{x}$ 的校验子等于零向量,即 $\boldsymbol{H}\boldsymbol{x}^{\mathrm{T}} = \boldsymbol{0}^{\mathrm{T}}$。由于 $\boldsymbol{G}$ 的每一行都是 C 的码字,于是 $\boldsymbol{H}\boldsymbol{G}^{\mathrm{T}} = \boldsymbol{0}$。由上述分

析知，若取 $\boldsymbol{G}=(\boldsymbol{I}_k,\boldsymbol{P}_{k\times(n-k)})$，那么 $\boldsymbol{H}=(\boldsymbol{P}^{\mathrm{T}}_{k\times(n-k)},\boldsymbol{I}_{n-k})$，这里 $\boldsymbol{P}^{\mathrm{T}}_{k\times(n-k)}$ 是 $\boldsymbol{P}_{k\times(n-k)}$ 的转置。

当校验矩阵 $\boldsymbol{H}$ 没有零列，也没有两列相等时，可以利用校验矩阵来纠正一个差错。设信息源发送一个码字 $\boldsymbol{u}=(a_1,a_2,\cdots,a_n)$，并且传送时错了第 i 个码元，结果收到 $\boldsymbol{v}=\boldsymbol{u}+\boldsymbol{e}$，这里 $\boldsymbol{e}=(0,\cdots,0,1,0,\cdots,0)$，第 i 个元素为 1，其他 $n-1$ 个元素都为 0，则有

$$\boldsymbol{H}\boldsymbol{v}^{\mathrm{T}}=\boldsymbol{H}(\boldsymbol{u}+\boldsymbol{e})^{\mathrm{T}}=\boldsymbol{H}(\boldsymbol{u}^{\mathrm{T}}+\boldsymbol{e}^{\mathrm{T}})=\boldsymbol{H}\boldsymbol{u}^{\mathrm{T}}+\boldsymbol{H}\boldsymbol{e}^{\mathrm{T}}=\boldsymbol{0}^{\mathrm{T}}+\boldsymbol{H}\boldsymbol{e}^{\mathrm{T}}=\boldsymbol{H}\boldsymbol{e}^{\mathrm{T}}$$

这里 $\boldsymbol{H}\boldsymbol{e}^{\mathrm{T}}$ 是 $\boldsymbol{H}$ 的第 i 列。这就是说：当接收字为 $\boldsymbol{v}$ 时，$\boldsymbol{H}\boldsymbol{v}^{\mathrm{T}}$ 为 $\boldsymbol{0}^{\mathrm{T}}$，则 $\boldsymbol{v}$ 是码字；$\boldsymbol{H}\boldsymbol{v}^{\mathrm{T}}$ 不为 $\boldsymbol{0}^{\mathrm{T}}$，而是 $\boldsymbol{H}$ 的第 i 列时，则传送时第 i 个码元出差错。

例如，一个二元(6,3) 线性码 C，它的生成矩阵为

$$\boldsymbol{G}=\begin{pmatrix}1&0&0&1&1&0\\0&1&0&1&0&1\\0&0&1&0&1&1\end{pmatrix}$$

设需要传送的数字信息为(1,0,1)，于是

$$\begin{aligned}E((1,0,1))&=(1,0,1)\begin{pmatrix}1&0&0&1&1&0\\0&1&0&1&0&1\\0&0&1&0&1&1\end{pmatrix}\\&=(1,0,1,1,0,1),\end{aligned}$$

即发送码字 $\boldsymbol{u}=(1,0,1,1,0,1)$。如果收到字 $\boldsymbol{v}=(1,0,0,1,0,1)$，那么计算校验子 $\boldsymbol{H}\boldsymbol{v}^{\mathrm{T}}$，由 $\boldsymbol{G}$ 可求出 $\boldsymbol{H}$ 为

$$\boldsymbol{H}=\begin{pmatrix}1&1&0&1&0&0\\1&0&1&0&1&0\\0&1&1&0&0&1\end{pmatrix}$$

因此

$$\boldsymbol{H}\boldsymbol{v}^{\mathrm{T}}=\begin{pmatrix}1&1&0&1&0&0\\1&0&1&0&1&0\\0&1&1&0&0&1\end{pmatrix}\begin{pmatrix}1\\0\\0\\1\\0\\1\end{pmatrix}=\begin{pmatrix}0\\1\\1\end{pmatrix}$$

由于 $(0,1,1)^{\mathrm{T}}$ 是 $\boldsymbol{H}$ 的第 3 列，这说明收到的字 $\boldsymbol{v}$ 第 3 位有差错，所以应译成(1,0,1,1,0,1)。

2.7.3 陪集与译码方法

二元线性码对于向量的加法构成一个群$(C,+)$。即编码函数 $E:Z_2^k\to Z_2^n$，当$(\mathrm{Im}\,E,+)$ 是群$(Z_2^n,+)$ 的子群时，码 $\mathrm{Im}\,E$ 就是群码。

定理 2.32 设矩阵 $\boldsymbol{G}=(\boldsymbol{I}_k,\boldsymbol{P}_{k\times(n-k)})$，这里 $\boldsymbol{I}_k$ 为 Z_2 上的 k 阶单位矩阵，$\boldsymbol{P}_{k\times(n-k)}$ 为 Z_2 上的任一 $k\times(n-k)$ 矩阵，由 G 给出的编码函数 $E:Z_2^k\to Z_2^n$ 为 $E(\boldsymbol{x})=\boldsymbol{x}\boldsymbol{G},\forall\,\boldsymbol{x}\in Z_2^k$，则 E 是 $Z_2^k\to Z_2^n$ 的群同态。

证明：$(Z_2^k,+)$ 和$(Z_2^n,+)$ 都是群，对于任何 $\boldsymbol{x}=(a_1,a_2,\cdots,a_k)\in Z_2^k$，$E(\boldsymbol{x})=\boldsymbol{x}\boldsymbol{G}$。对于任何 $x_1,x_2\in Z_2^k$，有

$$E(x_1+x_2)=(x_1+x_2)\boldsymbol{G}=x_1\boldsymbol{G}+x_2\boldsymbol{G}=E(x_1)+E(x_2)$$

因此，E 是 $Z_2^k\to Z_2^n$ 的同态映射。

定理 2.33 由 $\boldsymbol{G}=(\boldsymbol{I}_k,\boldsymbol{P}_{k\times(n-k)})$ 给出的编码函数 $E:Z_2^k\to Z_2^n$ 为 $E(\boldsymbol{x})=\boldsymbol{x}\boldsymbol{G},\ \forall\,\boldsymbol{x}\in Z_2^k$，得到的码是群码。

证明： 设由 $\boldsymbol{G}$ 得到的编码函数 $E:Z_2^k\to Z_2^n$，由上述定理，E 是 $Z_2^k\to Z_2^n$ 的同态映射，故 $\operatorname{Im}E$ 是 Z_2^n 的子群。因此，码 $\operatorname{Im}E$ 是群码。

设群码 C，即 $(C,+)$ 是 $(Z_2^n,+)$ 的子群，由于 $(Z_2^n,+)$ 是交换群，所以 $(C,+)$ 是 $(Z_2^n,+)$ 的正规子群。因此，C 可以确定一个 Z_2^n 上的等价关系。该等价关系可以将 Z_2^n 划分成陪集。利用陪集，可以确定译码方法。

经过下面的分析，可以看出，Z_2^n 中的两个元素是否在同一陪集中与校验矩阵 $\boldsymbol{H}$ 有关。

定理 2.34 设 C 是群码，$\boldsymbol{H}$ 是它的一个校验矩阵，则 Z_2^n 中两个字 $\boldsymbol{u},\boldsymbol{v}$ 属于 C 的同一陪集，当且仅当它们的校验子 $\boldsymbol{H}\boldsymbol{u}^{\mathrm{T}}$ 和 $\boldsymbol{H}\boldsymbol{v}^{\mathrm{T}}$ 相等。

证明： Z_2^n 中两个元素 $\boldsymbol{u},\boldsymbol{v}$ 属于 C 的同一陪集，当且仅当 $\boldsymbol{u}-\boldsymbol{v}\in C,\boldsymbol{H}(\boldsymbol{u}-\boldsymbol{v})^{\mathrm{T}}=\boldsymbol{0}^{\mathrm{T}}$。因此，$\boldsymbol{u},\boldsymbol{v}$ 属于 C 的同一陪集当且仅当 $\boldsymbol{H}\boldsymbol{u}^{\mathrm{T}}-\boldsymbol{H}\boldsymbol{v}^{\mathrm{T}}=\boldsymbol{0}^{\mathrm{T}}$，即 $\boldsymbol{H}\boldsymbol{u}^{\mathrm{T}}=\boldsymbol{H}\boldsymbol{v}^{\mathrm{T}}$。

利用上面的结果，可以做群码 C 的译码表。利用该译码表，可以确定译码方案。译码表的做法如下。

① 把 C 的所有码字排在第一行，并使 $\boldsymbol{0}=(0,0,\cdots,0)$ 排在第一行的最左一个，如表 2.3 所示。

② 把 C 的同一陪集的字排在同一行中，而用这一陪集中的字的校验子作为这一陪集的标记，并标在这一行的左端。

③ 如果在一个陪集中，重量最小的字只有一个 $\boldsymbol{x}$，$\boldsymbol{x}$ 称为这一陪集的陪集首项。把 $\boldsymbol{x}$ 排在该行的最左一个，即在 $\boldsymbol{0}$ 的下面，而在任一个码字 $\boldsymbol{u}$ 的下面排上 $\boldsymbol{x}+\boldsymbol{u}$。

④ 如果在一个陪集中，重量最小的字多于 1 个，可以在其中任选一个 $\boldsymbol{x}_1$，同样排在 $\boldsymbol{0}$ 的下面，而在任一码字 $\boldsymbol{u}$ 的下面排上 $\boldsymbol{x}_1+\boldsymbol{u}$。这个陪集中的字都排在虚线下面。

表 2.3 线性码的标准阵列

校验子	码字			
	$\boldsymbol{0}$	$\cdots$	$\boldsymbol{u}$	$\cdots$
$\vdots$	$\vdots$		$\vdots$	
$\boldsymbol{H}\boldsymbol{x}^{\mathrm{T}}$	$\boldsymbol{x}$	$\cdots$	$\boldsymbol{x}+\boldsymbol{u}$	
$\vdots$	$\vdots$		$\vdots$	
$\boldsymbol{H}\boldsymbol{x}_1^{\mathrm{T}}$	$\boldsymbol{x}_1$		$\boldsymbol{x}_1+\boldsymbol{u}$	$\cdots$
$\vdots$	$\vdots$		$\vdots$	

有了表 2.3 这个译码表，当收到字 $\boldsymbol{r}$ 时，就译成 $\boldsymbol{r}$ 所在列中上面的码字。可以证明：这种译码表的排法是符合最小距离译码准则的。事实上，如果在一个陪集中，只有一个重量最小的字 $\boldsymbol{x}$，设 $\boldsymbol{v}$ 是任意一个码字，而且 $\boldsymbol{v}\neq\boldsymbol{u}$，于是 $d(\boldsymbol{x}+\boldsymbol{u},\boldsymbol{u})=W(\boldsymbol{x}+\boldsymbol{u}+\boldsymbol{u})=W(\boldsymbol{x})$。由于 $\boldsymbol{u},\boldsymbol{v}\in C$，所以 $\boldsymbol{u}+\boldsymbol{v}\in C$，而已知 $W(\boldsymbol{x})<W(\boldsymbol{x}+\boldsymbol{u}+\boldsymbol{v})$。因此 $d(\boldsymbol{x}+\boldsymbol{u},\boldsymbol{u})=W(\boldsymbol{x})<W(\boldsymbol{x}+\boldsymbol{u}+\boldsymbol{v})=d(\boldsymbol{x}+\boldsymbol{u},\boldsymbol{v})$，于是根据最小距离译码准则，当收到 $\boldsymbol{x}+\boldsymbol{u}$ 时应译成 $\boldsymbol{u}$，所以 $\boldsymbol{x}+\boldsymbol{u}$ 应排在 $\boldsymbol{u}$ 的下面，如表 2.4 所示。

表 2.4　译码时满足最小距离译码

校验子	码字							
	0	…	$\boldsymbol{u}$	…	$\boldsymbol{v}$	…	$\boldsymbol{u}+\boldsymbol{v}$	…
⋮	⋮		⋮		⋮		⋮	
$\boldsymbol{H}\boldsymbol{x}^{\mathrm{T}}$	$\boldsymbol{x}$	…	$\boldsymbol{x}+\boldsymbol{u}$	…		…	$\boldsymbol{x}+\boldsymbol{u}+\boldsymbol{v}$	…
⋮	⋮		⋮		⋮		⋮	

如果在一个陪集中有多于 1 个的重量为最小的字，如 $\boldsymbol{x},\boldsymbol{x}+\boldsymbol{u}_1,\boldsymbol{x}+\boldsymbol{u}_2,\cdots,\boldsymbol{x}+\boldsymbol{u}_{m-1}$ 的重量相等，这里 $\boldsymbol{0},\boldsymbol{u}_1,\boldsymbol{u}_2,\cdots,\boldsymbol{u}_{m-1}\in C$，而对于任何 $\boldsymbol{u}\in C$，且 $\boldsymbol{u}\notin\{\boldsymbol{0},\boldsymbol{u}_1,\boldsymbol{u}_2,\cdots,\boldsymbol{u}_{m-1}\}$，有 $W(\boldsymbol{x})<W(\boldsymbol{x}+\boldsymbol{u})$。在这种情况下，不难证明：在这个陪集中任一字 $\boldsymbol{x}+\boldsymbol{u}$ 与 m 个码字 $\boldsymbol{u},\boldsymbol{u}+\boldsymbol{u}_1,\boldsymbol{u}+\boldsymbol{u}_2,\cdots,\boldsymbol{u}+\boldsymbol{u}_{m-1}$ 的距离相等，而与其余的 $\boldsymbol{v}$ 的距离 $d(\boldsymbol{x}+\boldsymbol{u},\boldsymbol{v})>d(\boldsymbol{x}+\boldsymbol{u},\boldsymbol{u})$。根据最小距离译码准则，这时陪集中任一字 $\boldsymbol{x}+\boldsymbol{u}$ 应译成哪个码字不能确定。因此，这时这个陪集中的字排在虚线下面。

例 2.16　写出具有校验矩阵

$$\boldsymbol{H}=\begin{pmatrix}1&1&0&1&0&0\\1&0&1&0&1&0\\0&1&1&0&0&1\end{pmatrix}$$

的(6,3)群码的译码表。

解：由于 C 的信息位的个数是 3，C 一共有 $2^3=8$ 个码字。按照上面的方法，可以排成 C 的译码表，如表 2.5 所示。

表 2.5　一个(6,3)码的标准阵列

校验子	码字							
	000000	100110	010101	**001011**	110011	101101	011110	111000
$(1,1,0)^{\mathrm{T}}$	100000	000110	110101	101011	010011	001101	111110	011000
$(1,0,1)^{\mathrm{T}}$	010000	110110	000101	011011	100011	111101	001110	101000
$(0,1,1)^{\mathrm{T}}$	001000	101110	011101	000011	111011	100101	010110	110000
$(1,0,0)^{\mathrm{T}}$	000100	100010	010001	001111	110111	101001	011010	111100
$(0,1,0)^{\mathrm{T}}$	000010	100100	010111	001001	110001	101111	011100	111010
$(0,0,1)^{\mathrm{T}}$	000001	100111	010100	**001010**	110010	101100	011111	111001
$(1,1,1)^{\mathrm{T}}$	100001	000111	110100	101010	010010	001100	111111	011001

利用表 2.5 来译码的步骤：

① 计算接收字 $\boldsymbol{r}$ 的校验子 $\boldsymbol{H}\boldsymbol{r}^{\mathrm{T}}$；

② 在译码表校验子的那一列中找出 $\boldsymbol{H}\boldsymbol{r}^{\mathrm{T}}$；

③ 在 $\boldsymbol{H}\boldsymbol{r}^{\mathrm{T}}$ 所在的行中去查 $\boldsymbol{r}$；

④ 查处 $\boldsymbol{r}$ 这个字排在哪个码字的下面，就把 $\boldsymbol{r}$ 译成这个码字。

例如，接收字 $\boldsymbol{r}=(0,0,1,0,1,0)$，于是

$$\boldsymbol{H}\boldsymbol{r}^{\mathrm{T}}=\begin{pmatrix}0\\0\\1\end{pmatrix}$$

在表2.5中，$(0,0,1)^{T}$ 在第7行，而 $\boldsymbol{r}=(0,0,1,0,1,0)$ 在这行的第5列，于是把 $\boldsymbol{r}=(0,0,1,0,1,0)$ 译成 $(0,0,1,0,1,1)$。

下面看一下，这个译码方法何时正确译码，何时出现译码错误。设发方传送一个码字 $\boldsymbol{u}$，而收方收到 $\boldsymbol{r}$，令 $\boldsymbol{r}=\boldsymbol{u}+\boldsymbol{e}$，这里 $\boldsymbol{e}$ 称为传送过程中出现的差错模式，于是

$$\boldsymbol{H}\boldsymbol{r}^{T}=\boldsymbol{H}(\boldsymbol{u}+\boldsymbol{e})^{T}=\boldsymbol{H}\boldsymbol{u}^{T}+\boldsymbol{H}\boldsymbol{e}^{T}=\boldsymbol{H}\boldsymbol{e}^{T}$$

因此，如果 $\boldsymbol{e}$ 是 $\boldsymbol{r}$ 所属的陪集首项，那么 $\boldsymbol{r}=\boldsymbol{u}+\boldsymbol{e}$ 在译码表中就排在 $\boldsymbol{u}$ 的下面，这时 $\boldsymbol{r}$ 就正确地译成 $\boldsymbol{u}$。但是，如果 $\boldsymbol{e}$ 不是 $\boldsymbol{r}$ 所属的陪集首项，那么 $\boldsymbol{r}=\boldsymbol{u}+\boldsymbol{e}$ 在译码表中就不排在 $\boldsymbol{u}$ 的下面，这时 $\boldsymbol{r}$ 就不会译成 $\boldsymbol{u}$。因此，出现译码错误。这就是说，按上面的译码方法译码，可以正确译码当且仅当差错模式是陪集首。

由此可见，正确译码的先决条件是：凡是实际信道错误图样是属于陪集首的，译码就会正确；否则，译码就是错误的。因此，为了尽可能地使得译码正确，应该将实际信道中最频繁出现的错误图样作为陪集首。因此，要选择禁用码组中重量最小的向量作为陪集首。

在本节中，我们学习了群理论在纠错编码中的应用。一个线性分组码可以由一个生成矩阵唯一确定。利用校验矩阵，可以判断一个 n 维向量是否为一个码字。通过学习，我们知道，一个线性分组码关于向量加法构成一个群，并且是一个正规子群。利用该正规子群，可以将 n 维向量空间划分为若干个陪集。通过选择具有最小重量的 n 维向量为陪集首项构造标准阵列，就可以得到一种译码方案。该译码方案符合最小距离译码准则。

本章小结

在本章中，我们学习了群理论相关知识及其应用。第一，学习了群的定义与性质，群的几个等价定义从不同的侧面揭示了群的相关性质。第二，学习了子群与群的同态相关知识，要掌握一个非空子集构成子群的判断方法；当两个群同态时，其单位元、逆元在同态映射之下，都会保持不变。第三，学习了循环群的相关知识，循环群是已经研究清楚的群之一，在循环群中，有一个重要的结论：同阶的循环群同构。第四，学习了正规子群与商群的知识，拉格朗日定理给出了一个有限群的阶与其子群的阶之间的关系：假定 H 是一个有限群 G 的一个子群，那么 H 的阶 n 和它在 G 里的指数 j 都能整除 G 的阶 N，并且 $N=nj$。正规子群是一类特殊的子群，要掌握正规子群的判断方法。利用正规子群，可以构造一个新的群，即商群。在群同态定理中，一个重要的结论是：一个群 G 同它的每一个商群 G/N 同态。第五，我们学习了群在数字通信中，有一个重要的应用：纠错编码。一个线性分组码关于向量加法构成 n 维向量空间的一个正规子群。利用该正规子群，通过将 n 维向量空间划分为若干个陪集，利用最小距离译码准则，就可以得到一种译码方案。

本章习题

1. 设在正整数集合 Z^{+} 中，$\circ$ 为 $a\circ b=a+b+a\cdot b$，$\forall a,b\in Z^{+}$，这里 $+$，$\cdot$ 分别为数的加法和乘法，证明 $(Z^{+},\circ)$ 是半群。

2. 设在整数集合 Z 中，规定运算 $\circ$ 为：$x\circ y=6-2x-2y+xy$，$\forall x,y\in Z$。证明 $(Z,\circ)$ 是

可交换的含幺半群。

3. 证明：若群$(G,\circ)$中的每一个元素都满足方程$x^2=e$，元素e表示单位元，则群$(G,\circ)$是交换群。

4. 群$(G,\circ)$的中心是集合：$C(G)=\{x\in G\mid xg=gx,\forall g\in G\}$。证明，$(C(G),\circ)$是$(G,\circ)$的一个交换子群。

5. 证明：在偶数阶的群$(G,\circ)$中，至少存在一个 2 阶元素。

6. 群$(G,\circ)$是循环群$G=(g)$，证明群$(G,\circ)$的子群$(H,\circ)$也是一个循环群。

7. 设H是群G的一个子群，证明G关于H两个右陪集或者相等，或者没有公共元素。

8. 设H为群G的子群，K为G中满足条件$aH=Ha$的所有元素a组成的集合，即$K=\{a\mid aH=Ha,a\in G\}$。证明$H\subseteq K$，K为G的一个子群，H为K的一个正规子群。

9. 设G是交换群，k是取定的整数，令$f:G\to G$为$\forall g\in G,f(g)=g^k$。证明f是$G\to G$的一个同态映射，并写出$\mathrm{Ker}(f)$与$\mathrm{Im}(f)$的表示式。

10. 设群$(W,\cdot)$，这里$W=\{\mathrm{e}^{i\theta}\mid\theta\in\mathbf{R}\}$，$\cdot$为普通的数的乘法运算。证明$R/Z\cong W$。

第 3 章

环

环是具有两个运算的代数系统。在本章中，我们将学习环的一些知识，内容包括环的定义与性质、子环与环同态、一些特殊的环、理想与环同态基本定理、环理论在密码学中的应用等。

3.1 环的定义及其性质

一个群$(G,\cdot)$是具有一个运算的代数系统，其运算满足结合律，有单位元，有逆元。环是具有两个运算的代数系统。在本节中，我们将学习环的概念与性质，同时，还将学习整环、除环、域的基本知识。

3.1.1 环的定义

与群不同，一个环$(R,+,\cdot)$是具有两个运算的代数系统。其定义如下。

定义 3.1 有两个二元运算(分别称之为加法、乘法)的代数系统$(R,+,\cdot)$，称为一个环，假如满足以下条件：

① $(a+b)+c=a+(b+c)$，$\forall a,b,c\in R$(加法结合律)；

② $a+b=b+a$，$\forall a,b\in R$(加法交换律)；

③ 在 R 中存在零元 0，使 $a+0=a$，$\forall a\in R$(加法零元存在，加法单位元叫零元)；

④ 对于 R 中任意元 a 存在负元 $-a\in R$，使 $a+(-a)=0$(加法逆元存在)；

⑤ $(a\cdot b)\cdot c=a\cdot(b\cdot c)$，$\forall a,b,c\in R$(乘法结合律)；

⑥ $a\cdot(b+c)=a\cdot b+a\cdot c$，$(b+c)\cdot a=b\cdot a+c\cdot a$，$\forall a,b,c\in R$(左右分配律成立)。

归纳：环$(R,+,\cdot)$要求$(R,+)$构成加群(加群要求是交换群)，$(R,\cdot)$构成半群，并且运算满足两个分配律。

当环$(R,+,\cdot)$的乘法运算"$\cdot$"满足交换律时，称环$(R,+,\cdot)$为交换环。

当环$(R,+,\cdot)$关于其乘法运算"$\cdot$"具有单位元时，称环$(R,+,\cdot)$为具有单位元的环。

例如，$(Z,+,\cdot)$，整数集合对于整数中普通的加法和乘法运算构成有单位元的交换环，因为$(Z,\cdot)$，整数集合对于整数中普通的乘法构成含幺半群。同理，因为$(R,+,\cdot)$，实数集合对数的普通加法和乘法构成有单位元的交换环。

整数环、有理数环、实数环、复数环都是由数组成的，故称为数环。

例如，全体偶数的集合 $2Z=\{0,\pm2,\pm4,\cdots\}$，关于数的加法与乘法，构成一个交换环，记作$(2Z,+,\cdot)$。该环对于乘法运算没有单位元。

例如，$Z[\mathrm{i}]=\{a+b\mathrm{i}\mid\forall a,b\in Z\}$，按数的加法和乘法构成环，称之为高斯整环。

例如，数环 F 上一切 x 的多项式组成的集合 $F[x]=\{a_nx^n+a_{n-1}x^{n-1}+\cdots+a_1x+a_0\mid a_i\in$

$F, n=0,1,2,3,\cdots\}$，关于多项式通常的加法与乘法构成环$(F[x],+,\cdot)$，单位元为数1，称为一元多项式环。

例如，所有元素为实数的n阶方阵的集合$M(n\times n;R)$，对于矩阵加法+、矩阵乘法·构成环$(M(n\times n;R),+,\cdot)$。

因为$(M(n\times n;R),+)$是加群。加法单位元为$\begin{pmatrix} 0 & 0 & \cdots & 0 \\ 0 & 0 & \cdots & 0 \\ \vdots & \vdots & & \vdots \\ 0 & 0 & \cdots & 0 \end{pmatrix}$。

矩阵$\boldsymbol{A}$的逆元(负元)为$-\boldsymbol{A}$，则

$$\boldsymbol{A}=\begin{pmatrix} a_{11} & a_{12} & \cdots & a_{1n} \\ a_{21} & a_{22} & \cdots & a_{2n} \\ \vdots & \vdots & & \vdots \\ a_{n1} & a_{n2} & \cdots & a_{nn} \end{pmatrix},\ -\boldsymbol{A}=\begin{pmatrix} -a_{11} & -a_{12} & \cdots & -a_{1n} \\ -a_{21} & -a_{22} & \cdots & -a_{2n} \\ \vdots & \vdots & & \vdots \\ -a_{n1} & -a_{n2} & \cdots & -a_{nn} \end{pmatrix}$$

一般地，$(M(n\times n),+,\cdot)$是非交换环。

例 3.1 求证$(Z_n,+,\cdot)$是交换环，这里+，·分别为$\forall [x],[y]\in Z_n$，$[x]+[y]=[x+y]$，$[x]\cdot[y]=[x\cdot y]$。

证明：由前例知$(Z_n,+)$是加群。要证明对于Z_n，规定的乘法是二元运算，即需要证明该运算的结果与代表的选取无关，即证若$[x_1]=[x]$，$[y_1]=[y]$，有$[x_1\cdot y_1]=[x\cdot y]$。由于$x_1=x(\text{mod}\ n)$，$y_1=y(\text{mod}\ n)$，$x_1=x+kn$，$y_1=y+ln$，其中$k,l$为整数，$x_1\cdot y_1=(x+kn)(y+ln)=x\cdot y+(ky+lx)n+k\cdot l\cdot n^2$，所以$x_1\cdot y_1=x\cdot y(\text{mod}\ n)$，即$[x_1y_1]=[xy]$，即规定的乘法是二元运算。$\forall [x],[y],[z]\in Z_n$，$([x]\cdot[y])\cdot[z]=[x\cdot y]\cdot[z]=[(x\cdot y)\cdot z]=[x\cdot(y\cdot z)]=[x][y\cdot z]=[x]([y]\cdot[z])$，即$(Z_n,\cdot)$是半群。$[x]([y]+[z])=[x][y+z]=[x\cdot(y+z)]=[xy+xz]=[x]\cdot[y]+[x]\cdot[z]$，分配律成立，又$[x]\cdot[y]=[xy]=[yx]=[y]\cdot[x]$，交换律成立，所以$(Z_n,+,\cdot)$是交换环，称之为模$n$剩余类环。

$n=5$，$(Z_5,+,\cdot)$的加法、乘法表分别如图3.1和图3.2所示。此时，用x表示$[x]$。

+	0	1	2	3	4
0	0	1	2	3	4
1	1	2	3	4	0
2	2	3	4	0	1
3	3	4	0	1	2
4	4	0	1	2	3

图3.1 $(Z_5,+,\cdot)$中的加法运算

·	0	1	2	3	4
0	0	0	0	0	0
1	0	1	2	3	4
2	0	2	4	1	3
3	0	3	1	4	2
4	0	4	3	2	1

图3.2 $(Z_5,+,\cdot)$中的乘法运算

如$[4]\cdot[3]=[12]=[2]$，$[4]\cdot[4]=[16]=[1]$。

例如，$2Z=\{0,\pm1,\pm2,\cdots\}=\{$所有偶数$\}$，则$2Z$对于数的普通加法和乘法来说组成一个环，但$2Z$关于乘法没有单位元。

具有单位元的环中的单位元总是唯一存在的。在具有单位元的环R中，规定$a^0=1$，$\forall a\in R$。

3.1.2 环的性质

在环$(R,+,\cdot)$中$(R,+)$是加群，故对加群运算的相关性质它均满足，即对于$\forall x,a,b,c\in R$有：

① 若$x+a=a$，则$x=0$(加法单位元)；

② 若$a+x=0$，则$x=-a$(a的负元，或对于加法运算a的逆元)；

③ 若$a+b=a+c$，则$b=c$(加法消去律)；

④ $n\cdot(a+b)=na+nb$(n是整数)；

⑤ $(m+n)a=ma+na$(m,n为整数)；

⑥ $(m\cdot n)a=m(na)$(m,n为整数)；

⑦ $-(a+b)=-a-b$〔此时，$-a$表示a的负元，$-a-b$表示$-a+(-b)$〕；

⑧ $-(a-b)=-a+b$。

定理 3.1 设$(R,+,\cdot)$是环，则对于任意的$a,b\in R$，有：

① $a\cdot 0=0\cdot a=0$；

② $a\cdot(-b)=(-a)\cdot b=-(a\cdot b)$；

③ $(-a)\cdot(-b)=a\cdot b$；

④ $a\cdot(b-c)=a\cdot b-a\cdot c,(b-c)\cdot a=b\cdot a-c\cdot a$。

证明：

① 由$a\cdot 0=a\cdot(0+0)=a\cdot 0+a\cdot 0$，因此，$a\cdot 0=0$。同理，$0a=0$。注意，这里的0是$R$的零元。

② 由分配律、负元的定义及$a\cdot 0=0\cdot a=0$，有$a\cdot b+(-a)\cdot b=(a-a)\cdot b=0,a\cdot b+a\cdot(-b)=a\cdot(b-b)=0$，因此，$(-a)\cdot b=a\cdot(-b)=-(a\cdot b)$。

③ 由$a\cdot(-b)=(-a)\cdot b=-(a\cdot b)$很容易推出：$(-a)\cdot(-b)=-[a\cdot(-b)]=-[-a\cdot b]=a\cdot b$。

④ 由两个分配律以及负元的定义，有$a\cdot(b-c)=a\cdot[b+(-c)]=a\cdot b+a\cdot(-c)=a\cdot b+[-(a\cdot c)]=a\cdot b-a\cdot c,(b-c)\cdot a=[b+(-c)]\cdot a=b\cdot a+(-c)\cdot a=b\cdot a+[-(c\cdot a)]=b\cdot a-c\cdot a$。

定义 3.2 有单位元环的一个元b称为元a的一个逆元，假如$ab=ba=1$，此时也称a是一个可逆元。

易知，若b是a的一个逆元，则a也是b的一个逆元。需要注意的是，在一般的环中，逆元未必存在，如非零环中的零元。但逆元若存在，则必是唯一存在的。

若a可逆，则$a^{-n}=(a^{-1})^n,\forall n\in Z$。

定理 3.2 在环$(R,+,\cdot)$中，$\forall a_1,\cdots,a_m,b_1,\cdots,b_n\in R$，有$\left(\sum_{i=1}^{m}a_i\right)\cdot\left(\sum_{j=1}^{n}b_j\right)=\sum_{i=1}^{m}\sum_{j=1}^{n}a_i\cdot b_j$。

证明： 因为两个分配律成立，而加法又适合结合律，所以有$a(b_1+b_2+\cdots+b_n)=ab_1+ab_2+\cdots+ab_n,(b_1+b_2+\cdots+b_n)a=b_1a+b_2a+\cdots+b_na$。由以上两式得$(a_1+\cdots+a_m)(b_1+\cdots+b_n)=a_1(b_1+\cdots+b_n)+a_2(b_1+\cdots+b_n)+\cdots+a_m(b_1+\cdots+b_n)=a_1b_1+\cdots+a_1b_n+\cdots+a_mb_1+\cdots+a_mb_n$。以上等式的右端我们有时也可以写作$\sum_{i=1}^{m}\sum_{j=1}^{n}a_ib_j$，则$(\sum_{i=1}^{m}a_i)(\sum_{j=1}^{n}b_j)=\sum_{i=1}^{m}\sum_{j=1}^{n}a_ib_j$。

推论 3.1 在环$(R,+,\cdot)$中，对于任意的$a,b\in R$，n为整数，满足$(na)\cdot b=a\cdot(nb)=$

$n(a\cdot b)$。

定理 3.3 有单位元的交换环$(R,+,\cdot)$，$a,b\in R$，n为正整数，则有二项式定理成立：$(a+b)^n=a^n+\binom{n}{1}a^{n-1}b+\cdots+\binom{n}{k}a^{n-k}b^k+\cdots+b^n$。

因为乘法适合结合律，所以n个元的乘法有意义。与群论中的描述一样，n个a的乘法我们用符号a^n来表示，并且把它称为a的n次乘方（简称n次方），即$a^n=\overbrace{aa\cdots a}^{n个}$（$n$是正整数）。

有了这样的规定以后，对于任何正整数m,n，对于R的任何元a来说，存在着运算律：$a^m a^n=a^{m+n}$，$(a^m)^n=a^{mn}$。

由以上环$(R,+,\cdot)$中的运算性质，我们可以看出，环的一些运算性质，类似于普通数的加法、乘法运算的一些性质。中学代数的计算法则在一个环里差不多都可以适用。只有很少的几种普通计算法在一个环里不一定适用。下面就举例简单说明一下这些不同。

例如，在环$(R,+,\cdot)$中，设$a\neq 0$，$a\in R$，$n\neq 0$，$n\in Z$，不能够推出$na\neq 0$；考虑环$(R,+,\cdot)=(Z_6,+,\cdot)$，$[2]\neq 0$，$3\neq 0$，但$3[2]=[6]=[0]=0$。

再如，在环$(R,+,\cdot)$中，令$R^*=R-\{0\}$，设$a,b\in R^*$，即$a\neq 0$，$b\neq 0$，不能够推出$ab\neq 0$，$a^n\neq 0$；考虑环$(R,+,\cdot)=M(2\times 2,R)$，$\boldsymbol{a}=\begin{pmatrix}1&0\\0&0\end{pmatrix}\neq\boldsymbol{0}$，$\boldsymbol{b}=\begin{pmatrix}0&1\\0&0\end{pmatrix}\neq\boldsymbol{0}$，但$\boldsymbol{ab}=\begin{pmatrix}1&0\\0&0\end{pmatrix}\begin{pmatrix}0&1\\0&0\end{pmatrix}=\begin{pmatrix}0&0\\0&0\end{pmatrix}=\boldsymbol{0}$，$\boldsymbol{b}^2=\begin{pmatrix}0&1\\0&0\end{pmatrix}\begin{pmatrix}0&1\\0&0\end{pmatrix}=\begin{pmatrix}0&0\\0&0\end{pmatrix}=\boldsymbol{0}$。

3.1.3 整环

在实数的乘法运算中，有下面的性质成立：若$a\cdot b=0$，则$a=0$或$b=0$，即允许消去非零的数；同时，也满足消去律，若$ab=ac$且$a\neq 0$，则$b=c$，即允许消去非零的数。

但是，这个性质不是对所有的环都成立。如环$(Z_6,+,\cdot)$，$n=6$，有$[2]\cdot[3]=[6]=[0]$（加法单位元），但不能得出$[2]=[0]$或$[3]=[0]$。此时，$[2]=\{\cdots,-4,2,8,\cdots\}$，$[0]=\{\cdots,-6,0,6,\cdots\}$，且不满足消去律。如$(Z_6,+,\cdot)$（$n=6$）中，有$[2]\cdot[1]=[2]\cdot[4]=[8]=[2]$，但是$[1]\neq[4]$。此时，$[1]=\{\cdots,-5,1,7,13,\cdots\}$，$[4]=\{\cdots,-2,4,10,\cdots\}$。

定义 3.3 如果在一个环里，$a\neq 0$，$b\neq 0$，但$ab=0$，则称a是这个环的一个左零因子，b是一个右零因子。

由上述定义知，在一个交换环中，左零因子、右零因子的概念是一致的，即如果一个元素a是左零因子，它也一定是右零因子。乘法可逆元一定不是左零因子、右零因子。

例 3.2 元素为整数的所有 2 阶矩阵的集合$M(2\times 2;Z)$，对于矩阵的加法和乘法构成环$(M(2\times 2;Z),+,\cdot)$，问此环中是否有零因子。

解：$(M,+,\cdot)$对于加法$+$的单位元为$\begin{pmatrix}0&0\\0&0\end{pmatrix}$。考虑$\begin{pmatrix}0&1\\0&0\end{pmatrix}\begin{pmatrix}1&0\\0&0\end{pmatrix}=\begin{pmatrix}0&0\\0&0\end{pmatrix}$，所以$\begin{pmatrix}0&1\\0&0\end{pmatrix}$为左零因子，$\begin{pmatrix}1&0\\0&0\end{pmatrix}$为右零因子。

定义 3.4 只含有一个元素的环R称为平凡环。若一个环R没有左零因子（也就没有右零因子），则称环R为无零因子环。

可以证明：R是无零因子环$\Leftrightarrow\forall a,b\in R$，$ab=0\Rightarrow a=0$或$b=0\Leftrightarrow R$中非零元素之积仍

非零。

定理 3.4 在一个没有零因子的环里两个消去律都成立，即 $a\neq0,ab=ac\Rightarrow b=c,a\neq0,ba=ca\Rightarrow b=c$；反过来，在一个环里如果有一个消去律成立，那么这个环没有零因子。

证明： 假定环 R 没有零因子。若 $a\neq0,ab=ac$，则有 $a(b-c)=0$。由于环 R 没有零因子，故 $b-c=0\Rightarrow b=c$。同样可证，$a\neq0,ba=ca\Rightarrow b=c$。这样在 R 里两个消去律都成立。反过来，假定在环 R 里左消去律成立，即当 $a\neq0$ 时，有 $ab=ac\Rightarrow b=c$，则 $ab=0\Rightarrow ab=a0$，可推出 $b=0$。综上：$a\neq0,ab=0\Rightarrow b=0$。这就是说，$R$ 没有零因子。当右消去律成立的时候，情形一样。

推论 3.2 在一个环里如果有一个消去律成立，那么另一个消去律也成立。

证明： 环 R 的乘法满足左消去律$\Leftrightarrow R$ 是无零因子环$\Leftrightarrow R$ 的乘法满足右消去律。

通过以上论述，我们认识到一个环可能适合的 3 个附加条件：第一个是乘法适合交换律；第二个是单位元的存在；第三个是零因子的不存在。一个环当然可以同时适合一个以上的附加条件。同时适合第一个与第三个附加条件的环特别重要。

定义 3.5 一个非平凡的环 R 称为一个整环，假如满足以下要求：

① 乘法适合交换律，$ab=ba$；

② R 没有零因子，$ab=0\Rightarrow a=0$ 或 $b=0$。

这里，a,b 可以是 R 的任意元。

换句话说，一个无零因子的非平凡交换环称为整环。

整数环显然是一个整环。

3.1.4 除环

现在我们来讨论一个环可能适合的另一个附加条件。此前，我们已经在群理论中学过了逆元的定义，并且知道群中任意一个元素一定有唯一的一个逆元，那么在一个环里会不会每一个元都有一个逆元？实际上，在某些特殊的情形下这是可能的。

例如，集合 R 只包括一个元素 a，其上的加法和乘法是这样定义的：$a+a=a,aa=a$。易知，R 是一个环。这个环 R 的唯一的元 a 有一个逆元，就是 a 的本身。

但是，当环 R 中至少有两个元素的时候，情形就不同了。这时，R 至少有一个不等于零的元 a，因此 $0a=0\neq a$。这就是说，不管 b 是 R 的哪一个元素，一定有：$0b=0$。由此知道，环 R 中的元素 0 不会有逆元。

现在考虑至少有两个元素的环。由上述讨论知：环的零元不会有逆元。那么除了零元以外，其他的元会不会有一个逆元？事实上，这是可能的。

例如，全体有理数组成的集合，对于普通加法和乘法来说显然是一个环。这个环的一个任意非零元素 $a\neq0$，都有逆元 $\frac{1}{a}$。

定义 3.6 一个环 R 称为一个除环，假如满足以下条件：

① R 至少包含一个不等于零的元；

② R 有一个单位元；

③ R 的每一个不等于零的元有一个逆元。

定义 3.7 一个交换除环称为一个域。

元素个数为有限的域，称之为有限域；元素个数为无限的域，称之为无限域。

在上例中，全体有理数的集合，对于普通加法和乘法来说构成一个域。同样，全体实数或全体复数的集合，对于普通加法和乘法来说也构成域。

除环具有如下一些重要的性质。

① 一个除环没有零因子。

因为：$a\neq 0, ab=0\Rightarrow a^{-1}ab=b=0$。

② 一个除环 R 的全体不等于零的元素，对于乘法运算·来说组成一个群$(R^*,\cdot)$。

因为：由于除环没有零因子，故 R^* 对于乘法来说是闭的；由环的定义，乘法适合结合律；R^* 有单位元；由除环的定义，R^* 的每一个元有一个逆元。

此时，$(R^*,\cdot)$称为除环 R 的乘群。

这样，一个除环是由加群和乘群两个群共同构成的；分配律好像是一座桥，使得这两个群中的元素在运算上有着一种联系。

推论 3.3 域没有零因子，因此，一个域是一个整环。

在一个除环 R 里，方程 $ax=b$ 和 $ya=b(a,b\in R, a\neq 0)$ 各有一个唯一的解，就是 $a^{-1}b$ 和 ba^{-1}。

在普通数的计算里，我们把以上两个方程的相等的解用$\frac{b}{a}$来表示，并且说，$\frac{b}{a}$是用 a 除 b 所得的结果。因此，在除环的计算里，我们说，$a^{-1}b$ 是用 a 从左边去除 b，ba^{-1}是用 a 从右边去除 b 的结果。这样，在一个除环里，只要元素 $a\neq 0$，我们就可以用 a 从左除或从右除一个任意元 b。这就是除环这个名字的来源。我们有区分从左除和从右除的必要，因为在一个除环里，$a^{-1}b$ 未必等于 ba^{-1}。

域具有一些重要的性质。在一个域里，$a^{-1}b=ba^{-1}$。因此我们不妨把这两个相等的元也用$\frac{b}{a}$来表示。这时我们就可以得到普通计算法：

① $\frac{a}{b}=\frac{c}{d}$，当且仅当 $ad=bc$；

② $\frac{a}{b}+\frac{c}{d}=\frac{ad+bc}{bd}$；

③ $\frac{a}{b}\frac{c}{d}=\frac{ac}{bd}$。

我们只证明①：

$\frac{a}{b}=\frac{c}{d}\Rightarrow bd\,\frac{a}{b}=bd\,\frac{c}{d}\Rightarrow ad=bc$，反之，因为消去律在一个域内成立（域无零因子），则有 $\frac{a}{b}\neq\frac{c}{d}\Rightarrow bd\,\frac{a}{b}\neq bd\,\frac{c}{d}\Rightarrow ad\neq bc$。

其余两个式子的证明，只需在等式两边乘以 bd 即可。

利用结论“满足左、右消去律的有限半群是群”可知：

定理 3.5 一个至少含有两个元素的无零因子的有限环是除环。

推论 3.4 有限整环是除环。

例 3.3 设集合 $Q(\sqrt{2})=\{a+b\sqrt{2}\mid a,b\in Q\}$。证明：$(Q(\sqrt{2}),+,\cdot)$是域。

证明： 易知，$(Q(\sqrt{2}),+,\cdot)$是交换环，单位元是 1。

若非零元 $a+b\sqrt{2}\in Q(\sqrt{2})$，其中 a,b 中至少有 1 个不是 0，则 $a+b\sqrt{2}$的逆元为$\frac{1}{a+b\sqrt{2}}=$

$\frac{a-b\sqrt{2}}{(a+b\sqrt{2})(a-b\sqrt{2})}=\frac{a}{a^2-2b^2}-\frac{b\sqrt{2}}{a^2-2b^2}\in Q(\sqrt{2})$。因此，$(Q(\sqrt{2}),+,\cdot)$是域。

定理 3.6 一个有限整环是一个域。

证明：设$(R,+,\cdot)$是一个有限整环，则$(R,+,\cdot)$没有零因子，半群$(R^*,\cdot)$满足消去律。由前述定理，$(R^*,\cdot)$是一个群。因此，$(R,+,\cdot)$是一个有限域。

例 3.4 证明$(Z_p,+,\cdot)$是一个域，当且仅当p是素数。

证明：充分性。设p是素数，由前面的知识，知$(Z_p,+,\cdot)$是一个交换环。

以下证明$(Z_p,+,\cdot)$没有零因子。

假设，$[a]$是$(Z_p,+,\cdot)$的一个零因子，则存在$[b]\neq[0]$，满足$[a][b]=[0]$。由于$[b]\neq[0]$，则p不能够整除b。又$[a][b]=[0]$，则$p|ab$。因此$p|a$，即$[a]=[0]$。这与"$[a]$是$(Z_p,+,\cdot)$的一个零因子"的假设相矛盾。因此，$(Z_p,+,\cdot)$没有零因子，$(Z_p,+,\cdot)$中元素个数为p。由上述定理，$(Z_p,+,\cdot)$是一个域。

必要性。设p不是素数，不妨设$p=ab$，这里p不为a,b的因子，即$[p]=[a][b]=[0]$，但$[a]\neq[0]$，$[b]\neq[0]$，这说明$(Z_p,+,\cdot)$中有零因子，与$(Z_p,+,\cdot)$是一个域矛盾。

我们现在介绍一个非交换除环的例子。

例 3.5 R表示所有复数对(α,β)的集合，即$R=\{(\alpha,\beta)\,|\,\alpha,\beta\in C\}$。这里约定：$(\alpha_1,\beta_1)=(\alpha_2,\beta_2)$，当且仅当$\alpha_1=\alpha_2$，$\beta_1=\beta_2$。规定$R$的加法和乘法：$(\alpha_1,\beta_1)+(\alpha_2,\beta_2)=(\alpha_1+\alpha_2,\beta_1+\beta_2)$；$(\alpha_1,\beta_1)(\alpha_2,\beta_2)=(\alpha_1\alpha_2-\beta_1\bar{\beta}_2,\alpha_1\beta_2+\beta_1\bar{\alpha}_2)$。这里$\bar{\alpha}$表示的是$\alpha$的共轭复数，即$\alpha=a_1+a_2\mathrm{i}$，$\bar{\alpha}=a_1-a_2\mathrm{i}$（$a_1,a_2$是实数）。问$(R,+,\cdot)$是否为一个除环，是否为一个域？

解：对于加法来说，R显然构成一个加群。

可以验证，乘法适合结合律，并且两个分配律都成立。因此R构成一个环。

$(R,+,\cdot)$有一个单位元，就是$(1,0)$。我们看R的一个元$(\alpha,\beta)=(a_1+a_2\mathrm{i},b_1+b_2\mathrm{i})$，$a_1$，$a_2,b_1,b_2$是实数。这里，$\alpha=a_1+\mathrm{i}a_2$，$\beta=b_1+\mathrm{i}b_2$。由于$(\alpha,\beta)(\bar{\alpha},-\beta)=(\bar{\alpha},-\beta)(\alpha,\beta)=(\alpha\bar{\alpha}+\beta\bar{\beta},0)$，而$\alpha\bar{\alpha}+\beta\bar{\beta}=a_1^2+a_2^2+b_1^2+b_2^2\neq0$，除非$\alpha=\beta=0$，所以只要$(\alpha,\beta)$不是$R$的零元$(0,0)$，它就有一个逆元$\left(\frac{\bar{\alpha}}{\alpha\bar{\alpha}+\beta\bar{\beta}},\frac{-\beta}{\alpha\bar{\alpha}+\beta\bar{\beta}}\right)$。因此，$(R,+,\cdot)$是一个除环。

$(R,+,\cdot)$不是交换环。我们算一个例子：$(\mathrm{i},0)(0,1)=(0,1)$，$(0,1)(\mathrm{i},0)=(0,-\mathrm{i})$，即$(\mathrm{i},0)(0,1)\neq(0,1)(\mathrm{i},0)$。

在环的定义中，没有提到以下因素：乘法交换律、乘法单位元、乘法逆元、零因子。通过以上的学习，我们知道，如果一个非平凡环满足上述因素中的几个，就可以构成一些特殊的环。其之间的关系如图 3.3 所示。需要注意的是，在目前的教材体系中，整环的定义并没有完全统一。

在本节中，我们学习了环的一些知识。环$(R,+,\cdot)$要求$(R,+)$构成加群（加群要求是交换群），$(R,\cdot)$构成半群，并且运算满足两个分配律。在一个有单位元的交换环中，二项式定理成立。同时，我们还学习了无零因子环、整环、除环、域的概念。一个除环是由两个群（加群和乘群）共同构成的；分配律好像是一座桥，使得这两个群中的元素在运算上有着一种联系。我们还学习了一个非交换除环的例子，这个例子表明，存在着这样的代数系统，它是除环，但不是域。

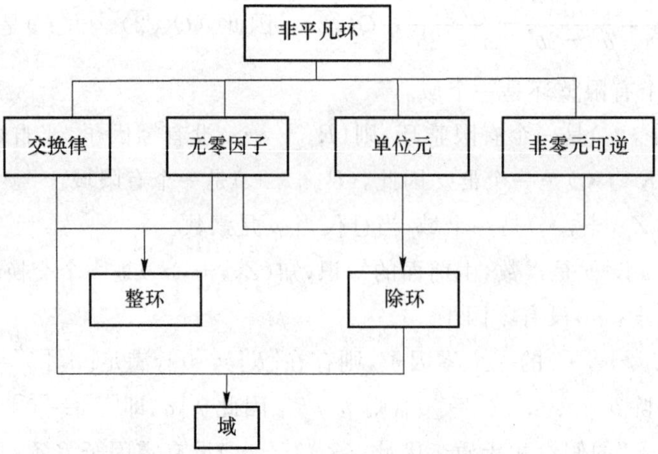

图 3.3 几种特殊环之间的关系

3.2 子环和环的同态

在前面一节中,我们学习了一些不同类型的环的定义,并且讨论了一下在环里的计算。现在要谈一谈环的子集以及同态映射,这些概念对于研究环来说是很重要的。

3.2.1 子环的概念

定义 3.8 一个环 R 的一个子集 S 称为 R 的一个子环,假如 S 本身对于 R 的代数运算来说构成一个环,则称 S 是 R 的一个子环,也称 R 是 S 的一个扩环,记做 $S\leqslant R$。

设 $S\leqslant R$ 且 $S\neq R$,则称 S 是 R 的一个真子环。

一个除环 R 的一个子集 S 称为 R 的一个子除环,假如 S 本身对于 R 的代数运算来说构成一个除环。

同样,我们可以规定子整环、子域的概念。

一个环的非空子集 S 构成一个子环的充要条件是:$a,b\in S\Rightarrow a-b\in S,ab\in S$。

一个除环的一个子集 S 构成一个子除环的充要条件是:

① S 包含一个不等于零的元;

② $a,b\in S\Rightarrow a-b\in S$;

③ $a,b\in S,\ b\neq 0,ab^{-1}\in S$。

例如,对环 R,易知零环 $\{0\}$ 和 R 必是 R 的子环,称之为 R 的平凡子环。

例如,对于数的普通加法+与乘法·运算,偶数环 $2Z$ 是整数环 Z 的子环。

例如,Z_6 为模 6 剩余类环,单位元为[1],$S=\{[0],[2],[4]\}$是 Z_6 的子环(亦为域,单位元为[4],$[2]^{-1}=[2]$)。该例表明:子环的单位元未必是扩环的单位元。

例 3.6 证明 $Q(\sqrt{2})=\{a+b\sqrt{2}\mid a,b\in Q\}$是$(R,+,\cdot)$的一个子环。

证明: 易知集合 $Q(\sqrt{2})=\{a+b\sqrt{2}\mid a,b\in Q\}$是一个非空集合。$\forall a_1+b_1\sqrt{2},a_2+b_2\sqrt{2}\in Q(\sqrt{2})$,$(a_1+b_1\sqrt{2})-(a_2+b_2\sqrt{2})=(a_1-a_2)+(b_1-b_2)\sqrt{2}\in Q(\sqrt{2})$,$(a_1+b_1\sqrt{2})(a_2+b_2\sqrt{2})=$

$(a_1a_2+2b_1b_2)+(a_1b_2+a_2b_1)\sqrt{2}\in Q(\sqrt{2})$。因此，$(Q(\sqrt{2}),+,\cdot)$是$(R,+,\cdot)$的一个子环。

例 3.7　求模 12 的剩余类环 Z_{12}的所有子环。

解：由于 Z_{12}的加法群是一个循环群，故剩余类环 Z_{12}的子环关于加法是$(Z_{12},+)$的子循环群，共有 6 个：$S_1=([1])=R$；$S_2=([2])=\{[0],[2],[4],[6],[8],[10]\}$；$S_3=([3])=\{[0],[3],[6],[9]\}$；$S_4=([4])=\{[0],[4],[8]\}$；$S_5=([6])=\{[0],[6]\}$；$S_6=([0])=\{[0]\}=0$。经检验，它们都是 Z_{12}的子环，从而 Z_{12}有上面的 6 个子环。

附注：设 $S\leqslant R$，有下面一些事实。

(1) 在交换性上

① 若 R 是交换环，则 S 也是交换环。

② 若 S 是交换环，则 R 未必是交换环。

(2) 在有无零因子上

① 若 R 无零因子，则 S 也无零因子。

② 若 S 无零因子，则 R 未必无零因子。

(3) 在有无单位元上

① 若 R 有单位元，则 S 未必有单位元。

② 若 S 有单位元，则 R 未必有单位元。

3.2.2　环的同态

定义 3.9　环$(R,+,\cdot)$到环$(S,\vee,\wedge)$的映射为 f，如果保持运算$\forall a,b\in R$. $f(a+b)=f(a)\vee f(b)$，$f(a\cdot b)=f(a)\wedge f(b)$，则称 f 是 $R\rightarrow S$ 的环同态映射。

如果 f 是满射(单射、双射)，称 f 为 $R\rightarrow S$ 满同态(单一同态、同构)。如果环 R 到 S 存在同构映射，称 R 与 S 同构，记 $R\cong S$。

设 f 是$(R,+,\cdot)$到$(S,\vee,\wedge)$的环同态，那么 f 是$(R,+)$到$(S,\vee)$的群同态。则在该映射之下，零元(负元)的像必是像的零元(负元)，即 $f(0_R)=0_S$，$f(-a)=-f(a)$，$\forall a\in R$。

定理 3.7　假定 R 和 $\overline{R}$ 是两个环，并且 R 与 $\overline{R}$ 同态。那么，R 的零元的像是 $\overline{R}$ 的零元，R 的元 a 的负元像是 a 的像的负元。并且假如 R 是交换环，那么 $\overline{R}$ 也是交换环；假如 R 有单位元 1，那么 $\overline{R}$ 也有单位元 $\overline{1}$，而且 $\overline{1}$ 是 1 的像。

设 f 为 $R\rightarrow S$ 的满同态，则环 R 与 S 在很多性质上有一定的联系，但并不完全一致。例如有如下几条。

(1) 在交换性上

① 若 R 是交换环，则 S 也是交换环。

② 若 S 是交换环，则 R 未必是交换环。

(2) 在有无零因子上

① 若 R 无零因子，则 S 未必无零因子。

② 若 S 无零因子，则 R 未必无零因子。

(3) 在有无单位元上

① 若 R 有单位元 1，则 S 有单位元 $f(1)$。

② 若 S 有单位元，则 R 未必有单位元。

下面举例说明，一个环有没有零因子这个性质经过了一个同态满射是不一定能够保持的。例如，设 $\varphi:Z\rightarrow Z_6$ 是环同态满射，其中 $\varphi(n)=[n]$，如 $\varphi(2)=[2]$。显然 Z 是整环，Z 中没有零因子。但在 Z_6 中,[2]和[3],[4]都是零因子。

这说明非零因子的像可能会是零因子。

例如,设 $R=\{(a,b)\mid \forall a,b\in Z\}$,在 R 中定义运算:$(a_1,b_1)+(a_2,b_2)=(a_1+a_2,b_1+b_2)$;$(a_1,b_1)(a_2,b_2)=(a_1a_2,b_1b_2)$。可验证 R 是环。构造一个映射 $\varphi:R\to Z$,$\varphi(a,b)=a$。可验证 φ 是环满同态。由于(0,0)是 R 中的零元,当 $a\neq 0$ 且 $b\neq 0$ 时,有 $(a,0)(0,b)=(0,0)$。这说明 R 中有零因子,而 Z 中没有零因子,即零因子的像可能不是零因子。

如果两个环 R 与 $\overline{R}$ 之间有一个同构映射存在,那么,这两个环的代数性质没有什么区别,即有如下定理。

定理 3.8 假定 R 同 $\overline{R}$ 是两个环,并且 $R\cong\overline{R}$。那么,若 R 是整环,$\overline{R}$ 也是整环;若 R 是除环,$\overline{R}$ 也是除环;若 R 是域,$\overline{R}$ 也是域。

在本节中,我们学习了子环与环的同态相关知识。一个环 R 的一个子集 S 称为 R 的一个子环,假如 S 本身对于 R 的代数运算来说构成一个环,记作 $S\leqslant R$。类似的定义可以推广至子整环、子除环、子域。一个环的非空子集 S 构成一个子环的充要条件是:$a,b\in S\Rightarrow a-b\in S$,$ab\in S$。环$(R,+,\cdot)$到环$(S,\vee,\wedge)$的映射为 f,如果分别保持两个运算,则称 f 是 $R\to S$ 的环同态映射。设 f 为 $R\to S$ 的满同态,则环 R 与 S 在很多性质上有一定的联系,但是,交换性、零因子、单位元等性质并不完全一致。

3.3 环的直积、矩阵环、多项式环、序列环

在一个或几个环的基础上,可以构造一个新的环。在本节中,我们将学习环的直积、矩阵环、多项式环、序列环的知识。这些环都是在一些已知环的基础上构造出来的新环。

3.3.1 环的直积与矩阵环

我们首先学习两个环的直积的概念。

定义 3.10 环$(R,+,\cdot)$与环$(S,\vee,\wedge)$的直积记为$(R\times S,\circ,*)$,运算$\circ$,$*$的规定如下:

$(r_1,s_1)\circ(r_2,s_2)=(r_1+r_2,s_1\vee s_2)$;

$(r_1,s_1)*(r_2,s_2)=(r_1\cdot r_2,s_1\wedge s_2)$。

以下结论表明,代数系统$(R\times S,\circ,*)$构成一个环。

定理 3.9 环$(R,+,\cdot)$与环$(S,\vee,\wedge)$的直积,按照上述定义的运算,$(R\times S,\circ,*)$也是环。

证明: 因为$(R,+,\cdot)$与$(S,\vee,\wedge)$是两个环,可以证明环$(R,+,\cdot)$与环$(S,\vee,\wedge)$的直积也满足环的条件。其零元为$(0_R,0_S)$。这里,0_R,0_S 分别为环$(R,+,\cdot)$与环$(S,\vee,\wedge)$的零元。

例 3.8 设 X 是一个元素的集合,X 的幂集记作 $P(X)$。写出环$(P(X),\oplus,\cap)$与环$(Z_3,+,\cdot)$的直积的加法与乘法运算表。这里,$\oplus$表示集合的对称差,即 $A\oplus B=(A\cup B)-(A\cap B)$。

解: $P(X)=\{\phi,X\}$,$Z_3=\{0,1,2\}$,则 $P(X)\times Z_3=\{(\phi,0),(\phi,1),(\phi,2),(X,0),(X,1),$

$(X,2)\}$。关于 $P(X)\times Z_3$ 的加法∘与乘法 $*$ 运算表分别如图 3.4 和图 3.5 所示。

∘	$(\phi,0)$	$(\phi,1)$	$(\phi,2)$	$(X,0)$	$(X,1)$	$(X,2)$
$(\phi,0)$	$(\phi,0)$	$(\phi,1)$	$(\phi,2)$	$(X,0)$	$(X,1)$	$(X,2)$
$(\phi,1)$	$(\phi,1)$	$(\phi,2)$	$(\phi,0)$	$(X,1)$	$(X,2)$	$(X,0)$
$(\phi,2)$	$(\phi,2)$	$(\phi,0)$	$(\phi,1)$	$(X,2)$	$(X,0)$	$(X,1)$
$(X,0)$	$(X,0)$	$(X,1)$	$(X,2)$	$(\phi,0)$	$(\phi,1)$	$(\phi,2)$
$(X,1)$	$(X,1)$	$(X,2)$	$(X,0)$	$(\phi,1)$	$(\phi,2)$	$(\phi,0)$
$(X,2)$	$(X,2)$	$(X,0)$	$(X,1)$	$(\phi,2)$	$(\phi,0)$	$(\phi,1)$

图 3.4 $P(X)\times Z_3$ 加法∘运算表

$*$	$(\phi,0)$	$(\phi,1)$	$(\phi,2)$	$(X,0)$	$(X,1)$	$(X,2)$
$(\phi,0)$	$(\phi,0)$	$(\phi,0)$	$(\phi,0)$	$(\phi,0)$	$(\phi,0)$	$(\phi,0)$
$(\phi,1)$	$(\phi,0)$	$(\phi,1)$	$(\phi,2)$	$(\phi,0)$	$(\phi,1)$	$(\phi,2)$
$(\phi,2)$	$(\phi,0)$	$(\phi,2)$	$(\phi,1)$	$(\phi,0)$	$(\phi,2)$	$(\phi,1)$
$(X,0)$	$(\phi,0)$	$(\phi,0)$	$(\phi,0)$	$(X,0)$	$(X,0)$	$(X,0)$
$(X,1)$	$(\phi,0)$	$(\phi,1)$	$(\phi,2)$	$(X,0)$	$(X,1)$	$(X,2)$
$(X,2)$	$(\phi,0)$	$(\phi,2)$	$(\phi,1)$	$(X,0)$	$(X,2)$	$(X,1)$

图 3.5 $P(X)\times Z_3$ 的乘法 $*$ 运算表

定理 3.10 设 R 是有单位元的交换环，则元素属于 R 的 n 阶矩阵集合 $M(n\times n;R)$，关于矩阵加法＋、矩阵乘法·，构成有单位元的环 $(M(n\times n;R),+,\cdot)$。

证明： 可以证明 $(M(n\times n;R),+,\cdot)$ 满足环的相关定义。其单位元为 n 阶单位矩阵。

定义 3.11 设 R 是具有单位元的交换环，环 $(M(n\times n;R),+,\cdot)$ 称为 R 上的 n 阶矩阵环。

如环 $(M(n\times n;Z),+,\cdot)$ 是整数环上的 n 阶矩阵环。

3.3.2 多项式环与序列环

假定 R_0 是一个有单位的交换环，R 是 R_0 的子环，并且包含 R_0 的单位元。我们在 R_0 里取出一个元 α 来，那么，表达式 $a_0\alpha^0+a_1\alpha^1+\cdots+a_n\alpha^n=a_0+a_1\alpha+\cdots+a_n\alpha^n\ (a_i\in R)$ 有意义。该表达式的结果是 R_0 的一个元。

值得注意的是，可能存在不全为零的元素 $a_0,a_1,\cdots,a_m\in R$，使得 $a_0+a_1\alpha+\cdots+a_m\alpha^m=0$。例如，$\mathrm{i}\in C$，但 $1+1\mathrm{i}^2=0$。又如，若 $\alpha\in R$，则 $1\alpha+(-1)\alpha=0$。于是有下面的概念。

定义 3.12 设 $x\in R_0$，若不存在不全为零的元素 $a_0,a_1,\cdots,a_m\in R$，使得 $a_0+a_1x+\cdots+a_mx^m=0$，$\forall m\in Z$，则称 x 是环 R 上的一个未定元，称 R 上关于 x 的多项式是 R 上的一元多项式。

自然会问：环 R 上的未定元是否存在？

一般而言，对于给定的环 R_0，R_0 中未必含有环 R 上的未定元。例如，环 $Z[\mathrm{i}]$ 中就不含有 Z 上的未定元。但是有：

定理 3.11 假设 R 是一个有单位元的交换环，则一定存在环 R 上的未定元 x，因此 R 上

的一元多项式环 $R[x]$ 是存在的。

定义 3.13 一个可以写成 $a_0+a_1\alpha+\cdots+a_n\alpha^n$ 形式的 R_0 的元称为 R 上的 α 的一个多项式，a_i 称为多项式的系数。($a_i\in R$，n 是大于等于 0 的整数。)

现在，我们把所有 R 上的 α 的多项式放在一起，组成一个集合，这个集合我们用 $R[\alpha]$ 来表示。

这里，当 $m<n$ 时，$a_0+\cdots+a_m\alpha^m=a_0+\cdots+a_m\alpha^m+0\alpha^{m+1}+\cdots+0\alpha^n$。所以，当我们考虑 $R[\alpha]$ 中的多项式的时候，可以假定这些多项式的项数都是一样的。此时，$R[\alpha]$ 的两个元相加和相乘适合以下公式

$$(a_0+\cdots+a_n\alpha^n)+(b_0+\cdots+b_n\alpha^n)=(a_0+b_0)+\cdots+(a_n+b_n)\alpha^n$$

$$(a_0+\cdots+a_n\alpha^n)(b_0+\cdots+b_n\alpha^n)=c_0+\cdots+c_{m+n}\alpha^{m+n}$$

这里，$c_k=a_0b_k+a_1b_{k-1}+\cdots+a_kb_0=\sum\limits_{i+j=k}a_ib_j$。

这两个式子告诉我们，$R[\alpha]$ 对于加法和乘法来说都是封闭的。

由于 $-(a_0+\cdots+a_n\alpha^n)=-a_0-\cdots-a_n\alpha^n\in R[\alpha]$，所以 $R[\alpha]$ 是一个环。$R[\alpha]$ 显然是包括 R 和 α 的最小子环。

在讨论多项式环 $(R[x],+,\cdot)$ 时，一般地，R 均为有单位元的交换环。

定理 3.12 设 R 是有单位元的交换环，记 $R[x]=\{a_0+a_1x+\cdots+a_nx^n\mid a_0,\cdots,a_n\in R,$ n 为非负整数$\}$，则 $(R[x],+,\cdot)$ 构成有单位元的交换环，称之为 R 上的多项式环。

运算规则为：对于任意的 R 上多项式 $f(x)=\sum\limits_{i=0}^{m}a_ix^i$，$g(x)=\sum\limits_{j=0}^{n}b_jx^j$，$f(x)+g(x)=\sum\limits_{i=0}^{\max(m,n)}(a_i+b_i)x^i$，$f(x)\cdot g(x)=\sum\limits_{k=0}^{m+n}(\sum\limits_{i+j=k}a_ib_j)x^k$。

证明： 可知 $f(x)+g(x)$，$-f(x)$，$f(x)\cdot g(x)\in R[x]$，零元为零多项式 0，单位元为多项式 1。

定义 3.14 设 R 是具有单位元的交换环，称 $(R[x],+,\cdot)$ 为 R 上的多项式环。

上述结果可以推广到多个情形，即有：

定理 3.13 假设 R 是一个有单位元的交换环，n 为任意正整数，则一定存在环 R 上的 n 个无关的未定元 $x_1,\cdots,x_n$，因此 R 上的多元多项式环 $R[x_1,\cdots,x_n]$ 是存在的。其中，无关的意思是指：$\sum\limits_{i_1\cdots i_n}a_{i_1\cdots i_n}x_1^{i_1}\cdots x_n^{i_n}=0\Leftrightarrow a_{i_1\cdots i_n}=0,\forall a_{i_1\cdots i_n}\in R$。

例如，在 $(Z_5[x],+,\cdot)$ 中，$f(x)=2x^3+2x^2+3$，$g(x)=3x^2+4x+4\in Z_5[\boldsymbol{x}]$，则有 $f(x)+g(x)=2x^3+4x+2$，$f(x)\cdot g(x)=x^5+4x^4+x^3+2x^2+2x+2$。

推论 3.5 设 R 是具有单位元的交换环，规定映射 $f:R\to R[x]$ 为 $f(r)=r+0x+0x^2+\cdots+0x^n=r,\forall r\in R$，则 f 是 $R\to R[x]$ 的一个单一同态。这样，环 R 可以看成是环 $R[x]$ 的一个子环。

例 3.9 $Z[x]$ 表示整数环 Z 上的多项式环，$Z[\mathrm{i}]$ 是高斯整环，即 $Z[\mathrm{i}]=\{a+b\mathrm{i}\mid a,b\in Z\}$。证明从 $Z[\mathrm{i}]$ 到 $Z[x]$ 的同态映射只有零同态。

证明： 设 f 是环 $Z[\mathrm{i}]$ 到环 $Z[x]$ 的任一同态映射，则有 $f(0)=0$。

思路：对映射 $f(1)$ 的值是否为 0 做讨论。

① 如果 $f(1)=0$，则 $\forall a+b\mathrm{i}\in Z[\mathrm{i}]$，有 $f(a+b\mathrm{i})=f[(a+b\mathrm{i})\cdot 1]=f(a+b\mathrm{i})f(1)=0$，则 f 为环 $Z[\mathrm{i}]$ 到环 $Z[x]$ 的零同态。

② 如果 $f(1)=h(x)\in Z[x]$，且 $h(x)\neq 0$，则 $f(1)=f(1\cdot 1)=f(1)f(1)=[f(1)]^2=[h(x)]^2$，即 $h(x)=[h(x)]^2$。由于环 $Z[x]$ 没有零因子，因此，$h(x)=1$，即 $f(1)=1$，则有 $0=f(0)=f(1-1)=f(1+\mathrm{i}^2)=f(1)+f(\mathrm{i}^2)=1+[f(\mathrm{i})]^2$，即 $[f(\mathrm{i})]^2=-1$。这说明 $f(\mathrm{i})\notin Z[x]$，即 $\mathrm{i}\in Z[\mathrm{i}]$ 在 $Z[x]$ 中没有像。这与 f 是环 $Z[\mathrm{i}]$ 到环 $Z[x]$ 的同态映射矛盾。因此，只有 $f(1)=0$，即从 $Z[\mathrm{i}]$ 到 $Z[x]$ 的同态映射只有零同态。

定理 3.14 设 R 是具有单位元的整环，则 $R[x]$ 也是具有单位元的整环。

证明：因为 R 是具有单位元的交换环，由上述定理，$R[x]$ 也是具有单位元的交换环。

要证 $R[x]$ 是整环，只要证明环 $R[x]$ 没有零因子。设 $f(x),g(x)\in R[x]$，且 $f(x)\neq 0$，$g(x)\neq 0$。令 $f(x)=\sum\limits_{i=0}^{n}a_ix^i,a_n\neq 0$；$g(x)=\sum\limits_{j=0}^{m}b_jx^j,b_m\neq 0$。则 $f(x)\cdot g(x)=\sum\limits_{k=0}^{m+n}(\sum\limits_{i+j=k}a_ib_j)x^k$，由于 R 为整环，故环 R 中没有零因子。又 $a_n\neq 0,b_m\neq 0$，则 $a_nb_m\neq 0$，故 $f(x)\cdot g(x)\neq 0$。因此 $R[x]$ 是整环。

定理 3.15 设 R 是有单位元的交换环，记 $R^N=\{\langle a_0,a_1,a_2,\cdots\rangle \mid a_0,a_1,\cdots\in R,n$ 为非负整数$\}$，且用记号 $\langle a_i\rangle$ 表示无穷序列 $\langle a_0,a_1,a_2,\cdots\rangle$。则 R^N 关于以下定义的加法 $+$ 和卷积 $*$ 构成具有单位元的交换环 $(R^N,+,*)$，称环 $(R^N,+,*)$ 为 R 上的序列环。

通项的运算规则为

$$\langle a_0,a_1,a_2,\cdots\rangle+\langle b_0,b_1,b_2,\cdots\rangle=\langle a_0+b_0,a_1+b_1,a_2+b_2,\cdots\rangle\langle a_0,a_1,a_2,\cdots\rangle*\langle b_0,b_1,b_2,\cdots\rangle$$
$$=\langle a_0b_0,a_0b_1+a_1b_0,a_0b_2+a_1b_1+a_2b_0,a_0b_3+a_1b_2+a_2b_1+a_3b_0,\cdots\rangle$$

或写成

$$\langle a_i\rangle+\langle b_i\rangle=\langle a_i+b_i\rangle,\ \langle a_i\rangle*\langle b_i\rangle=\langle\sum_{j+k=i}a_jb_k\rangle=\langle\sum_{t=0}^{i}a_tb_{i-t}\rangle$$

更进一步，如果 R 是具有单位元的整环，则 $(R^N,+,*)$ 也是具有单位元的整环。

证明：R^N 中关于规定的加法满足结合律与交换律，零元是零序列 $\langle 0\rangle=\langle 0,0,0,\cdots\rangle$。元素 $\langle a_i\rangle$ 的负元是 $\langle -a_i\rangle$。因此，$(R^N,+)$ 构成群。

易知，卷积满足交换律。又 $(\langle a_i\rangle*\langle b_i\rangle)*\langle c_i\rangle=\langle\sum\limits_{j+k=i}a_jb_k\rangle*\langle c_i\rangle=\langle\sum\limits_{l+m=i}(\sum\limits_{j+k=m}a_jb_k)c_l\rangle=\langle\sum\limits_{j+k+l=i}a_jb_kc_l\rangle$，同理可证 $\langle a_i\rangle*(\langle b_i\rangle*\langle c_i\rangle)=\langle\sum\limits_{j+k+l=i}a_jb_kc_l\rangle$，即卷积满足结合律。又 $\langle a_i\rangle*(\langle b_i\rangle+\langle c_i\rangle)=\langle\sum\limits_{j+k=i}a_j(b_k+c_k)\rangle=\langle\sum\limits_{j+k=i}a_jb_k\rangle+\langle\sum\limits_{j+k=i}a_jc_k\rangle=\langle a_i\rangle*\langle b_i\rangle+\langle a_i\rangle*\langle c_i\rangle$，即卷积满足分配律。

单位元为 $\langle 1,0,0,\cdots\rangle$。因为

$\langle 1,0,0,\cdots\rangle*\langle a_0,a_1,a_2,\cdots\rangle=\langle 1a_0,1a_1+0a_0,1a_2+0a_1+0a_2,\cdots\rangle=\langle a_0,a_1,a_2,\cdots\rangle$

因此，$(R^N,+,*)$ 是具有单位元的交换环。

如果 R 是具有单位元的整环，设非零序列 $\langle a_i\rangle$ 与 $\langle b_i\rangle$ 中，a_s 与 b_r 分别是这两个序列中的第一个非零元，则 $\langle a_i\rangle*\langle b_i\rangle$ 的第 $s+r$ 位置是

$$\sum_{j+k=s+r}a_jb_k=a_0b_{s+r}+a_1b_{s+r-1}+\cdots+a_sb_r+a_{s+1}b_{r-1}+\cdots+a_{s+r}b_0$$
$$=0+0+\cdots+a_sb_r+0+\cdots+0=a_sb_r$$

由于 R 是整环，R 中没有零因子，则 $a_sb_r\neq 0$。因此，$(R^N,+,*)$ 也没有零因子，即 $(R^N,+,*)$ 是具有单位元的整环。

注意：R 上的序列环不是域。因为元素 $\langle 0,1,0,0,\cdots\rangle$ 没有逆元素。对于任意序列 $\langle b_i\rangle=\langle b_0,b_1,b_2,\cdots\rangle$，$\langle 0,1,0,0,\cdots\rangle*\langle b_0,b_1,b_2,\cdots\rangle=\langle 0,b_0,b_1,b_2,\cdots\rangle$。其结果不是环的单位元。

定理 3.16 设 R 是有单位元的交换环，$\langle a_0,a_1,a_2,\cdots\rangle\in R^N$，则 $\langle a_0,a_1,a_2,\cdots\rangle$ 在 R^N 中有逆元素当且仅当 a_0 在 R 中有逆元素。

证明： 必要性。

若 $\langle a_0,a_1,a_2,\cdots\rangle$ 在 R^N 中有逆元素，则存在 $\langle b_0,b_1,b_2,\cdots\rangle\in R^N$，满足 $\langle a_0,a_1,a_2,\cdots\rangle*\langle b_0,b_1,b_2,\cdots\rangle=\langle 1,0,0,\cdots\rangle$。此时，$\langle 1,0,0,\cdots\rangle$ 是 R^N 中的单位元，1 是 R 中的单位元，则 $a_0b_0=b_0a_0=1$，即 a_0 在 R 中有逆元 b_0，$\langle a_0,a_1,a_2,\cdots\rangle*\langle b_0,b_1,b_2,\cdots\rangle=\langle 1,0,0,\cdots\rangle$。

再证充分性。

假设 a_0 在 R 中有逆元素。若存在 $\langle b_0,b_1,b_2,\cdots\rangle\in R^N$，满足 $\langle a_0,a_1,a_2,\cdots\rangle*\langle b_0,b_1,b_2,\cdots\rangle=\langle 1,0,0,\cdots\rangle$，其中 $\langle b_0,b_1,b_2,\cdots\rangle$ 应该满足下列方程组

$$\begin{cases} a_0b_0=1 \\ a_0b_1+a_1b_0=0 \\ a_0b_2+a_1b_1+a_2b_0=0 \\ \vdots \\ a_0b_n+a_1b_{n-1}+\cdots+a_nb_0=0 \\ \vdots \end{cases}$$

若方程组有解，解为 $\langle b_0,b_1,b_2,\cdots\rangle$，则解 $\langle b_0,b_1,b_2,\cdots\rangle\in R^N$ 满足 $\langle a_0,a_1,a_2,\cdots\rangle*\langle b_0,b_1,b_2,\cdots\rangle=\langle 1,0,0,\cdots\rangle$。由于 $a_0{}^{-1}$ 存在，故从方程组中的第一个方程中可以解出 $b_0=a_0{}^{-1}$。再由第二个方程解出 $b_1=a_0{}^{-1}(-a_1b_0)=a_0{}^{-1}(-a_1a_0{}^{-1})$。继续下去，可以求出 $b_n=a_0{}^{-1}(-a_1b_{n-1}-\cdots-a_nb_0)$。即若 a_0 在 R 中有逆元素，则上述方程组有解。从而存在 $\langle b_0,b_1,b_2,\cdots\rangle\in R^N$，使得 $\langle a_0,a_1,a_2,\cdots\rangle*\langle b_0,b_1,b_2,\cdots\rangle=\langle 1,0,0,\cdots\rangle$。又由于 R 是交换环，R^N 也是交换环，故 $\langle a_0,a_1,a_2,\cdots\rangle*\langle b_0,b_1,b_2,\cdots\rangle=\langle b_0,b_1,b_2,\cdots\rangle*\langle a_0,a_1,a_2,\cdots\rangle=\langle 1,0,0,\cdots\rangle$，即 $\langle b_0,b_1,b_2,\cdots\rangle$ 是 $\langle a_0,a_1,a_2,\cdots\rangle$ 在 R^N 中的逆元。

推论 3.6 设 R 是域，则 $\langle a_0,a_1,a_2,\cdots\rangle\in R^N$ 有逆元素当且仅当 $a_0\neq 0$。

证明： 因为域 R 上的非零元素都有逆元素，且可逆元素为非零元。由上述定理知，结论成立。

在本节中，我们学习了一些由已知的环构造新环的方法。利用环 $(R,+,\cdot)$ 与环 $(S,\vee,\wedge)$ 的直积，可以构造直积环。通过引入环 R 上的一个未定元 x，可以构造出 R 上的多项式环。通过引入无穷序列 $\langle a_0,a_1,a_2,\cdots\rangle$ 中的加法 $+$ 和卷积 $*$ 运算，可以构成序列环 $(R^N,+,*)$。

3.4 理想与环同态基本定理

群与环有很多类似的概念与性质。与群中的不变子群概念类似，在环中有理想的概念。类似于群同态定理，在环中，也有环同态定理。在本节中，我们将学习理想与环同态的相关知识。

3.4.1　理想

环中的理想类似于群中的正规子群。我们首先学习理想的概念。

定义 3.15　环 R 的一个非空子集 I 称为一个理想子环，简称理想，假如：

① $a,b\in I\Rightarrow a-b\in I$；

② $a\in I,r\in R\Rightarrow ra,ar\in I$。

由理想的定义可知，理想一定是子环，反之未必。

若 R 是有单位元的环，I 是 R 的理想，则 $I=R\Leftrightarrow 1\in I$。

对于任意环 R，$\{0\}$ 和 R 都是理想，分别称之为零理想和单位理想。

任意多个理想的交集仍为理想，但其并集则未必。

定义 3.16　只有零理想和单位理想的环称为单环。

定理 3.17　除环是单环，即除环 R 只有 $\{0\}$ 和它本身是它的理想。

证明： 思路为只要证明任意一个非零理想都是单位理想。设 I 是除环 R 的非零理想，那么 $\forall 0\neq a\in I$。因为 R 的元素必可逆 $\Rightarrow\exists a^{-1}\in R$。由理想的定义 $\Rightarrow a^{-1}a=1\in I$。于是 $\forall r\in R$，$r=r*1\in I$，由 r 的任意性 $\Rightarrow R\subseteq I$，所以 $R=I$。这表明 R 是单位理想。

推论 3.7　域是单环。

例如，设 Z 是整数环，$\forall n\in Z$，则 n 的所有倍数之集 $A=\{nk\mid k\in Z\}$ 构成 Z 的一个理想。

例如，设 $R[x]$ 为环 R 上的一元多项式环，则所有如下形式的多项式 $a_1x+a_2x^2+\cdots+a_nx^n\,(n\geqslant 1)$ 构成的集合，构成 $R[x]$ 的一个理想。

定理 3.18　设 a 是交换环 R 的元素，则集 $I=\{ar+na\mid r\in R,n\in Z\}$ 是 R 的理想。

证明： 思路为只要验证 $I=\{ar+na\mid r\in R,n\in Z\}$ 满足理想的定义。

$\forall ar_1+n_1a,ar_2+n_2a\in I,r_1,r_2\in R,n_1,n_2\in Z,(ar_1+n_1a)-(ar_2+n_2a)=a(r_1-r_2)+(n_1-n_2)a\in I,\forall t\in R,(ar_1+n_1a)t=ar_1t+n_1at=a(r_1t+n_1t)\in I$，故 I 是 R 的理想。

定义 3.17　设 R 是一个环，T 是 R 的一个非空子集，则称 R 中所有包含 T 的理想的交为由 T 生成的理想，记为 (T)，即 $(T)=\bigcap\limits_{T\subseteq I}I$。这里，$I$ 为 R 中包含 T 的理想。特别地，若 $T=\{a\}$，则简记 (T) 为 (a)，称之为由 a 生成的主理想。

显然，(T) 是 R 中包含 T 的最小的理想。

下面我们来看看 (a) 中元素的形式。

定理 3.19　设 R 是环，$\forall a\in R$，则 $(a)=\{(x_1ay_1+\cdots+x_may_m)+sa+at+na\mid\forall x_i,y_i,s,t\in R,\forall n\in Z,\forall m\in Z\}$。

证明： 利用理想的定义可以直接验证。

推论 3.8　设 R 是环，$\forall a\in R$，则：

① 当 R 是交换环时，$(a)=\{sa+na\mid\forall s\in R,\forall n\in Z\}$；

② 当 R 有单位元时，$(a)=\{x_1ay_1+\cdots+x_may_m\mid\forall x_i,y_i\in R\}$；

③ 当 R 是有单位元的交换环时，$(a)=Ra=\{ra\mid\forall r\in R\}=aR$。

定义 3.18　设 a 是交换环 R 的元素，称理想 $I=\{ar+na\mid r\in R,n\in Z\}$ 为由交换环 R 中元素 a 生成的主理想，记为 (a)，即 $(a)=I=\{ar+na\mid r\in R,n\in Z\}$。

特别地，当 R 是有单位元的交换环时，(a) 是由所有 a 的倍元组成的，即 $(a)=\{ar\mid r\in R\}$。

主理想的概念可以按照如下形式加以推广。

在环 R 里任意取出 m 个元素 $a_1, a_2, \cdots, a_m$，利用这 m 个元素，构造一个集合 A，使 A 包含所有可以写成 $s_1 + s_2 + \cdots + s_m (s_i \in (a_i))$ 形式的 R 的元。

我们说 A 是 R 的一个理想，证明如下。

看 A 的任意两个元 a 和 a'，$a = s_1 + s_2 + \cdots + s_m (s_i \in (a_i))$，$a' = s'_1 + s'_2 + \cdots + s'_m$ $(s'_i \in (a_i))$。由于 $s_i - s'_i \in (a_i)$，$a - a' = (s_1 - s'_1) + (s_2 - s'_2) + \cdots + (s_m - s'_m) \in A$，并且对于 R 的一个任意元 r，由于 $rs_i, s_i r \in (a_i)$，故 $ra = rs_1 + rs_2 + \cdots + rs_m \in A$，$ar = s_1 r + s_2 r + \cdots + s_m r \in A$。易知，$A$ 是包含 $a_1, a_2, \cdots, a_m$ 的最小理想。

定义 3.19 A 称为 $a_1, a_2, \cdots, a_m$ 生成的理想，这个理想我们用符号 $(a_1, a_2, \cdots, a_m)$ 来表示。

推论 3.9 设 R 是环，$T = \{a_1, \cdots, a_n\} \subseteq R$，则 $(T) = \{x_1 + \cdots + x_n \mid x_i \in (a_i), i = 1, \cdots, n\} = (a_1) + \cdots + (a_n)$，此时记 (T) 为 $(a_1, \cdots, a_n)$。

例 3.10 假定 $R[x]$ 是整数环 R 上的一元多项式环。我们考虑 $R[x]$ 的理想 $(2, x)$。

解： 因为 $R[x]$ 是有单位元的交换环，$(2, x)$ 由所有如下形式的元素构成：$2p_1(x) + xp_2(x)$，$p_1(x), p_2(x) \in R[x]$。换一句话说，$(2, x)$ 刚好包含所有多项式

$$2a_0 + a_1 x + \cdots + a_n x^n (a_i \in R, n \geqslant 0) \tag{1}$$

我们证明，$(2, x)$ 不是一个主理想。反证，假定 $(2, x) = (p(x))$，那么 $2 \in (p(x))$，$x \in (p(x))$。因而 $2 = q(x)p(x)$，$x = h(x)p(x)$。又 $2 = q(x)p(x) \Rightarrow p(x) = a$，$x = ah(x) \Rightarrow a = \pm 1$。这样，$\pm 1 = p(x) \in (2, x)$。但它不是 (1) 的形式，这是一个矛盾。

定理 3.20 设 F 是域，$0 \neq a \in F$，则 $F = (a) = \{ar \mid r \in F\}$。

证明： 由域的定义知，F 是有单位元的交换环。由推论 3.7 知，F 是单环。因此，F 只有零理想与单位理想。又 $(a) \neq (0)$，因此，$F = (a) = \{ar \mid r \in F\}$。

例如，设 n 是整数，所有 n 的整数倍的数构成的集合 $nZ = \{nr \mid r \in Z\}$ 是 Z 的主理想。其生成元为 n，即 $(n) = \{nr \mid r \in Z\}$。

例如，有理数集上的多项式 $Q[x]$ 中，包含因子 $x^2 - 3$ 的所有多项式构成的集合 $\{(x^2 - 3)p(x) \mid p(x) \in Q[x]\}$ 是 $Q[x]$ 的主理想。其生成元为 $x^2 - 3$，即 $(x^2 - 3) = \{(x^2 - 3)p(x) \mid p(x) \in Q[x]\}$。

例如，在 $Q[x]$ 中，所有常数项为零的多项式构成的集合是 $Q[x]$ 的主理想，其生成元为 x，即 $(x) = \{xp(x) \mid p(x) \in Q[x]\}$。

3.4.2 环同态基本定理

我们已经说过，理想在环里所占的地位与正规子群在群论里所占的地位类似。以下将要说明这一点。

给了一个环 R 和 R 的一个理想 I，若我们只就加法来看，R 构成一个群，I 构成 R 的一个正规子群。

这样 I 的陪集 $[a]$，$[b]$，$[c]$，$\cdots$ 构成 R 的一个分类。我们现在把这些类称为模 I 的剩余类。这个分类相当于 R 的元间的一个等价关系，这个等价关系我们现在用符号 $a \equiv b(I)$ 来表示（读成 a 同余 b 模 I）。因为上述的群是加群，一个类 $[a]$ 包含所有可以写成 $a + u (u \in I)$ 的形式的元。而两个元同余的条件是：$a \equiv b(I)$，当而且只当 $a - b \in I$ 的时候。我们把所有剩余类所构成的集合称为 $\overline{R}$，并且规定以下两个法则

$$[a] + [b] = [a + b]$$

$$[a][b]=[ab]$$

群 G 的正规子群 H 可把群 G 按(左或右)陪集分类:相同陪集的 g_1,g_2 有 $Hg_1=Hg_2$,即 $g_1\equiv g_2(\mathrm{mod}\,H)\Leftrightarrow g_1g_2^{-1}\in H$,构成商群 $(G/H,*)$,$G/H=\{Hg\mid g\in G\}$,$(Hg_1)*(Hg_2)=(Hg_1g_2)$,若 I 是环 R 的理想,则 $(I,+)$ 是 $(R,+)$ 的正规子群,I 可把 R 的元素分类,$r\in R$ 所在的陪集为 $I+r=\{i+r\mid i\in I\}$,同一陪集的 r_1,r_2,有 $I+r_1=I+r_2$,即 $r_1\equiv r_2(\mathrm{mod}\,I)\Leftrightarrow r_1-r_2\in I$,用理想 I 划分环 R 构成的以陪集为元素的集,记 $R/I=\{I+r\mid r\in R\}$,规定运算 $(I+r_1)+(I+r_2)=I+(r_1+r_2)$,$(I+r_1)*(I+r_2)=I+(r_1\cdot r_2)$。

定理 3.21 若 I 是环 R 的理想,则 $(R/I,+,\cdot)$ 构成环,称为 R 关于 I 的商环,记为 $R/I=\{I+r\mid r\in R\}$。这里的运算为:$(I+r_1)+(I+r_2)=I+(r_1+r_2)$;$(I+r_1)\cdot(I+r_2)=I+(r_1\cdot r_2)$。

证明: 由前述定理,知 $(R/I,+)$ 是群,并且是交换群。

因为此时的乘法是用代表来规定类的乘法运算,所以需要证明:运算的结果与代表的选择无关。

令 $I+s_1=I+r_1$,$I+s_2=I+r_2$,则 $s_1-r_1=i_1\in I$,$s_2-r_2=i_2\in I$,$s_1s_2=(i_1+r_1)(i_2+r_2)=i_1i_2+r_1i_2+i_1r_2+r_1r_2$。由于 I 是理想,所以 $i_1i_2,r_1i_2,i_1r_2\in I$,则 $s_1s_2-r_1r_2\in I$,即 $I+s_1s_2=I+r_1r_2$,设 $r_1,r_2,r_3\in R$,$(I+r_1)\cdot[(I+r_2)\cdot(I+r_3)]=(I+r_1)\cdot(I+r_2r_3)=I+r_1(r_2r_3)=I+(r_1r_2)r_3=(I+r_1r_2)\cdot(I+r_3)=[(I+r_1)\cdot(I+r_2)]\cdot(I+r_3)$,说明乘法满足结合律。又 $(I+r_1)\cdot[(I+r_2)+(I+r_3)]=(I+r_1)\cdot[I+(r_2+r_3)]=I+r_1(r_2+r_3)=I+(r_1r_2+r_1r_3)=(I+r_1r_2)+(I+r_1r_3)=[(I+r_1)\cdot(I+r_2)]+[(I+r_1)\cdot(I+r_3)]$,即左分配律成立。同理可证右分配律成立。因此,$(R/I,+,\cdot)$ 是环。

定义 3.20 设 R 是环,I 是 R 的理想,称 $(R/I,+,\cdot)$ 为 R 关于 I 的商环,或称为 R 关于 I 的剩余类环。

例如,在 $(Z,+,\cdot)$ 中,n 生成的主理想 $(n)=\{nm\mid m\in Z\}=nZ$,则商环 $Z/(n)=\{(n)+r\mid r\in Z\}=\{nm+r\mid r\in Z,m\in Z\}=Z_n$ 是 r 所在的模 n 剩余类。

例 3.11 作出环 Z_6 关于 $(3)=\{0,3\}$ 的商环 $Z_6/(3)$ 的运算表。

解: Z_6 关于 $(3)=\{0,3\}$ 的陪集有 3 个,分别是 $(3)=(3)+0=\{0,3\}$,$(3)+1=\{1,4\}$,$(3)+2=\{2,5\}$,即 $Z_6/(3)=\{(3),(3)+1,(3)+2\}$。

图 3.6 和图 3.7 分别给出了 $Z_6/(3)$ 中的加法与乘法运算。

+	(3)	(3)+1	(3)+2
(3)	(3)	(3)+1	(3)+2
(3)+1	(3)+1	(3)+2	(3)
(3)+2	(3)	(3)	(3)+1

图 3.6 $Z_6/(3)$中的加法运算

·	(3)	(3)+1	(3)+2
(3)	(3)	(3)	(3)
(3)+1	(3)	(3)+1	(3)+2
(3)+2	(3)	(3)+2	(3)+1

图 3.7 $Z_6/(3)$中的乘法运算

例如,商环为 $Z_6/(2)$,$(Z_6,+,\cdot)$ 是有单位元的交换环,记 $[1]=1$,$Z_6=\{0,1,2,3,4,5\}$,

2 生成的主理想 $(2)=\{2m \mid m\in Z_6\}=\{0,2,4\}$，则 $Z_6/(2)=\{(2)+r \mid r\in Z_6\}=\{(2)+0, (2)+1\}$，零元为 (2)，单位元为 $(2)+1$。

在群理论中，我们学习过群同态定理。

定理 3.22 设 f 是 $G\to H$ 的一个群同态映射，则：

① $\mathrm{Ker}\,f=\{g\in G \mid f(g)=e_H\}$ 是 G 的正规子群；

② $\mathrm{Im}\,f$ 是 H 的子群，且商群 $G/\mathrm{Ker}\,f\cong \mathrm{Im}\,f$。

在环理论中，也有一个类似的结论。

定理 3.23 假定 R 同 $\overline{R}$ 是两个环，并且 R 与 $\overline{R}$ 满同态，那么这个同态满射的核 A 是 R 的一个理想，并且 $R/A\cong\overline{R}$。

证明： 我们先证明 A 是 R 的一个理想。假定 $a\in A, b\in A$，由 A 的定义，在给的同态满射 ϕ 之下，$a\to\overline{0}$，$b\to\overline{0}$（$\overline{0}$ 是 $\overline{R}$ 的零元），这样 $a-b\to\overline{0}-\overline{0}=\overline{0}$，$a-b\in A$。假定 r 是 R 的任意元，而且在 ϕ 之下，$r\to\overline{r}$。那么 $ra\to\overline{r}\,\overline{0}=\overline{0}$，$ar\to\overline{0}\,\overline{r}=\overline{0}$，即 $ra\in A, ar\in A$。以上说明 A 是 R 的一个理想。

现在我们证明 $R/A\cong\overline{R}$。规定一个映射 $\varphi:[a]\to\overline{a}=\phi(a)$。我们说，这是一个 R/A 与 $\overline{R}$ 间的同构映射，因为 $[a]=[b]\Rightarrow a-b\in A\Rightarrow\overline{a-b}=\overline{a}-\overline{b}=\overline{0}\Rightarrow\overline{a}=\overline{b}$，即 φ 是一个 R/A 与 $\overline{R}$ 的映射。φ 显然是一个满射。

以下说明 φ 也是一个单射。即证当 $[a]\neq[b]$ 时，有 $\overline{a}\neq\overline{b}$。用反证法。设 $\overline{a}=\overline{b}$，即 $\overline{a}-\overline{b}=\overline{0}$。有 $\overline{a-b}=\overline{a}-\overline{b}=\overline{0}$，即 $a-b\in A$，则 $[a]=[b]$，与已知矛盾。故 φ 是一个 R/A 与 $\overline{R}$ 间的一一映射。由于 $[a]+[b]=[a+b]\to\overline{a+b}=\overline{a}+\overline{b}$，$[a][b]=[ab]\to\overline{ab}=\overline{a}\overline{b}$，$\varphi$ 是同构映射。

定理 3.24（环同态基本定理） 设 f 是 $R\to S$ 的环同态映射，则 $R/\mathrm{Ker}\,f\cong\mathrm{Im}\,f$，当 f 是 $R\to S$ 的满同态时，则 $R/\mathrm{Ker}\,f\cong S$。

以上定理充分地说明了理想与正规子群的平行地位。

例 3.12 证明 $R[x]/(x^2+1)\cong C$，这里，x^2+1 表示 $R[x]$ 中由 x^2+1 生成的主理想，即 $(x^2+1)=\{(x^2+1)g(x) \mid g(x)\in R[x]\}$。

证明： 规定 $\varphi:R[x]\to C$ 为 $\varphi(f(x))=f(i)$，$\mathrm{i}=\sqrt{-1}$，$\forall f(x)\in R[x]$，因为 φ 是映射、满射，保持加、乘运算，即 $\varphi(f+g)=\varphi(f)+\varphi(g)$，$\varphi(f\cdot g)=\varphi(f)\cdot\varphi(g)$，所以 φ 是 $R[x]\to C$ 的满同态。再证 $\mathrm{Ker}\,\varphi=(x^2+1)$，$\forall f(x)\in\mathrm{Ker}\,\varphi$，$\varphi(f(x))=f(i)=0$，可知 i 是多项式 $f(x)$ 的根，从而 $-i$ 也是 $f(x)$ 的根。因此 $f(x)$ 包含 $(x-\mathrm{i})(x+\mathrm{i})=(x^2+1)$ 的因子，则 $f(x)\in(x^2+1)$。反之，$\forall g(x)\in(x^2+1)$，$g(x)=(x^2+1)h(x)$，$g(\mathrm{i})=0$，$g(x)\in\mathrm{Ker}\,\varphi$，所以 $\mathrm{Ker}(\varphi)=\{(x^2+1)p(x) \mid p(x)\in R[x]\}=(x^2+1)$，由环同态基本定理，知 $R[x]/(x^2+1)\cong C$。

现在让我们回过去看一看整数的剩余类环。整数的剩余类环是利用一个整数 n 同整数环 R 的元素间的等价关系 $a\equiv b(\mathrm{mod}\,n)$ 来构成的。

这个等价关系与利用 R 的主理想 (n) 来规定的等价关系 $a\equiv b(n)$ 一样。

因为第一个等价关系是利用条件 $n\mid a-b$ 来规定的，第二个等价关系是利用条件 $a-b\in(n)$ 来规定的，而这两个条件没有什么区别。这样模 n 的整数的剩余类环正是 $R/(n)$。

实际上，一般的剩余类环正是整数的剩余类环的推广，连名称以及以上两种等价关系的符号都相同。

最后我们说明一点。我们知道，子群同正规子群经过一个同态映射是不变的。子环同理想也是这样的。

定理 3.25 在环 R 到环 $\overline{R}$ 的一个同态满射之下：

① R 的一个子环 S 的像 $\overline{S}$ 是 $\overline{R}$ 的一个子环；

② R 的一个理想 A 的像 $\overline{A}$ 是 $\overline{R}$ 的一个理想；

③ $\overline{R}$ 的一个子环 $\overline{S}$ 的逆像 S 是 R 的一个子环；

④ $\overline{R}$ 的一个理想 $\overline{A}$ 的逆像 A 是 R 的一个理想。

这个定理的证明同群论里的相应定理的证明完全类似，我们把它省去。

在本节中，我们学习了理想与环同态的相关知识。环 R 的一个非空子集 I，如果满足：①$a,b\in I\Rightarrow a-b\in I$；②$a\in I,r\in R\Rightarrow ra,ar\in I$。则称 I 为 R 的一个理想。只有零理想和单位理想的环称为单环，除环与域都是单环。若 I 是 R 的理想，则称$(R/I,+,\cdot)$为 R 关于 I 的商环，或称为 R 关于 I 的剩余类环。环同态定理是：设环 R 与环 $\overline{R}$ 满同态，则这个同态满射的核 A 是 R 的一个理想，并且 $R/A\cong\overline{R}$。

3.5 环在信息安全中的应用

环理论在信息安全中有着重要的应用，例如，可以利用多项式环实现密钥的分散管理。在本节中，我们将学习基于多项式环上的拉格朗日插值公式的密钥分散管理方案，并学习一些具有同态性质的公钥加密体制。

3.5.1 拉格朗日插值与密钥的分散管理

我们首先学习多项式环的一些知识。

定义 3.21 设 $F[x]$是域 F 上的多项式环，$f(x)$是 $F[x]$中的一个 n 次多项式，若存在 $x_0\in F$，且使得 $f(x_0)=0$，则称 x_0 为 $f(x)$在域 F 上的根。

定理 3.26 设 $F[x]$是域 F 上的多项式环，$f(x)$是 $F[x]$中的一个 n 次多项式，则 $f(x)$在域 F 上的彼此不同根的个数不超过 n。

证明： 对整数 n 用数学归纳法。

当 $n=1$ 时，不妨设 $f(x)=ax+b$，$a\neq0$。此时，$f(x)$仅有一个根$-a^{-1}b$。结论成立。

假设在 $n-1$ 时结论成立。

当 $f(x)$是 $F[x]$中的一个 n 次多项式时。若 $f(x)$在域 F 上没有根，结论成立。否则，可设 c_1 是 $f(x)$的一个根，则 $f(x)=(x-c_1)f_1(x)$，这里，$f_1(x)$是 $F[x]$中的一个 $n-1$ 次多项式。若 c_2 也是 $f(x)$的一个异于 c_1 的根，则 $0=f(c_2)=(c_2-c_1)f_1(c_2)$。因此，$c_2$ 是 $f_1(x)$的根。根据归纳假设，$f_1(x)$在域 F 上的彼此不同根的个数不超过 $n-1$ 个，故 $f(x)$在域 F 上的彼此不同根的个数不超过 n。

推论 3.10 设 $F[x]$是域 F 上的多项式环，$f(x)$，$g(x)$是 $F[x]$中的两个次数不超过 n 的多项式。若有 $n+1$ 个不同的元素 $c_1,c_2,\cdots,c_{n+1}\in F$，使得 $f(c_i)=g(c_i)$，$i=1,2,\cdots,n+1$，则 $f(x)=g(x)$。

证明： 令 $h(x)=f(x)-g(x)$。采用反证法。若 $h(x)\neq0$，则 $h(x)$是一个次数不超过n 的多项式。由上述结论，$h(x)$在域 F 上的彼此不同根的个数不超过 n。但是，由已知条件，c_1，$c_2,\cdots,c_{n+1}\in F$ 都是 $h(x)$的根，共 $n+1$ 个。矛盾。故 $h(x)=0$，即 $f(x)=g(x)$。

由上述结论知：给定域 F 上的 $n+1$ 个不同的元素 $a_1,a_2,\cdots,a_{n+1}\in F$，以及 $n+1$ 个不全为零的元素 $b_1,b_2,\cdots,b_{n+1}\in F$，最多存在一个环 $F[x]$中的次数不超过 n 的多项式 $f(x)$，使得

$f(a_i)=b_i, i=1,2,\cdots,n+1$。

我们只要构造出一个能够满足上述条件的 n 次多项式即可，令

$$f(x) = \sum_{i=1}^{n+1} \prod_{j=1, j\neq i}^{n+1} b_i (a_i - a_j)^{-1}(x - a_j) \tag{2}$$

易知，$f(a_i)=b_i, i=1,2,\cdots,n+1$，且多项式 $f(x)$ 的次数不超过 n。因此，满足条件的多项式存在且唯一。我们称(2)式为拉格朗日插值公式。

Shamir 于 1979 年基于拉格朗日内插多项式提出了一个密钥分散管理的门限方案。该方案论述如下。

设 p 是一素数，模 p 的剩余类关于加法、乘法构成一个代数系统 F。由于 p 是一素数，故 F 为一个域，此时，记 F 为 $GF(p)$。共享的密钥 $k\in K=GF(p)$。可信中心给 $n(n<p)$ 个共享者 $P_i(1\leqslant i\leqslant n)$ 分配共享的过程如下：

① 可信中心随机选择一个 $t-1$ 次多项式 $h(x)=a_{t-1}x^{t-1}+\cdots+a_1x+a_0\in GF(p)[x]$，常数 $a_0=k$ 为主密钥；

② 可信中心在 $GF(p)$ 中选择 n 个非零的互不相同元素 $x_1, x_2, \cdots, x_n$，计算 $y_i=h(x_i)$，$1\leqslant i\leqslant n$；

③ 可信中心将 $(x_i, y_i)(1\leqslant i\leqslant n)$ 分配给共享者 $P_i(1\leqslant i\leqslant n)$，值 $x_i(1\leqslant i\leqslant n)$ 是公开的，$y_i(1\leqslant i\leqslant n)$ 作为 $P_i(1\leqslant i\leqslant n)$ 的秘密共享。

若将 $h(x)=a_{t-1}x^{t-1}+\cdots+a_1x+a_0$ 绘制成图形，每对 (x_i, y_i) 就是"曲线" $h(x)$ 上的一个点。因为 t 个点唯一地确定 $t-1$ 次多项式 $h(x)$，所以 k 可以从 t 个共享中重构出。但是从 t_1 $(t_1<t)$ 个共享无法确定 $h(x)$ 或 k。

给定 t 个共享 $y_{i_s}(1\leqslant s\leqslant t)$，通过计算，利用拉格朗日多项式的方法重构的 $h(x)$ 为

$$h(x) = \sum_{s=1}^{t} y_{i_s} \prod_{\substack{j=1 \\ j\neq s}}^{t} \frac{x - x_{i_j}}{x_{i_s} - x_{i_j}}。$$

这里，运算都是在 $GF(p)$ 上实现的。

重构出 $h(x)$ 后，通过 $k=h(0)$，可以计算出密钥 k，$k=h(0)=\sum_{s=1}^{t} y_{i_s} \prod_{\substack{j=1 \\ j\neq s}}^{t} \frac{-x_{i_j}}{x_{i_s}-x_{i_j}}$。

若令 $b_s=\prod_{\substack{j=1 \\ j\neq s}}^{t} \frac{-x_{i_j}}{x_{i_s}-x_{i_j}}$，则 $k=h(0)=\sum_{s=1}^{t} b_s y_{i_s}$。因为 $x_i(1\leqslant i\leqslant n)$ 的值是公开的，b_s 可以提前算出，所以我们可预计算 $b_s(1\leqslant s\leqslant n)$，以加快重构时的运算速度。

例 3.13 设阈值 $t=3$，用户数 $n=5$，$p=19$，主密钥 $k=11$。试设计一个(3,5)门限方案分享主密钥 $k=11$。

解：随机选取 $a_1=2, a_2=7$，得多项式 $h(x)=(7x^2+2x+11)\bmod 19$，则由 $y_i=h(x_i)$，$1\leqslant i\leqslant 5$，很容易得 5 个子密钥：$h(1)=1, h(2)=5, h(3)=4, h(4)=17, h(5)=6$。将 5 个子密钥(1,1)，(2,5)，(3,4)，(4,17)，(5,6)分别由 5 个用户保存。如果其中的 3 个用户进行合作，分享各自的子密钥，如第 2、第 3、第 5 个用户分享(2,5)，(3,4)，(5,6)。就可按一下方式重构 $h(x)$，有

$$\begin{aligned}5\frac{(x-3)(x-5)}{(2-3)(2-5)} &= 5\frac{(x-3)(x-5)}{(-1)(-3)} = 5\cdot(3^{-1}\bmod 19)\cdot(x-3)(x-5)\\ &= 5\cdot 13(x-3)(x-5) = 65(x-3)(x-5)\end{aligned}$$

$$4\frac{(x-2)(x-5)}{(3-2)(3-5)}=4\frac{(x-2)(x-5)}{(1)(-2)}=4\cdot((-2)^{-1}\bmod 19)\cdot(x-2)(x-5)$$
$$=4\cdot 9(x-2)(x-5)=36(x-2)(x-5)$$
$$6\frac{(x-2)(x-3)}{(5-2)(5-3)}=6\frac{(x-2)(x-3)}{(3)(2)}=6\cdot(6^{-1}\bmod 19)\cdot(x-2)(x-3)$$
$$=6\cdot 16(x-2)(x-3)=96(x-2)(x-3)$$

所以

$$\begin{aligned}h(x)&=[65(x-3)(x-5)+36(x-2)(x-5)+96(x-2)(x-3)]\bmod 19\\&=(26x^2-188x+296)\bmod 19\\&=7x^2+2x+11\end{aligned}$$

从而得共享的秘密密钥 $k=11$。

3.5.2 同态加密体制

在前面,我们学习过同态的概念。一般地,同态是两个代数系统之间的一个映射,并且保持运算。我们学习过群同态、环同态。

在密码学中,加密算法可以看作是明文空间到密文空间的一个映射。如果这个映射也具有“保持运算”的性质,我们则称该密码算法为同态加密体制。下面,我们给出同态加密体制的概念。

一般地,公钥加密体制可以分为非确定性的与确定性的。

一个非确定性的公钥加密体制 G 指的是在加密过程中有随机数的参与,它可以这样描述,设 X 是明文空间,K 是密钥空间,C 是密文空间。k 是其安全参数,$\{0,1\}^k$ 表示随机串空间。对任意的公私钥对 $(s,p)\in K$(p 是公钥,s 是私钥),用 E_p 表示公钥对应的加密算法,即 $E_p(\cdot,\cdot)$:$X\times\{0,1\}^k\to C$。这里,D_s 表示私钥对应的解密算法。

确定性加密体制指的是在加密过程中没有随机数的参与,相同的明文总加密成相同的密文,如 RSA 加密体制,其加密算法的形式为 $E_p(\cdot)$:$X\to C$。

定义 3.22 称 G 是加法同态加密体制,如果明文空间 X 是加法 Abel 半群(加法交换半群),并且在不知道私钥(解密密钥)的情况下,下面的同态运算能有效地进行:由任意两个消息 $m_1,m_2\in X$ 的密文 $E_p(m_1,r_1)$ 和 $E_p(m_2,r_2)$,计算消息 m_1+m_2 的密文,这里,$r_1,r_2\in\{0,1\}$ 是随机串,记为 $E_p(m_1,r_1)+_h E_p(m_2,r_2)=E_p(m_1+m_2,r)$,这里,$r\in\{0,1\}$ 是随机串,或 $D_s[E_p(m_1,r_1)+_h E_p(m_2,r_2)]=m_1+m_2$,称“$+_h$”为加法同态运算符。

对于加法同态加密体制,有如下的性质。由任意消息 $m\in X$ 的密文 $E_p(m,r)$ 和满足 $am\in X$ 的常数 a,计算 am 的密文,这里 $r\in\{0,1\}$ 是随机串,表示为 $a\otimes_h E_p(m,r)=E_p(am,r')$,这里,$r'\in\{0,1\}$ 是随机串,或 $D_s[a\otimes_h E_p(m,r)]=am$,称“$\otimes_h$”为数乘同态运算符。

表达式 $E_p(m_1,r_1)+_h E_p(m_2,r_2)=E_p(m_1+m_2,r)$ 及 $a\otimes_h E_p(m,r)=E_p(am,r')$ 称为加密体制的加法同态性,即不需要知道解密密钥就能由两个消息的密文有效地计算两消息和的密文,以及由一个消息的密文和一个数有效地计算它们数乘的密文。

定义 3.23 称 G 是乘法同态加密体制,如果明文空间 X 是乘法 Abel 半群(乘法交换半群),并且在不知道私钥(解密密钥)的情况下,下面的同态运算能有效地进行:由任意两个消息 $m_1,m_2\in X$ 的密文 $E_p(m_1,r_1)$ 和 $E_p(m_2,r_2)$ 计算消息 m_1m_2 的密文,这里,$r_1,r_2\in\{0,1\}$ 是随机串,表示为 $E_p(m_1,r_1)\times_h E_p(m_2,r_2)=E_p(m_1m_2,r)$,这里,$r\in\{0,1\}$ 是随机串,或

$D_s[E_p(m_1, r_1) \times_h E_p(m_2, r_2)] = m_1 m_2$，称“$\times_h$”为乘法同态运算符。

该性质称为加密体制的乘法同态性，即在未知解密密钥时仍能由两个消息的密文有效地计算此两消息乘积的密文。

矩阵运算需要用到一系列加法与乘法。我们来看一下加法同态的加密体制中的矩阵运算。

由上可见，加法同态的公钥加密体制对于下面两种运算在未知解密密钥的情况下可以有效地进行：① 同态加法，对任意的密钥 k、任意的密文 $E_k(x_1)$ 和 $E_k(x_2)$，计算密文 $E_k(x_1 + x_2)$；② 同态数乘，对任意的域元素 c 和任意的密文 $E_k(x)$，计算 $E_k(c \cdot x)$。该同态性质在未知解密密钥的情况下可以推广到矩阵运算上。

对任意的域 F 上的 m 维向量 $\boldsymbol{\alpha} \in F^m$，用 $E_k(\boldsymbol{\alpha})$ 表示对 $\boldsymbol{\alpha}$ 的每个分量都用密钥 k 加密之后所得到的向量，即若 $\boldsymbol{\alpha} = (a_1, a_2, \cdots, a_m)$，则 $E_k(\boldsymbol{\alpha}) = (E_k(a_1), E_k(a_2), \cdots, E_k(a_m))$。根据加密体制的同态性，有：

① 由任意的加密向量 $E_k(\boldsymbol{\alpha})$ 和 $E_k(\boldsymbol{\beta})$（其中 $\boldsymbol{\alpha}, \boldsymbol{\beta} \in F^m$），可以调用 m 次同态加法运算来计算 $E_k(\boldsymbol{\alpha} + \boldsymbol{\beta})$；

② 由任意的加密向量 $E_k(\boldsymbol{\alpha})$（其中 $\boldsymbol{\alpha} \in F^m$）和域元素 c，可以调用 m 次同态数乘运算来计算 $E_k(c \cdot \boldsymbol{\alpha})$。

对任意的域 F 上的 $m \times n$ 矩阵 $\boldsymbol{M} \in F^{m\times n}$，用 $E_k(\boldsymbol{M})$ 表示对 $\boldsymbol{M}$ 的每个元素都用密钥 k 加密之后所得到的矩阵，即若 $\boldsymbol{M} = [(M_{i,j})]_{m\times n}$，则 $E_k(\boldsymbol{M}) = [E_k(M_{i,j})]_{m\times n}$。根据加密体制的同态性，有：

① 对任意的加密矩阵 $E_k(\boldsymbol{M})$（其中 $\boldsymbol{M} \in F^{m\times n}$）和（列）向量 $\boldsymbol{\delta} \in F^n$，记

$$E_k(\boldsymbol{M}) = (E_k(\boldsymbol{\alpha}_1) \quad E_k(\boldsymbol{\alpha}_2) \quad \cdots \quad E_k(\boldsymbol{\alpha}_n))$$

其中 $\boldsymbol{\alpha}_i \in F^m (1 \leqslant i \leqslant n)$ 是列向量，$\boldsymbol{\delta} = \begin{pmatrix} c_1 \\ c_2 \\ \vdots \\ c_n \end{pmatrix}$。则对每个 $i(1 \leqslant i \leqslant n)$，可以调用 m 次同态数乘运算来计算 $E_k(c_i \cdot \boldsymbol{\alpha}_i)$，故可以调用 mn 次同态数乘运算来计算所有的 $E_k(c_i \cdot \boldsymbol{\alpha}_i)$，$i = 1, 2, \cdots, n$。注意每个 $E_k(c_i \cdot \boldsymbol{\alpha}_i)$ 都是 m 维的，故可进一步调用 $m(n-1)$ 次同态加法运算来计算 $E_k(\boldsymbol{M\delta}) = E_k\left(\sum_{i=1}^{n}(c_i \cdot \boldsymbol{\alpha}_i)\right)$。因此，由 $E_k(\boldsymbol{M})$（其中 $\boldsymbol{M} \in F^{m\times n}$）和（列）向量 $\boldsymbol{\delta} \in F^n$，可用调用 mn 次同态数乘运算和 $m(n-1)$ 次同态加法运算来计算 $\boldsymbol{E}_k(\boldsymbol{M\delta})$。

② 对任意的加密矩阵 $\boldsymbol{E}_k(\boldsymbol{M})$（$\boldsymbol{M} \in F^{m\times n}$）和矩阵 $\boldsymbol{D} \in F^{n\times s}$，记 $\boldsymbol{D} = (\boldsymbol{\delta}_1 \quad \boldsymbol{\delta}_2 \quad \cdots \quad \boldsymbol{\delta}_s)$，其中 $\boldsymbol{\delta}_i \in F^n (1 \leqslant i \leqslant s)$ 是列向量。根据上面的描述，对每个 $i(1 \leqslant i \leqslant s)$，可以调用 mn 次同态数乘运算和 $m(n-1)$ 次同态加法运算来计算 $E_k(\boldsymbol{M\delta}_i)$。从而可以调用 mns 次同态数乘运算和 $ms(n-1)$ 次同态加法运算来计算 $E_k(\boldsymbol{MD}) = (E_k(\boldsymbol{M\delta}_1) \quad E_k(\boldsymbol{M\delta}_2) \quad \cdots \quad E_k(\boldsymbol{M\delta}_s))$。

下面介绍几种常见的同态加密体制，它们要么具有加法同态性，要么具有乘法同态性。

1. ElGamal 加密体制

我们首先简单地介绍一下离散对数问题（DLP），在本书后面的内容中，会对该问题有较为详细的论述。有限域 Z_p（p 为素数）上的离散对数问题被叙述为：给定 Z_p 的一个本原元 α（即 $Z_p^* = \langle\alpha\rangle$），对 $\beta \in Z_p^*$，确定（唯一的）整数 $a(0 \leqslant a \leqslant p-2)$，使得 $\alpha^a \equiv \beta(\bmod p)$（或 $a = \log_\alpha \beta$）。

DLP 至今仍被数学和密码学界认为是一大难题（即尚未找到解决该问题的多项式时间的算法），与此相反，模指数幂运算可以用“平方-乘”方法有效地计算。这意味着模 p 的指数运算

(对适当的素数 p) 目前还被认为是单向的。ElGamal 加密体制是安全性基于 DLP 的一类公钥密码体制,在密码协议中有着广泛的应用。

ElGamal 加密体制描述如下。设 p 是素数且有限域 Z_p 上的 DLP 是难处理的。α 是 Z_p 的一个本原元(即 $Z_p^* = \langle\alpha\rangle$)。明文空间 $X = Z_p^*$,密文空间 $C = Z_p^* \times Z_p^*$,密钥空间 $K = \{((p,\alpha,\beta),a) \mid \beta \equiv \alpha^a\}$。对任意公私钥对$((p,\alpha,\beta),a) \in K$(公钥是$(p,\alpha,\beta)$,私钥是 a),加解密算法描述如下。

加密算法 $E(\cdot,\cdot)$。对明文 $x \in Z_p^*$,加密者秘密地选取随机数 s 并如下计算密文:$E(x,s) = (y_1,y_2) = (\alpha^s \bmod p, x\beta^s \bmod p)$。

解密算法 $D(\cdot)$。对密文$(y_1,y_2) \in Z_p^* \times Z_p^*$,解密者如下计算明文:$D(y_1,y_2) = y_2(y_1{}^a)^{-1} \bmod p$。

ElGamal 加密体制具有乘法同态性,同态运算"$\times_h$"是向量的对应分量模 p 相乘。对密文 $E(x_1,s_1) = (\alpha^{s_1} \bmod p,\ x_1\beta^{s_1} \bmod p)$ 和 $E(x_2,s_2) = (\alpha^{s_2} \bmod p, x_2\beta^{s_2} \bmod p)$,有

$$\begin{aligned}E(x_1,s_1)\times_h E(x_2,s_2) &= (\alpha^{s_1} \bmod p, x_1\beta^{s_1} \bmod p)\times_{\text{笛卡儿-模}p}(\alpha^{s_2} \bmod p, x_2\beta^{s_2} \bmod p)\\ &= ((\alpha^{s_1}\alpha^{s_2})\bmod p, (x_1\beta^{s_1}\cdot x_2\beta^{s_2})\bmod p)\\ &= (\alpha^{s_1+s_2} \bmod p,\ (x_1x_2)\beta^{s_1+s_2} \bmod p)\\ &= E(x_1x_2, s_1+s_2)\end{aligned}$$

$\times_{\text{笛卡儿-模}p}$ 表示向量的模 p 笛卡儿积运算符,即 $D[E(x_1,s_1)\times_{\text{笛卡儿-模}p}E(x_2,s_2)] = x_1x_2$。

2. Goldwasser-Micali 加密体制

首先介绍二次剩余(Quadratic Residue,QR) 的知识。设整数 $n > 1$,对 $a \in Z_n^*$,a 称为模 n 的二次剩余,如果存在 $x \in Z_n$,使得 $x^2 \equiv a \bmod n$;否则 a 称为模 n 的二次非剩余。常用 QR(n) 表示模的二次剩余集合。

雅可比(Jacobi) 符号:对任意的素数 p 和任意的 $x \in Z_p^*$,$\left(\frac{x}{p}\right) \overset{\text{def}}{=} \begin{cases}1, 若\ x \in \mathrm{QR}(p)\\ -1, 若 \notin \mathrm{QR}(p)\end{cases}$ 称为 x 模 p 的勒让德符号。

设 $n = p_1p_2\cdots p_k$ 是整数 n 的素分解(因子可重复),则 $\left(\frac{x}{n}\right) \overset{\text{def}}{=} \left(\frac{x}{p_1}\right)\left(\frac{x}{p_2}\right)\cdots\left(\frac{x}{p_k}\right)$ 称为 x 模 n 的雅可比符号。

二次剩余问题(Quadratic Residue Problem,QRP) 被叙述为:对于合数 n,给定 $x \in Z_n^*$,判断 x 是否是模 n 的二次剩余。

QRP 是一个公认的数论难题,在未知合数 n 的分解且雅可比符号 $\left(\frac{\delta}{n}\right) = 1$ 的情况下,目前还没有有效的算法来判断 δ 是否是模 n 的二次剩余。Goldwasser-Micali (GM) 加密体制就是安全性基于此困难问题的一类公钥密码体制。

Goldwasser-Micali 加密体制:用户随机地生成大素数 p 和 q,计算 $n = pq$ 并选取模 n 的一个非二次剩余 $\delta \in Z_n^*$,使得雅可比符号 $\left(\frac{\delta}{n}\right) = 1$,这里 $Z_n^* = \{a \in Z_n : \gcd(a,n) = 1\}$。明文空间是 $X = Z_2$,密钥空间是 $K = \left\{((n,\delta),(p,q)) \mid \delta \in Z_n^*, \delta \notin \mathrm{QR}(n)\ 且 \left(\frac{\delta}{n}\right) = 1\right\}$,密文空间是 $C = Z_n^*$。对任意公私钥对$((n,\delta),(p,q))$(公钥是(δ,n),私钥是(p,q)),加解密算法描述如下。

加密算法 $E(\cdot,\cdot)$。对明文 $x \in Z_2$,加密者选取秘密随机数 $r \in Z_n^*$ 并如下计算密文:$E(x,$

$r) = r^2\delta^x \bmod n$。

解密算法 $D(\cdot)$。对密文 $c = Z_n^*$，解密者如下计算明文：$D(c) = \begin{cases} 0, & 若\ c \in QR(n) \\ 1, & 若\ c \notin QR(n) \end{cases}$。

GM 加密体制具有加法同态性。首先，加法同态运算符"$+_h$"即模 n 的乘法运算。对任意两个密文 $E(x_1, r_1) = {r_1}^2\delta^{x_1} \bmod n$ 和 $E(x_2, r_2) = {r_2}^2\delta^{x_2} \bmod n$，有

$$
\begin{aligned}
E(x_1, r_1) +_h E(x_2, r_2) &= E(x_1, r_1) \times_{模n} E(x_2, r_2) \\
&= [({r_1}^2\delta^{x_1} \bmod n) \cdot ({r_2}^2\delta^{x_2} \bmod n)] \bmod n \\
&= [({r_1}^2\delta^{x_1}) \cdot ({r_2}^2\delta^{x_2})] \bmod n \\
&= (r_1 r_2)^2 \delta^{x_1+x_2} \bmod n \\
&= \begin{cases} (r_1 r_2 \delta)^2 \delta^0 \bmod n = E(x_1 \oplus x_2, r_1 r_2 \delta), & 若\ x_1 = x_2 = 1 \\ (r_1 r_2)^2 \delta^{x_1+x_2} \bmod n = E(x_1 \oplus x_2, r_1 r_2), & 其他 \end{cases}
\end{aligned}
$$

"$\oplus$"是异或运算符(Z_2 上的加法)，即 $D[E(x_1, r_1) \times_{模n} E(x_2, r_2)] = x_1 \oplus x_2$(即等于$(x_1 + x_2) \bmod 2$)。

其次，对于数乘同态运算，给定 $x \in \{0, 1\}$ 的密文 $E(x, r) = r^2\delta^x \bmod n$ 和常数 $a \in \{0, 1\}$：

若 $a = 0$，则随机地选择 $r_1 \in Z_n^*$，$a \otimes_h E(x, r) = {r_1}^2 \bmod n$，有

$$a \otimes_h E(x, s) = {r_1}^2 \bmod n = {r_1}^2 \delta^{0 \cdot x} \bmod n = E(0 \cdot x, r_1) = E(ax, r_1)$$

若 $a = 1$，则 $a \otimes_h E(x, r) = E(x, r)$，有

$$a \otimes_h E(x, r) = E(x, r) = r^2\delta^x \bmod n = r^2\delta^{1 \cdot x} \bmod n = E(1 \cdot x, r) = E(ax, r)$$

即不论 $a = 0$ 还是 $a = 1$，都有 $D[a \cdot_h E(x, s)] = ax$。

3. Paillier 加密体制

设 $n = pq$ 是两个大素数 p 和 q 的乘积，则 n 的 Euler φ 函数为 $\varphi(n) = (p-1)(q-1)$，n 的 Carmichael 函数为 $\lambda(n) = \mathrm{lcm}(p-1, q-1)$。记 $Z_{n^2}^* = \{a \in Z_{n^2} : \gcd(a, n^2) = 1\}$，则 $Z_{n^2}^*$ 是阶为 $n\varphi(n)$ 的有限群(即 $|Z_{n^2}^*| = n\varphi(n)$)，并且对任意 $w \in Z_{n^2}^*$，有

$$\begin{cases} w^{\lambda(n)} \equiv 1 \bmod n \\ w^{n\lambda(n)} \equiv 1 \bmod n^2 \end{cases}$$

记 $B_a(1 \leqslant a \leqslant \lambda(n))$ 是 $Z_{n^2}^*$ 中阶为 na 的元素的集合，并记 $B = \bigcup_{a=1}^{\lambda(n)} B_a$。注意集合 $S_n = \{u \in Z_{n^2} : u \equiv 1 \bmod n\}$ 在模 n^2 下构成一个乘法群，故如下定义的函数是合理的：$L(u) = \dfrac{u-1}{n}$，$\forall u \in S_n$。

模 n^2 的(非)n 次剩余的概念如下：整数 z 称为模 n^2 的 n 次剩余，如果存在 $y \in Z_{n^2}^*$，使得 $z = y^n \bmod n^2$；反之 z 称为模 n^2 的非 n 次剩余。

有结论：模 n^2 的 n 次剩余全体构成 $Z_{n^2}^*$ 的一个 $\varphi(n)$ 阶乘法子群。

合数剩余判定假设(Decisional Composite Residuosity Assumption，DCRA)：用 $CR[n]$ 表示模 n^2 的 n 次剩余判定问题，即区分一个数是模 n^2 的 n 次剩余还是非 n 次剩余。合数剩余判定假设被描述为：在合数 n 的分解未知的情况下，$CR[n]$ 是难解的，即没有多项式时间算法来区分一个数是模 n^2 的 n 次剩余还是非 n 次剩余。Paillier 加密体制就是安全性基于 DCRA 的一类公钥加密体制。

Paillier 加密体制：设 $n = pq$(p 和 q 是两个大素数)，用户随机选一个基数 $g \in B$(这可以通过验证等式 $\gcd(L(g^{\lambda(n)} \bmod n^2), n) = 1$ 来有效地选取)，明文空间是 Z_n，密文空间是 $Z_{n^2}^*$，密钥空间是 $K = \{((n, g), \lambda(n)) : g \in B\}$。

对任意公私钥对$((n,g),\lambda(n))$(公钥是(n,g)，私钥是$\lambda(n)$。注：(p,q)要求保密，并可等价地作为私钥)。

加密算法。对明文$m\in Z_n$，加密者选择秘密随机数$r\in Z_n^*$，并如下计算密文：$E(m,r)=(g^m\cdot r^n)\bmod n^2$。

解密算法。对密文$c\in Z_{n^2}$，解密者如下计算其对应的明文：$D(c)=\dfrac{L(c^{\lambda(n)}\bmod n^2)}{L(g^{\lambda(n)}\bmod n^2)}\bmod n$。

命题：Paillier 加密体制是语义安全的当且仅当 DCRA 成立。

Paillier 加密体制具有加法同态性。加法同态运算符“$+_h$”即模n^2的乘法运算，对任意密文$E(m_1,r_1)=(g^{m_1}\cdot r_1{}^n)\bmod n^2$和$E(m_2,r_2)=(g^{m_2}\cdot r_2{}^n)\bmod n^2$，有

$$\begin{aligned}E(m_1,r_1)+_hE(m_2,r_2)&=E(m_1,r_1)\cdot E(m_2,r_2)\\&=[(g^{m_1}\cdot r_1{}^n)\bmod n^2]\cdot[(g^{m_2}\cdot r_2{}^n)\bmod n^2]\\&=[(g^{m_1}\cdot r_1{}^n)\cdot(g^{m_2}\cdot r_2{}^n)]\bmod n^2\\&=g^{m_1+m_2}\cdot(r_1r_2)^n\bmod n^2\\&=E(m_1+m_2,r_1r_2)\end{aligned}$$

即$D[E(m_1,r_1)\cdot E(m_2,r_2)]=m_1+m_2$；数乘同态运算符“$\otimes_h$”定义为$a\otimes_h b=b^a\bmod n^2$，对任意密文$E(m,r)=(g^m\cdot r^n)\bmod n^2$和常数$a\in Z_n$，有

$$\begin{aligned}a\otimes_h E(m,r)&=(E(m,r))^a\bmod n^2\\&=[(g^m\cdot r^n)\bmod n^2]^a\bmod n^2\\&=(g^{am}\cdot(r^a)n)\bmod n^2\\&=E(am,r^a)\end{aligned}$$

即$D[(E(m,r))^a\bmod n^2]=am$。

4. 全同态加密体制

上面介绍的加密体制要么只具有加法同态性，要么只具有乘法同态性。Rivest、Adleman 和 Dertouzos 于 1978 年提出了隐私同态(privacy homomorphism)加密体制的概念，后来该概念演化为全同态(fully homomorphism)加密体制。通俗地讲，全同态加密体制即在未知解密秘钥(私钥)的情况下，下面的计算能有效地进行的公钥加密体制：由n个消息$m_i(i=1,2,\cdots,n)$的密文$c_i=E(m_i)(i=1,2,\cdots,n)$计算任意可计算函数$f$的函数值$y=f(m_1,m_2,\cdots,m_n)$的密文$c=E(y)$。可见，上面介绍的 3 个加密体制实际上都是全同态加密体制的特例。

全同态加密体制因其具有同态性而在网络(或服务器)加密存储、Web 服务、云计算(cloud computing)、隐私信息检索(private information retrieval)、代理重加密(proxy re-encryption)、安全双方计算等领域都有着重要的应用。全同态加密在降低通信复杂度的同时，计算复杂度可能会有所增加。

目前已提出的很多(全)同态加密方案(有些可能是不实用的，有些可能是不安全的)是语义安全且加法同态的加密方案，有些是乘法同态的，有些同时具有加法同态性和乘法同态性。

在本节中，我们学习了环理论在信息安全中的一些应用。系数取自域F上的、次数不超过n的所有多项式，对于多项式的加法与乘法构成一个多项式环。利用该多项式环上的多项式插值方法，可以构造秘密信息的分享方案。类似于多项式环同态的概念，在公钥密码算法中，也有同态密码体制。它们可以具有加法同态或乘法同态的性质。ElGamal 加密体制、Goldwasser-Micali 加密体制、Paillier 加密体制都是同态加密体制。

本章小结

在本章中，我们学习了环的知识及其应用。环$(R,+,\cdot)$是具有两个运算的代数系统，要求$(R,+)$构成加群（加群要求是交换群），$(R,\cdot)$构成半群，并且运算满足两个分配律。一个无零因子的非平凡交换环称为整环。具有单位元，每一个不等于零的元有一个逆元的非平凡环称为除环。一个环R的一个子集S称为R的一个子环，假如S本身对于R的代数运算来说构成一个环。保持运算的环$(R,+,\cdot)$到环$(S,\vee,\wedge)$的映射f，称为$R\to S$的环同态映射。利用环的直积运算，可以构造一个新的环。矩阵环、多项式环、序列环都是一些利用已知的环构造出来的特殊环。与群中的不变子群概念类似，在环中有理想的概念。类似于群同态定理，在环中，也有环同态定理。在环理论的应用方面，我们学习了利用多项式环上的插值方法实现秘密信息的分享，学习了一些同态秘密体制。

本章习题

1. 以下集合关于实数中通常的加法与乘法构成环吗？说明理由。

① $\{a+b\sqrt{5}\mid a,b\in Z\}$。

② $\{a+b\sqrt{2}+c\sqrt{3}\mid a,b,c\in Z\}$。

③ 全体非负整数构成的集合。

2. 证明：如果在一个无零因子的环R中，方程$x^2=x$有非零解，则环R为有单位元的环。

3. 设a为环R中的一个元素，R_1是由R中的满足$xa=0$的元素构成的集合，即$R_1=\{x\mid xa=0,x\in R\}$。证明：$R_1$是$R$的子环。

4. 找出以下环的所有理想。

① $(Z_2\times Z_2,+,\cdot)$。

② $(Q,+,\cdot)$。

③ $(Z_7,+,\cdot)$。

5. 设H_1和H_2是环R的理想。证明：$H_1\cap H_2$也是环R的理想。

6. 设R是具有单位元1的交换环，且$R\neq\{0\}$。证明：R是域当且仅当R是一个单环。

7. 设$H=\left\{\begin{pmatrix}a & b\\ c & d\end{pmatrix}\middle| a,b,c,d\in Z\right\}$，$I$是元素为偶数的所有二阶矩阵的集合。证明：$I$是$(H,+,\cdot)$的理想。问商环$H/I$中含有多少个元素。

8. 证明：$Z_4/(2)\cong Z_2$。

第 4 章

域

在本章中，我们将学习域的一些知识及其在信息安全中的应用。我们将学习分式域、扩域、多项式的分裂域、域的特征、有限域的构造等知识，并结合密码学中的一个加密算法与一个密码协议，了解域理论在信息安全中的应用。

4.1 分式域

类似于由整数集合（整环）产生有理数集合（域）的方法，在本节中，我们将学习由一个一般的整环构造一个域的方法。

在环 R 中，任意两个元素的加、减、乘，其结果还是 R 中的一个元素，然而，R 中的元素在 R 中不一定存在逆元。是否能够存在 R 的一个扩环 A，使得 A 的每一个非零元都有逆元素存在？即是否能够存在 R 的一个扩环 A 并且 A 是域？

如果环 R 是有零因子环或非交换环，则 R 不可能是某一个域的子环。因为域不能含有零因子。对于域中的乘法，交换律成立。因此，环 R 中不能包含非可交换的元素对。

设 Z 是整数环时，Z 可以扩展成有理数域 $Q=\{\frac{a}{b}\mid a,b\in Z,b\neq 0\}$。此时，称有理数域 Q 是整数环 Z 的分式域。

设 F 是一个域，$F[x]$是 F 上的多项式环，x 为 F 上的一个不定元。F 上的有理函数集合为 $F\{x\}=\{\frac{f(x)}{g(x)}\mid f(x),g(x)\in F[x],g(x)\neq 0\}$。可知，关于有理函数的加法与乘法运算，$(F\{x\},+,\cdot)$构成一个域。同时，$F[x]$是 $F\{x\}$中的一个子环。此时，称域 $F\{x\}$是环 $F[x]$的分式域。

对于一般的整环，可以仿照整数环扩展成有理数域的方法扩展成一个域。

定理 4.1 设 R 是整环，则可以构造一个域 F，使得 R 同构于 F 的一个子环 $\overline{R}$。

证明：构造 $R\times R^*=\{(a,b)\mid a,b\in R,b\neq 0\}$。规定集合 $R\times R^*$ 上的一个二元关系～：$(a,b)\sim(c,d)$，当且仅当 $ad=bc$。

下面证明，～是 $R\times R^*$ 上的一个等价关系。

① 验证自反性。由于 $ab=ba$，于是$(a,b)\sim(a,b)$。

② 验证对称性。若$(a,b)\sim(c,d)$，即 $ad=bc$，则 $cb=da$，即$(c,d)\sim(a,b)$。

③ 验证传递性。若$(a,b)\sim(c,d)$，且$(c,d)\sim(e,f)$，即 $ad=bc$，且 $cf=de$，则$(af-be)d=(ad)f-b(ed)=bcf-bcf=0$。由于 R 中没有零因子，且 $d\neq 0$，则 $af=be$，即$(a,b)\sim(e,f)$。

因此，～是 $R\times R^*$ 上的一个等价关系。

该等价关系将集合 $R\times R^*$ 分成了若干的等价类。用符号 $\frac{a}{b}$ 表示元素 (a,b) 所在的等价类。令 F 表示所有等价类的集合，即 $F=\{\frac{a}{b}\mid a,b\in R,b\neq 0\}$。

在集合 F 中规定加法运算 $+$ 与乘法运算 $\cdot$：$\frac{a}{b}+\frac{c}{d}=\frac{ad+bc}{bd}$，$\frac{a}{b}\cdot\frac{c}{d}=\frac{ac}{bd}$。

因为 R 中没有零因子，因此，由 $b\neq 0,d\neq 0$，可以得出 $bd\neq 0$，则 $\frac{a}{b}+\frac{c}{d},\frac{a}{b}\cdot\frac{c}{d}\in F$。

如果 $\frac{a}{b}=\frac{a_1}{b_1},\frac{c}{d}=\frac{c_1}{d_1}$，即 $ab_1=a_1b,cd_1=c_1d$，则 $(ad+bc)(b_1d_1)=(ab_1)dd_1+bb_1(cd_1)=(a_1d_1+b_1c_1)bd$，因此 $\frac{ad+bc}{bd}=\frac{a_1d_1+b_1c_1}{b_1d_1}$。又 $ab_1cd_1=a_1bc_1d$，则 $(ac)(b_1d_1)=(a_1c_1)(bd)$，即 $\frac{ac}{bd}=\frac{a_1c_1}{b_1d_1}$。

以上推导说明，所规定的加法与乘法运算，其运算结果与代表的选择无关，即规定的加法运算 $+$ 与乘法运算 $\cdot$ 是集合 F 上的二元运算。

下面证明：集合 F 对于所规定的加法运算"$+$"构成加群。

① 易知：$\frac{a}{b}+\frac{c}{d}=\frac{c}{d}+\frac{a}{b}$。

② 计算可得：$\frac{a}{b}+(\frac{c}{d}+\frac{e}{f})=\frac{a}{b}+\frac{cf+de}{df}=\frac{adf+bcf+bde}{bdf}$，$(\frac{a}{b}+\frac{c}{d})+\frac{e}{f}=\frac{ad+bc}{bd}+\frac{e}{f}=\frac{adf+bcf+bde}{bdf}$。知加法满足结合律。

③ 加法的零元为 $\frac{0}{b}$，因为 $\frac{0}{b}+\frac{c}{d}=\frac{bc}{bd}=\frac{c}{d}$。

④ 对于任意一个元素 $\frac{a}{b}$，其负元为 $\frac{-a}{b}$，因为 $\frac{a}{b}+\frac{-a}{b}=\frac{0}{b}$。

因此，集合 F 对于所规定的加法运算 $+$ 构成加群。

以下证明：集合 F 中的不等于零的元素对于所规定的乘法运算 $\cdot$ 构成交换群。

易知：乘法满足交换律、结合律。乘法单位元为 $\frac{a}{a}$。元素 $\frac{a}{b}$ 的逆元为 $\frac{b}{a}$。可以证明，乘法对于加法满足分配律。

因此，$(F,+,\cdot)$ 构成域。

构造域 $(F,+,\cdot)$ 的子环：$\overline{R}=\{\frac{qa}{q}\mid q,a\in R,q\neq 0\}$。这里，$q$ 是某固定元素，a 是环 R 中的任意元素。

规定映射 $f:R\to\overline{R}$ 为 $f(a)=\frac{qa}{q},\forall a\in R$。

可以证明，f 为 $R\to\overline{R}$ 的同构映射，即 $R\cong\overline{R}$。

定理 4.2 设 R 是整环，可以构造一个域 F，使得 R 同构于 F 的一个子环 $\overline{R}$。这里，$F=\{\frac{a}{b}\mid a,b\in R,b\neq 0\}$，$\overline{R}=\{\frac{qa}{q}\mid q,a\in R,q\neq 0\}$，其中，$q$ 是某固定元素，a 是环 R 中的任意元素，则域 F 恰好由所有 $st^{-1}(s,t\in\overline{R})$ 形式的元素构成。

证明：对于任何 $\frac{a}{b}\in F$，有 $\frac{a}{b}=(\frac{qa}{q})(\frac{qb}{q})^{-1}$。这里，$\frac{qa}{q},\frac{qb}{q}\in\overline{R}$。

令 $s=\frac{qa}{q}$，$t=\frac{qb}{q}$，则 $\frac{a}{b}=st^{-1}(s,t\in\overline{R})$。

此外，易知：对于每一对 $s,t\in\overline{R}$，$st^{-1}\in F$。

定义 4.1 设 R 是整环，按照上述定理中的方法构造的域 F 称为 R 的分式域或 R 的商域。

例 4.1 设 $Q[x]=\{a_0+a_1x+a_2x^2+\cdots+a_nx^n\mid a_i\in Q, i=1,2,\cdots,n\}$，求 $Q[x]$ 的分式域。

解：$(Q[x],+,\cdot)$ 是整环。$Q[x]$ 的分式域为：$\{\frac{f(x)}{g(x)}\mid f(x),g(x)\in Q[x], g(x)\neq 0\}$。

例 4.2 证明高斯整环 $Z[\mathrm{i}]=\{a+b\mathrm{i}\mid a,b\in Z\}$ 的分式域为 $Q[\mathrm{i}]=\{a+b\mathrm{i}\mid a,b\in Q\}$。这里，$Z$ 表示整数集合，Q 表示有理数集合。

证明：由上述定理，知高斯整环 $Z[\mathrm{i}]=\{a+b\mathrm{i}\mid a,b\in Z\}$ 的分式域为 $F=\{st^{-1}\mid s,t\in Z[\mathrm{i}]\}$。下面证明：$Q[\mathrm{i}]=F$。

由复数运算的性质，知 $F\subseteq Q[\mathrm{i}]$。$\forall \alpha=a+b\mathrm{i}\in Q[\mathrm{i}]$，设 $a=\frac{a_1}{r}$，$b=\frac{b_1}{r}$，这里，$a_1,b_1,r\in Z$，$r\neq 0$，则 $\alpha=\frac{a_1+b_1 i}{r}=(a_1+b_1 i)r^{-1}$，这里，$(a_1+b_1\mathrm{i}),r\in Z[\mathrm{i}]$，即 $Q[\mathrm{i}]\subseteq F$。得证。

在本节中，我们学习了由一个环来得到域的一种方法。这种方法类似于由普通整数集合产生有理数集合的方法，即在给定环 R 的基础上构造一个域。由域的概念知，这个环 R 是有条件的，它不能有零因子，也不能是非交换环。

4.2 扩 域

域是一种特殊的环，有关环的性质都适用于域。在本节中，我们将学习扩域的一些知识。

定义 4.2 设 F 是域 $(K,+,\cdot)$ 的非空子集，且 $(F,+,\cdot)$ 也是域，则称 F 是 K 的子域，K 是 F 的扩域，记为 $F\leqslant K$。

我们知道，实数域是在它的子域有理数域上建立起来的，而复数域是在它的子域实数域上建立起来的。一种研究域的方法是：从一个给定的域 F 出发，来研究它的扩域。

域的子域与线性空间的子空间有着联系。我们先回顾一下线性代数中的线性空间的概念。

数域 P 上的线性空间 V 是一个具有加法与数乘运算的集合，且满足 $\forall \alpha,\beta\in V$，$\forall k,l\in P$，有 $\alpha+\beta\in V$，$k\alpha\in V$，代数系统 $(V,+)$ 是一个加群，且 $1\alpha=\alpha$，$k(l\alpha)=(kl)\alpha$，$(k+l)\alpha=k\alpha+l\alpha$，$k(\alpha+\beta)=k\alpha+k\beta$。这里，1 是数域 P 上的单位元。

在上述线性空间的定义中，可以将数域 P 推广至一般的域 F，就可以得到一般的域 F 上线性空间 V 的定义。具体分析如下：设 F 是一个域，K 是 F 的扩域，对于 $\forall \boldsymbol{u}_1,\boldsymbol{u}_2\in K$，$\forall a,b\in F$，有 $a\boldsymbol{u}_1+b\boldsymbol{u}_2\in K$。将 K 中的元素称为向量，则 $a\boldsymbol{u}_1+b\boldsymbol{u}_2$ 是向量 $\boldsymbol{u}_1,\boldsymbol{u}_2$ 在 F 上的线性组合，从而可以将 K 看作是 F 上的一个向量空间。此时，$1\alpha=\alpha$ 变为 $e\cdot\alpha=\alpha$，e 为域 F 中的乘法单位元。下面给出域 F 上线性空间 V 的定义。

定义 4.3 设 V 是一个加群，F 是一个域，对于 $\forall a\in F$，$\forall v\in V$，$av\in V$ 且满足以下性质：

① $a(u+v)=au+av$；

② $(\alpha+\beta)u=\alpha u+\beta u$；

③ $\alpha(\beta u)=(\alpha\beta)u$；

④ $e\cdot u=u$，e 为域 F 中的乘法单位元。

其中，$\alpha,\beta\in F$，$u,v\in V$，则称 V 是域 F 上的线性空间。

该定义将数域 F 上的线性空间的定义推广到一般的域上。

定理 4.3 设$(K,+,\cdot)$是域$(F,+,\cdot)$的扩域，则 K 是 F 的线性空间。

证明：由线性空间的定义可得。

定义 4.4 设 K 是域 F 的扩域，F 上线性空间 K 的维数称为扩域 K 在 F 上的次数，记为$(K:F)$。如果$(K:F)$是有限的，则称 K 是 F 的有限扩域。

例 4.3 证明$(C:R)=2$。这里，C 与 R 分别表示复数域与实数域。

证明：易知，$C=\{a+b\mathrm{i}\mid a,b\in R\}$，故 $1,\mathrm{i}$ 是 C 在 R 上的一组基，于是$(C:R)=2$。

定理 4.4 设 F 是域，$p(x)$是 $F[x]$的 m 次既约多项式，并且 $K=F[x]/(p(x))$，则$(K:F)=m$。

证明：知 $K=\{(p(x))+a_0+a_1x+\cdots+a_{n-1}x^{m-1}\mid a_i\in F\}$，并且 K 的元素的表示法是唯一的。因此$(p(x))+1,(p(x))+x,(p(x))+x^2,\cdots,(p(x))+x^{m-1}$是 K 在 F 上的一组基，于是$(K:F)=m$。

对于有限域而言，扩域这个性质具有传递性。利用线性空间的基与线性相关性可以证明这一点。

定理 4.5 设域 T 是域 K 的 m 次有限扩域，并且 K 是域 F 的 n 次有限扩域，即$(T:K)=m$，$(K:F)=n$，则 T 是 F 的有限扩域，并且$(T:F)=(T:K)(K:F)$。

证明：由$(T:K)=m$，可设 T 在 K 上的一组基为 $\alpha_1,\alpha_2,\cdots,\alpha_m$；由$(K:F)=n$，可设 K 在 F 上的一组基为 $\beta_1,\beta_2,\cdots,\beta_n$。下面证明：$\beta_j\alpha_i(i=1,\cdots,m;j=1,\cdots,n)$是 T 在 F 上的一组基。

设 $x\in T$，于是 x 可以由基 $\alpha_1,\alpha_2,\cdots,\alpha_m$ 线性表示

$$x=\sum_{i=1}^{m}a_i\alpha_i,a_i\in K$$

而每一个 $\alpha_1,\alpha_2,\cdots,\alpha_m$，也可以由基 $\beta_1,\beta_2,\cdots,\beta_n$ 线性表示

$$\alpha_i=\sum_{j=1}^{n}b_{ij}\beta_j,b_{ij}\in F$$

从而

$$x=\sum_{i=1}^{m}\sum_{j=1}^{n}b_{ij}\beta_j\alpha_i$$

此即，T 中的任何一个元素 x，可以由 $\beta_j\alpha_i(i=1,\cdots,m;j=1,\cdots,n)$线性表示。设

$$\sum_{i=1}^{m}\sum_{j=1}^{n}c_{ij}\beta_j\alpha_i=0$$

这里 $c_{ij}\in F$，因为 $\alpha_1,\alpha_2,\cdots,\alpha_m$ 是在 K 上线性无关的，于是

$$\sum_{j=1}^{n}c_{ij}\beta_j=0$$

但 $\beta_1,\beta_2,\cdots,\beta_n$ 是在 F 上线性无关的，所以 $c_{ij}=0$。因此，$\beta_j\alpha_i(i=1,\cdots,m;j=1,\cdots,n)$在 F 上线性无关，于是 $\beta_1\alpha_1,\cdots,\beta_1\alpha_m,\cdots,\beta_n\alpha_m$ 是 T 在 F 上的一组基，即$(T:F)=nm$。

例 4.4 证明在域 Q 和 $T=Q[x]/(x^5+3)$之间，不存在其他的域（这里同构看成一样）。

解：知 T 的子域$\{(x^5+3)+r\mid r\in Q\}\cong Q$。

假定有域 K 使 $T\supseteq K\supseteq Q$，由上述定理知，$(T:Q)=(T:K)(K:Q)$。同样由上述定理知，

$(T:Q)=5$。于是$(T:K)=1$或$(K:Q)=1$。

如果$(T:K)=1$，由于T是K上的线性空间，因此，$T=K$；如果$(K:Q)=1$，则$K=Q$。因此，不存在真正的处在Q和T之间的域。

例如，设Q是有理数域，$K=\{a+b\sqrt{2}\mid a,b\in Q\}$，$E=\{\alpha+\beta\sqrt{3}\mid \alpha,\beta\in K\}$，$R$表示实数域，则有$Q\subseteq K\subseteq E\subseteq R$。此时，$1,\sqrt{2}$是$K$在$Q$上的一组基，故$(K:Q)=2$；而$1,\sqrt{3}$是$E$在$K$上的一组基，故$(E:K)=2$。在$E$关于$Q$的向量空间中，$1,\sqrt{2},\sqrt{3},\sqrt{6}$是一组基，故$(E:Q)=4$。需要注意的是，在$R$关于$Q$的向量空间中，可以找出无穷多个线性无关的向量，故$(R:Q)=\infty$。

定义 4.5　设K是域F的扩域，$k\in K$称为F上的一个代数元，假如存在不全为零的a_0，$a_1,\cdots,a_n\in F$，使$a_0+a_1k+a_2k^2+\cdots+a_nk^n=0$。换句话说，$k$是$F[x]$中非零多项式的根。$K$中元素如果不是$F$上的代数元，就称为$F$上的超越元。在复数域中，有理数集上的代数元称为代数数。

例 4.5　试问复数$2-\sqrt{7}\mathrm{i}$是有理数域Q上的代数元吗？

解： 令$x=2-\sqrt{7}\mathrm{i}$，即$x-2=-\sqrt{7}\mathrm{i}$。$(x-2)^2=-7$，$x^2-4x+4=-7$，$x^2-4x+11=0$。因此$2-\sqrt{7}\mathrm{i}$是$x^2-4x+11=0$的根，即$2-\sqrt{7}\mathrm{i}$是Q上的代数元。

定义 4.6　设K是域F的扩域，若K中每一个元素都是F上的代数元，则称K是F的一个代数扩域。

现在我们大致地描述一个扩域的结构。

令E是域F的一个扩域。我们从E里取出一个子集S来。我们用$F(S)$表示含F和S的E的最小子域，把它称为添加集合S于F所得的扩域。若S是一个有限集：$S=\{\alpha_1,\alpha_2,\cdots,\alpha_n\}$，那么我们把$F(S)$记作$F(\alpha_1,\alpha_2,\cdots,\alpha_n)$，称为添加元素$\alpha_1,\alpha_2,\cdots,\alpha_n$于$F$所得的子域。

$F(S)$的确是存在的，这一点能够看出。因为E的确有含F和S的子域，如E本身。一切这样的子域的交集显然是含F和S的E的最小子域。

更具体地说，$F(S)$刚好包含E的一切可以写成

$$\frac{f_1(\alpha_1,\alpha_2,\cdots,\alpha_n)}{f_2(\alpha_1,\alpha_2,\cdots,\alpha_n)} \tag{1}$$

形式的元，这里$\alpha_1,\alpha_2,\cdots,\alpha_n$是$S$中的任意有限个元素，而$f_1$和$f_2(\neq 0)$是$F$上的这些$\alpha$的多项式。

这是因为：一方面，$F(S)$既然是含有F和S的一个域，它必然含有一切可以写成形式(1)的元；另一方面，一切可以写成形式(1)的元已经构成一个含有F和S的域。

适当选择S，我们可以使$E=F(S)$。例如，取$S=E$，就可以做到这一点。实际上，常常只需取E的一个真子集S，就可以达到$E=F(S)$的要求。

现在假定$E=F(S)$。那么按照上面的分析，E是一切添加S的有限子集于F所得子域的并集。这样求E就归纳为求添加有限集于F所得的子域以及求这些子域的并集。

例 4.6　求有理数域Q添加元素i所构成的单扩域$Q(\mathrm{i})$。

解： $Q(\mathrm{i})=\left\{\dfrac{f(\mathrm{i})}{g(\mathrm{i})}\mid f(x),g(x)\in Q[x],g(\mathrm{i})\neq 0\right\}=\left\{\dfrac{a+b\mathrm{i}}{c+d\mathrm{i}}\mid a,b,c,d\in Q,c+d\mathrm{i}\neq 0\right\}$，若$c+d\mathrm{i}\neq 0$，则$c^2+d^2\neq 0$，故$\dfrac{a+b\mathrm{i}}{c+d\mathrm{i}}=\dfrac{(ac+bd)+(bc-ad)\mathrm{i}}{c^2+d^2}=a'+b'\mathrm{i}$，此时，$a',b'\in Q$。此即$Q(\mathrm{i})=\{a+b\mathrm{i}\mid a,b\in Q\}=Q[\mathrm{i}]$。

定义 4.7　设K是域F的扩域，$a\in K$，包含F和a的K的最小子域称为添加a于F的单

扩域，记为 $F(a)$。如果 a 是 F 上的代数元，则称 $F(a)$ 为单代数扩域；如果 a 是 F 上的超越元，则称 $F(a)$ 为单超越扩域。

$F(a)$ 是存在的，因为子域的交还是子域，于是 $F(a)$ 是包含 F 和 a 的 K 的所有子域的交。

例 4.7 由前例知，$\{a+b\sqrt{2}\mid a,b\in Q\}$ 是域，这里 Q 表示有理数域。

现在把 $Q(\sqrt{2})$ 看成添加 $\sqrt{2}$ 于 Q 的单扩域，则 $Q(\sqrt{2})=\{a+b\sqrt{2}\mid a,b\in Q\}$。

证明： 思路为只要证明集合 $Q(\sqrt{2})$ 与 $\{a+b\sqrt{2}\mid a,b\in Q\}$ 相等。

由单扩域的定义，知 $Q(\sqrt{2})$ 包含 $\sqrt{2}$ 和所有的有理数，于是包含所有的 $a+b\sqrt{2}$，这里 $a,b\in Q$。因此

$$\{a+b\sqrt{2}\mid a,b\in Q\}\subseteq Q(\sqrt{2})$$

又 $Q(\sqrt{2})$ 是包含 Q 和 $\sqrt{2}$ 的 R 的最小子域，于是

$$\{a+b\sqrt{2}\mid a,b\in Q\}\supseteq Q(\sqrt{2})$$

因此

$$Q(\sqrt{2})=\{a+b\sqrt{2}\mid a,b\in Q\}$$

定义 4.8 设 K 是域 F 的扩域，S 是 K 的子集，包含 F 和 S 的 K 的最小子域，称为添加 S 于 F 的扩域，记为 $F(S)$。当 S 是有限集 $S=\{a_1,a_2,\cdots,a_n\}$ 时，称为添加 $a_1,a_2,\cdots,a_n$ 于 F 的扩域，记为 $F(a_1,a_2,\cdots,a_n)$。

定理 4.6 设 K 是域 F 的扩域，S_1 和 S_2 是 K 的两个子集，则 $F(S_1)(S_2)=F(S_1\cup S_2)=F(S_2)(S_1)$。

证明： $F(S_1)(S_2)$ 是一个包含 F,S_1 和 S_2 的 K 的子域，而 $F(S_1\cup S_2)$ 是包含 F 和 $S_1\cup S_2$ 的 K 的最小子域，因此

$$F(S_1)(S_2)\supseteq F(S_1\cup S_2)$$

此外，$F(S_1\cup S_2)$ 包含 F,S_1 和 S_2，因而包含 $F(S_1)$ 和 S_2 的 K 的子域，但 $F(S_1)(S_2)$ 是包含 $F(S_1)$ 和 S_2 的 K 的最小子域，于是 $F(S_1)(S_2)\subseteq F(S_1\cup S_2)$，因此 $F(S_1)(S_2)=F(S_1\cup S_2)$。

同理可证：$F(S_2)(S_1)=F(S_1\cup S_2)$。

根据上述定理，我们可以把添加一个有限集构成的扩域归结为陆续添加单个的元素来构成。

推论 4.1 设 K 是域 F 的扩域，$a_1,a_2,\cdots,a_{n-1},a_n\in K$，则 $F(a_1,a_2,\cdots,a_{n-1},a_n)=F(a_1,a_2,\cdots,a_{n-1})(a_n)=F(a_1)(a_2)\cdots(a_n)$。

例如，$R(\mathrm{i},3\mathrm{i})=R(\mathrm{i})(3\mathrm{i})=C(3\mathrm{i})=C$。

为了给出单扩域的一些结论，我们先给出分式域（商域）的几个性质。

引理 4.1 假定整环 R 有两个以上的元，F 是一个包含 R 的域，那么 F 包含 R 的一个分式域。

证明： 在 F 中，运算 $ab^{-1}=b^{-1}a=\frac{a}{b}\,(a,b\in R,b\neq 0)$ 有意义。取 F 的子集：$\overline{Q}=\{\frac{a}{b},a,b\in R,b\neq 0\}$。$\overline{Q}$ 显然是 R 的一个分式域。证完。

在这里，R 的分式域适合以下计算规则：

① $\frac{a}{b}=\frac{c}{d}$，当而且只当 $a\cdot d=b\cdot c$ 的时候；

② $\frac{a}{b}+\frac{c}{d}=\frac{ad+bc}{b\cdot d}$;

③ $\frac{a}{b}\cdot\frac{c}{d}=\frac{a\cdot c}{b\cdot d}$。

可以看出,上述计算规则完全取决于环 R 的加法和乘法的运算规则。这就是说,R 的分式域的构造完全取决于 R 的构造。所以我们有如下定理。

定理 4.7 同构的环的分式域也是同构的。

这样,抽象地来看,一个环只有一个分式域。

单扩域是最简单的扩域,下面,我们讨论单扩域 $F(\alpha)$的结构。将 α 分为域 F 上的超越元与代数元两种情况。

定理 4.8 若 α 是 F 上的一个超越元,那么,$F(\alpha)\cong F[x]$的分式域。这里 $F[x]$是 F 上的一个未定元 x 的多项式环。

证明:$F(\alpha)$ 包含 F 上的 α 的多项式环:$F[\alpha]=\{\sum_{k=1}^{n}a_k\alpha^k \mid a_k\in F,n\in N\}$。我们知道,$\sum a_kx^k\rightarrow\sum a_k\alpha^k$ 是 F 上的未定元 x 的多项式环 $F[x]$ 到 $F[\alpha]$ 的同态满射。如果 α 是 F 上的超越元,这时,以上映射是同构映射,即 $F[\alpha]\cong F[x]$。由上述定理,$F[\alpha]$ 的分式域 $\cong F[x]$ 的分式域。由上述引理,知 $F[\alpha]$ 的分式域 $\subset F(\alpha)$。此外,$F[\alpha]$ 的分式域包含 F 也包含 α,因此,由 $F(\alpha)$ 的定义,$F(\alpha)\subset F[\alpha]$ 的分式域。因此,$F(\alpha)=F[\alpha]$ 的分式域,故 $F(\alpha)\cong F[x]$ 的分式域。

定理 4.9 设 α 是域 F 上的代数元,并且 $p(x)$是 F 上具有根 α 的 n 次既约多项式,则 $F(\alpha)\cong F[x]/(p(x))$,$F(\alpha)$的元能够唯一地表示为 $c_0+c_1\alpha+c_2\alpha^2+\cdots+c_{n-1}\alpha^{n-1}$,这里 $c_i\in F$,$i=0,1,\cdots,n-1$,并且 $\forall h(\alpha),g(\alpha)\in F(\alpha)$,$h(\alpha),g(\alpha)$相加只需把相应的系数相加,相乘等于 $r(\alpha)$,这里 $r(x)$是 $p(x)$除 $h(x)g(x)$所得的余式。

证明:我们规定 $f:F[x]\rightarrow F(\alpha)$为 $f(q(x))=q(\alpha)$,$\forall q(x)\in F[x]$。

不难证明,f 是 $F[x]\rightarrow F(\alpha)$的环满同态。由前述定理知,$\mathrm{Ker}\, f$ 是 $F[x]$的理想。又$F[x]$的所有理想都是主理想,于是 $\mathrm{Ker}\, f=(t(x))$,对于某个 $t(x)\in F[x]$。

因为 $p(\alpha)=0$,故 $p(x)\in \mathrm{Ker}\, f$,因此,$t(x)\mid p(x)$。由于 $p(x)$是既约的,则 $p(x)=kt(x)$,这里,k 为某个 F 的非零元。因此,$\mathrm{Ker}\, f=(t(x))=(p(x))$。

由环同态基本定理知,$F[x]/(p(x))\cong F(\alpha)$。

由

$$F[x]/(p(x))=\{P+a_0x+a_1x^2+\cdots+a_{n-1}x^{n-1}\mid a_i\in F\}$$
$$F(\alpha)=\{c_0+c_1\alpha+c_2\alpha^2+\cdots+c_{n-1}\alpha^{n-1}\mid c_i\in F\}$$

知 $F(\alpha)$中两个元素 $h(\alpha)$与 $g(\alpha)$相加只需相应的系数相加,$h(\alpha)$,$g(\alpha)$相乘等于 $r(\alpha)$,这里 $r(x)$是 $p(x)$除 $h(x)g(x)$所得的余式。

推论 4.2 设 α 是域 F 上 n 次既约多项式 $p(x)$的根,则$(F(\alpha):F)=n$。

证明:$(F(\alpha):F)=(F[x]/(p(x)):F)=n$。

例如,$Q(\sqrt{3})\cong Q[x]/(x^2-3)$,并且$(Q(\sqrt{3}):Q)=2$。

定理 4.10 设 $p(x)$是域 F 上的既约多项式,则 F 存在有限扩域K,在 K 中 $p(x)$有根。

证明:设 $p(x)=a_0+a_1x+\cdots+a_nx^n(a_n\neq0)$,并且令 $P=(p(x))$,由上述定理知,$K=F[x]/P$是 F 的 n 次扩域,于是 $P+x\in K$ 是 $p(x)$的根,因为

$$a_0(P+1)+a_1(P+x)+a_2(P+x)^2+\cdots+a_n(P+x)^n$$
$$=(P+a_0)+(P+a_1x)+(P+a_2x^2)+\cdots+(P+a_nx^n)$$
$$=P+(a_0+a_1x+\cdots+a_nx^n)=P+p(x)=P$$

这里,P 是 K 的零元。

定理 4.11 设 $f(x)$是域 F 上的多项式,则存在 F 的有限扩域 K,在 K 上 $f(x)$可分解成一次因子的乘积。

证明: 按照 $f(x)$的次数作归纳法。

当 $\deg f(x)=1$ 时,定理成立。

假如对 $n-1$ 次多项式定理成立,证明对 n 次多项式 $f(x)$定理也成立。

把 $f(x)$分解为 $p(x)q(x)$,这里 $p(x)$是 F 上的既约多项式。

由上述定理知,F 存在有限扩域 K_1,在 K_1 中 $p(x)$有根 α。因此,$f(x)=(x-a)g(x)$,这里 $g(x)\in K_1[x]$,且 $\deg g(x)=n-1$。

由归纳法假定,K_1 存在有限扩域 K,在 K 上 $g(x)$可分解为一次因子的乘积,因此,$f(x)$在 K 上也能分解为一次因子的乘积,故 K 是 F 的有限扩域。

推论 4.3 设 $f(x)$是 F 上的多项式,存在 F 的有限扩域 K,使 $f(x)$的所有根都在 K 中。

在本节中,我们学习了扩域的相关知识。扩域与线性空间有着联系,设$(K,+,\cdot)$是域$(F,+,\cdot)$的扩域,则 K 是 F 的线性空间。$(K:F)$表示 F 上线性空间 K 的维数。对于有限域而言,若$(T:K)=m$,$(K:F)=n$,则$(T:F)=(T:K)(K:F)$。对于添加一个元素构成的扩域,我们有如下重要结论:若 α 是 F 上的一个超越元,那么,$F(\alpha)\cong F[x]$的分式域;若 α 是 F 上的代数元,并且 $p(x)$是 F 上具有根 α 的 n 次既约多项式,则 $F(\alpha)\cong F[x]/(p(x))$。

4.3 多项式的分裂域

代数基本定理指的是:复数域 C 上一元多项式环 $C[x]$的每一个 n 次多项式,在 C 里有 n 个根,即 $C[x]$的每一个多项式在 $C[x]$里都能分解为一次因子的乘积。这个结论在实数域 R 或有理数域 Q 上是不成立的。例如,x^2-2 在 $Q[x]$中不能分解为一次因式的乘积,但在 $R[x]$中可以分解为一次因式的乘积。这里,实数域 R 是理数域 Q 的扩域。在本节中,我们将学习由一个已知的域 F 和 F 上的一个多项式 $f(x)$,来构造一个 F 的扩域 E,使得 $f(x)$在 $E[x]$中能够分解为一次因式的乘积的方法。

定义 4.9 设 K 是域 F 的扩域,$\alpha\in K$ 是 F 的代数元,满足 $p(\alpha)=0$ 的次数最低的多项式为

$$p(x)=a_0+a_1x+\cdots+a_{n-1}x^{n-1}+x^n\in F[x]$$

$p(x)$称为 a 在 F 上的极小多项式,n 称为 a 在 F 上的次数。

首先,我们学习一下极小多项式的性质。

定理 4.12 设 K 是域 F 的扩域,$\alpha\in K$ 是 F 的代数元,则 α 在 F 上的极小多项式是唯一的。

证明: 设有两个 α 在 F 上的极小多项式

$$f(x)=a_0+a_1x+\infty+a_{n-1}x^{n-1}+x^n$$
$$g(x)=b_0+b_1x+\infty+b_{n-1}x^{n-1}+x^n$$

令

$$h(x)=f(x)-g(x), \quad \deg h(x)<n$$

则

$$h(\alpha)=f(\alpha)-g(\alpha)=0$$

这与 $f(x)$是 α 在 F 上的极小多项式矛盾，因此

$$f(x)=g(x)$$

定理 4.13 设 K 是域 F 的扩域，$\alpha\in K$ 是 F 的代数元，则 α 在 F 上的极小多项式是 F 上的既约多项式。

证明： 设 $p(x)$是代数元 α 在 F 上的极小多项式，采用反证法。

如果 $p(x)$在 F 上可约，即 $p(x)=g(x)h(x)$，这里

$$0<\deg g(x)<\deg p(x), \quad 0<\deg h(x)<\deg p(x)$$

将 α 代入上式，$p(\alpha)=g(\alpha)h(\alpha)$，但 $p(\alpha)=0$，于是 $g(\alpha)=0$ 或 $h(\alpha)=0$。这与 $p(x)$是 α 在 F 上的极小多项式矛盾。

因此，$p(x)$是 F 上的既约多项式。

定理 4.14 设 K 是域 F 的扩域，$\alpha\in K$ 是 F 的代数元，α 在 F 上的极小多项式为 $p(x)$。如果对于多项式 $f(x)\in F[x]$，且 $f(\alpha)=0$，则 $p(x)\mid f(x)$。

证明： 将 $f(x)$除以 $p(x)$，令 $f(x)=q(x)p(x)+r(x)$，这里 $r(x)=0$ 或 $\deg r(x)<\deg p(x)$。将 α 代入 $f(x)=q(x)p(x)+r(x)$，则

$$f(\alpha)=q(\alpha)p(\alpha)+r(\alpha)$$

于是 $r(\alpha)=0$。因此，α 是 $r(x)$的根，这与 $p(x)$是 F 上的极小多项式矛盾，所以 $r(x)=0$。于是 $f(x)=q(x)p(x)$，即 $p(x)\mid f(x)$。

以上的讨论是在域 F 有扩域 E 的前提下进行的。现在我们问，若是只给了一个域 F，是不是 F 的单扩域存在？需要指出的是，该问题在上一节已经解决。现在，再从另一个角度做一次归纳，并在此基础上做一些扩展。

因为存在 F 的单超越扩域，我们容易看出，F 上的一个未定元 x 的多项式环 $F[x]$和$F[x]$的分式域都是存在的。$F[x]$的分式域显然是包含 F 和 x 的最小域，而按照未定元的定义，x 是 F 上的一个超越元。因此 $F[x]$的分式域就是 F 的一个单超越扩域。由前述定理，F 的任何单超越扩域都是同构的。

关于是否一定存在 F 的单代数扩域的问题，回答是肯定的。我们首先看以下的引理。

引理 4.2 假定在集合 A 与 $\overline{A}$ 之间存在一个一一映射 ϕ，并且 A 有加法和乘法。那么我们可以替 $\overline{A}$ 规定加法和乘法，使得 A 与 $\overline{A}$ 对一对加法以及一对乘法来说都同构。

证明： 假定在给定的一一映射之下，A 的元 x 同 $\overline{A}$ 的元 $\overline{x}$ 对应。我们按照以下方式规定集合 $\overline{A}$ 中的加法与乘法运算：$\overline{a}+\overline{b}=\overline{c}$，若 $a+b=c$；$\overline{a}\overline{b}=\overline{d}$，若 $ab=d$。

首先，这样规定的法则是集合 $\overline{A}$ 中的加法和乘法运算。因为给了 $\overline{a}$ 和 $\overline{b}$，我们可以找到唯一的 a 和 b，因而可以找到唯一的 c 和 d、唯一的 $\overline{c}$ 和 $\overline{d}$。

其次，这样规定以后，ϕ 显然对于一对加法和一对乘法来说都是同构映射。证完。

定理 4.15 假定 S 是环 R 的一个子环，S 在 R 里的补集（即为所有不属于 S 的 R 的元构成的集合）与另一个环 $\overline{S}$ 没有共同元，并且 $S\cong\overline{S}$。那么存在一个与 R 同构的环 $\overline{R}$，而且 $\overline{S}$ 是 $\overline{R}$ 的子环。

证明： 我们假设

$$S=\{a_s, b_s, \cdots\}$$
$$\overline{S}=\{\overline{a}_s, \overline{b}_s, \cdots\}$$

并且在 S 与 $\overline{S}$ 间的同构映射为 $\phi: x_s \to \overline{x_s}$。

R 的不属于 S 的元我们用 $a, b, \cdots$ 来表示，这样，$R=\{a_s, b_s, \cdots | a, b, \cdots\}$。

现在我们把所有 $\overline{a}_s, \overline{b}_s, \cdots$ 和所有 $a, b, \cdots$ 放在一起，构成一个集合 $\overline{R}$，即 $\overline{R}=\{\overline{a_s}, \overline{b_s}, \cdots, a, b, \cdots\}$，并且规定一个映射法则 $\varphi: x_s \to \overline{x_s}, x \to x$，这里，$x_s \in S, x \in R-S$。

首先说明，映射 φ 是一个 R 到 $\overline{R}$ 的一一映射。显然，φ 是一个 R 到 $\overline{R}$ 的满射。我们看 R 的任意两个不相同的元。如果这两个元同时属于 S，或者同时属于 S 的补集，那么，它们在 φ 之下的像显然不相同。如果这两个元一个属于 S，一个属于 S 的补集，那么它们在 φ 之下的像一个属于 $\overline{S}$，一个属于 S 的补集；$\overline{S}$ 与 S 的补足集合没有共同元，这两个像也不相同。这样 φ 是 R 与 $\overline{R}$ 间的单射，即 φ 是 R 与 $\overline{R}$ 间的一一映射。

因此，用上述引理，我们可以替 $\overline{R}$ 规定加法和乘法，使得 $R \cong \overline{R}$。

由 $\overline{R}$ 的定义可知，$\overline{R} \supset \overline{S}$。$\overline{S}$ 原来有加法和乘法，并且构成一个环。但还不能说，$\overline{S}$ 是 $\overline{R}$ 的子环。因为 $\overline{S}$ 是 $\overline{R}$ 子环的意思是，$\overline{S}$ 对于 $\overline{R}$ 的代数运算来说构成一个环。

下面说明，$\overline{S}$ 是 $\overline{R}$ 的子环。我们把 $\overline{R}$ 的加法暂时用 $\mp$ 来表示，$\overline{S}$ 和 S 的加法仍用 $+$ 来表示。假定 $\overline{x_s}, \overline{y_s}$ 是 $\overline{S}$ 的两个任意元，并且

$$x_s + y_s = z_s$$

那么由 $\mp$ 的定义，以及 S 与 $\overline{S}$ 同构，有

$$\overline{x}_s \mp \overline{y}_s = \overline{z}_s,\ \overline{x}_s + \overline{y}_s = \overline{z}_s$$

这就是说，假如只看对于 $\overline{S}$ 的影响，$\overline{R}$ 的加法与 $\overline{S}$ 原来的加法没有什么分别。同样可以看出，$\overline{R}$ 的乘法与 $\overline{S}$ 原来的乘法对于 $\overline{S}$ 的影响也是一样的。这样，$\overline{S}$ 的确是 $\overline{R}$ 的子环。证完。

上述定理是针对代数系统"环"而言的，对于域来说，也有类似的结论。下面的定理回答了 F 的单代数扩域的存在性问题。

定理 4.16 对于任一给定域 F 以及 F 上一元多项式环 $F[x]$ 中给定的不可约多项式

$$p(x) = x^n + a_{n-1}x^{n-1} + \cdots + a_0$$

总存在 F 的单代数扩域 $F(\alpha)$，其中 α 在 F 上的极小多项式是 $p(x)$。

证明： 有了 F 和 $p(x)$，我们可以构造剩余类环

$$K' = F[x]/(p(x))$$

因为 $p(x)$ 是不可约多项式，所以 $(p(x))$ 是一个极大理想，因而 K' 是一个域。

我们知道，有 $F[x]$ 到 K' 的同态满射

$$f(x) \to \overline{f(x)}$$

这里 $\overline{f(x)}$ 是 $f(x)$ 所在的剩余类。由于 $F \subset F[x]$，在这个同态满射之下，F 与 $\overline{F}=\{(p(x))+a | a \in F\}$ 同构。这样，由于 K' 和 F 没有共同元，由上述定理，可以得到一个域 K，使得

$$K \cong K', F \subset K$$

现在我们看 $F[x]$ 的元 x 在 K' 里的像 $\overline{x}$。由于

$$p(x) = x^n + a_{n-1}x^{n-1} + \cdots + a_0 \equiv 0\ (p(x))$$

所以在 K' 里

$$\overline{x}^n + \overline{a_{n-1}}\,\overline{x^{n-1}} + \cdots + \overline{a_0} = 0$$

因此,假如我们把 $\bar{x}$ 在 K 里的逆像称为 α,我们就有

$$\alpha^n + a_{n-1}\alpha^{n-1} + \cdots + a_0 = 0$$

这样,域 K 包含一个 F 上的代数元 α。我们证明,$p(x)$ 就是 α 在 F 上的极小多项式。令 $p_1(x)$ 是 α 在 F 上的极小多项式,那么 $F[x]$ 中一切满足条件 $f(\alpha)=0$ 的多项式 $f(x)$ 显然构成一个理想,而这个理想就是主理想 $(p_1(x))$。因此 $p(x)$ 能被 $p_1(x)$ 整除,但 $p(x)$ 不可约,所以一定有

$$p(x) = ap_1(x), a \in F$$

但 $p(x)$ 和 $p_1(x)$ 的最高系数都是1,所以 $a=1$,而

$$p(x) = p_1(x)$$

因此我们可以在域 K 中做单扩域 $F(\alpha)$,而 $F(\alpha)$ 能满足定理的要求。实际上,$F(\alpha)=K$。证完。

给了域 F 和 $F[x]$ 的一个最高系数为1的不可约多项式 $p(x)$,可能存在若干个单代数扩域,都满足上述定理的要求。我们有如下定理。

定理 4.17　设 $F(\alpha)$ 和 $F(\beta)$ 是域 F 的两个单代数扩域,并且 α 和 β 在 F 上有相同的极小多项式 $p(x)$,则 $F(\alpha)$ 与 $F(\beta)$ 同构。

证明: 设 $p(x)$ 的次数为 n,由前述定理知

$$F(\alpha) = \{a_0 + a_1\alpha + \cdots + a_{n-1}\alpha^{n-1} \mid a_i \in F\}$$
$$F(\beta) = \{a_0 + a_1\beta + \cdots + a_{n-1}\beta^{n-1} \mid a_i \in F\}$$

规定 f: $F(\alpha) \to F(\beta)$ 为

$$f\left(\sum_{i=0}^{n-1} a_i\alpha^i\right) = \sum_{i=0}^{n-1} a_i\beta^i$$

不难证明:f 是 $F(\alpha) \to F(\beta)$ 的同构,即 $F(\alpha) \cong F(\beta)$。

对以上讨论做一个归纳,我们有如下定理。

定理 4.18　在同构的意义下,存在而且仅存在域 F 的一个单扩域 $F(\alpha)$,其中 α 的极小多项式是 $F[x]$ 给定的,是最高系数为1的不可约多项式。

下面我们学习一个域的分裂域的知识。我们知道,代数基本定理指的是:复数域 C 上一元多项式环 $C[x]$ 的每一个 n 次多项式在 C 里有 n 个根。换一句话说,$C[x]$ 的每一个多项式在 $C[x]$ 里都能分解为一次因子的乘积。

若是一个域 E 上的一元多项式环 $E[x]$ 的每一个多项式在 $E[x]$ 里都能分解为一次因子的乘积,那么 E 显然不再有真正的代数扩域。这样的一个域称为代数闭域。

定义 4.10　设 K 是域 F 的扩域,$f(x) \in F[x]$,称 K 为 $f(x)$ 在 F 上的一个分裂域(或根域),假如 K 含有 $f(x)$ 的所有根,而 K 的任一真子域均不含 $f(x)$ 的所有根。

我们先看一看,一个多项式的分裂域应该有什么性质。

定理 4.19　令 E 是域 F 上多项式 $f(x)$ 的一个分裂域,即

$$f(x) = a_n(x-\alpha_1)(x-\alpha_2)\cdots(x-\alpha_n), \alpha_i \in E \tag{2}$$

那么 $E = F(\alpha_1, \alpha_2, \cdots, \alpha_n)$。

证明: 我们有

$$F \subset F(\alpha_1, \alpha_2, \cdots, \alpha_n) \subset E$$

并且在 $F(\alpha_1, \alpha_2, \cdots, \alpha_n)$ 中,$f(x)$ 已经能够分解成(2)的形式。因此根据多项式的分裂域的定义,有

$$E=F(\alpha_1,\alpha_2,\cdots,\alpha_n)$$

不难看出:设 $f(x)$的所有根为$\alpha_1,\alpha_2,\cdots,\alpha_n$,那么,$f(x)$在 F 上的分裂域K 是使$f(x)$能够分解为一次因子乘积

$$c(x-\alpha_1)(x-\alpha_2)\cdots(x-\alpha_n)$$

的 F 的最小扩域,并且 $F(\alpha_1,\alpha_2,\cdots,\alpha_n)$是 $f(x)$在 F 上的一个分裂域。由前述推论知,对任意域 F,$F[x]$中的任意 n 次多项式 $f(x)$都存在 $f(x)$在 F 上的分裂域。

任意 n 次多项式 $f(x)$都存在分裂域这一结论,也可以通过以下定理,以另一种形式来证明。

定理 4.20 给了域 F 上一元多项式环 $F[x]$中的一个 n 次多项式 $f(x)$,一定存在$f(x)$在 F 上的分裂域E。

证明: 假定在 $F[x]$里,有

$$f(x)=f_1(x)g_1(x)$$

这里 $f_1(x)$为最高系数为 1 的不可约多项式。那么存在一个域 $E_1=F(\alpha_1)$,而 α_1 在 F 上的极小多项式是 $f_1(x)$。在 E_1 里,$f_1(\alpha)=0$,所以 $x-\alpha_1\mid f(x)$。因此在 E_1 里,$f(x)=(x-\alpha_1)f_2(x)g_2(x)$。

这里,$f_2(x)$是 $E_1[x]$里最高系数为 1 的不可约多项式。这样存在一个域

$$E_2=E_1(\alpha_2)=F(\alpha_1)(\alpha_2)=F(\alpha_1,\alpha_2)$$

而 α_2 在 E_1 上的极小多项式是 $f_2(x)$。

在 $E_2[x]$中,有

$$f(x)=(x-\alpha_1)(x-\alpha_2)f_3(x)g_3(x)$$

此时,$f_3(x)$是$E_2[x]$的最高系数为 1 的不可约多项式。这样我们又可以利用 $f_3(x)$来得到域$E_3=F(\alpha_1,\alpha_2,\alpha_3)$,使得在 $E_3[x]$里,有

$$f(x)=(x-\alpha_1)(x-\alpha_2)(x-\alpha_3)f_4(x)g_4(x)$$

以此类推,这样,一步一步地我们可以得到域

$$E=F(\alpha_1,\alpha_2,\cdots,\alpha_n)$$

使得在 $E[x]$里,$f(x)=a_n(x-\alpha_1)(x-\alpha_2)\cdots(x-\alpha_n)$。证完。

例 4.8 求多项式 $f(x)=x^3-1$ 在有理数域 Q 上、在实数域 R 上的分裂域。

解: $f(x)$的完全分解式为

$$f(x)=x^3-1=(x-1)\left(x-\frac{-1+\sqrt{3}\mathrm{i}}{2}\right)\left(x-\frac{-1-\sqrt{3}\mathrm{i}}{2}\right)$$

则由上述结论知,$f(x)$在理数域Q 上的分裂域为

$$Q\left(1,\frac{-1+\sqrt{3}\mathrm{i}}{2},\frac{-1-\sqrt{3}\mathrm{i}}{2}\right)=\{a+b\sqrt{3}\mathrm{i}\mid a,b\in Q\}=Q(\sqrt{3}\mathrm{i})$$

$f(x)$在实数域R 上的分裂域为

$$R\left(1,\frac{-1+\sqrt{3}\mathrm{i}}{2},\frac{-1-\sqrt{3}\mathrm{i}}{2}\right)=\{a+b\mathrm{i}\mid a,b\in R\}=R(\mathrm{i})=C$$

此即 $f(x)$在实数域R 上的分裂域为复数域C。

为了证明域 F 上多项式 $f(x)$的分裂域是同构的,下面证明几个结论。

引理 4.3 设域 F 与 $\overline{F}$ 同构,则多项式环 $F[x]$与 $\overline{F}[x]$也同构。

证明: 设 φ 是 $F\to\overline{F}$ 的同构映射,且 $\varphi(c)=\bar{c}$,$\forall c\in F$,规定 ψ:$F[x]\to\overline{F}[x]$为

$$\psi(a_0+a_1x+\cdots+a_nx^n)=\bar{a}_0+\bar{a}_1x+\cdots+\bar{a}_nx^n,\ \forall\, a_0+a_1x+\infty+a_n x^n\in F[x]$$

下面证明：ψ 是 $F[x]\to\bar{F}[x]$ 的同构映射。

ψ 显然是 $F[x]\to\bar{F}[x]$ 的一一映射。

我们看 $F[x]$ 的两个元 $f(x)$ 和 $g(x)$

$$f(x)=\sum a_ix^i\to\sum\bar{a}_ix^i=\bar{f}(x)$$

$$g(x)=\sum b_ix^i\to\sum\bar{b}_ix^i=\bar{g}(x)$$

那么

$$\sum(a_i+b_i)x^i\to\sum(\overline{a_i+b_i})x^i=\sum(\bar{a}_i+\bar{b}_i)x^i$$

$$f(x)+g(x)\to\bar{f}(x)+\bar{g}(x)$$

$$\sum\Big(\sum_{i+j=k}a_ib_i\Big)c^k\to\sum_k\Big(\sum_{i+j=k}\overline{a_ib_i}\Big)x^k=\sum_k\Big(\sum_{i+j=k}\bar{a}_i\bar{b}_i\Big)x^k$$

$$f(x)g(x)\to\bar{f}(x)\bar{g}(x)$$

所以 ψ 是同构映射。证完。

推论 4.4　在上述同构映射 ψ 之下，$F[x]$ 的一个既约多项式的像是 $\bar{F}[x]$ 的既约多项式。

引理 4.4　设域 F 到 $\bar{F}$ 存在同构映射 φ，由上述引理知，$F[x]$ 到 $\bar{F}[x]$ 存在同构映射 ψ，并设 $p(x)$ 是 $F[x]$ 的一个最高系数为 1 的既约多项式，$\psi(p(x))=\bar{p}(x)\in\bar{F}[x]$，令 α 与 $\bar{\alpha}$ 分别是 $p(x)$ 与 $\bar{p}(x)$ 的根，$F(\alpha)$，$\bar{F}(\bar{\alpha})$ 分别是 F 和 $\bar{F}$ 的单扩域，则存在 $F(\alpha)$ 到 $\bar{F}(\bar{\alpha})$ 的一个同构映射，且这个同构映射能够保持原来 F 到 $\bar{F}$ 的同构映射。

证明：设同构映射 $\varphi:F\to\bar{F}$ 为 $\varphi(a)=\bar{a}$，$\forall\, a\in F$，并设 $\deg p(x)=n$，于是 $\deg\bar{p}(x)=n$。规定 $f:F(\alpha)\to\bar{F}(\bar{\alpha})$ 为 $f\Big(\sum_{i=0}^{n-1}a_i\alpha^i\Big)=\sum_{i=0}^{n-1}\bar{a}_i\bar{\alpha}^i$，这里 $a_i\in F$。显然，f 是 $F(\alpha)\to\bar{F}(\bar{\alpha})$ 的双射。设 $F(\alpha)$ 的任意两个元为

$$g(\alpha)=\sum_{i=0}^{n-1}a_i\alpha^i,\ h(\alpha)=\sum_{i=0}^{n-1}b_i\alpha^i$$

$$\begin{aligned}f[g(\alpha)+h(\alpha)]&=f\Big(\sum_{i=0}^{n-1}(a_i+b_i)\alpha^i\Big)\\&=\sum_{i=0}^{n-1}(\overline{a_i+b_i})\,\bar{\alpha}^i=\sum_{i=0}^{n-1}(\bar{a}_i+\bar{b}_i)\,\bar{\alpha}^i\\&=\sum_{i=0}^{n-1}\bar{a}_i\bar{\alpha}^i+\sum_{i=0}^{n-1}\bar{b}_i\bar{\alpha}^i=\bar{g}(\bar{\alpha})+\bar{h}(\bar{\alpha})\end{aligned}$$

设 $g(\alpha)h(\alpha)=r(\alpha)$，这里，$g(x)h(x)=q(x)p(x)+r(x)$，则 $\bar{g}(\bar{\alpha})\bar{h}(\bar{\alpha})=\bar{r}(\bar{\alpha})$，这里，$\bar{g}(x)\bar{h}(x)=\bar{q}(x)\bar{p}(x)+\bar{r}(x)$，从而由上述引理得，$f[g(\alpha)h(\alpha)]=f(r(\alpha))=\bar{r}(\bar{\alpha})=\bar{g}(\bar{\alpha})\bar{h}(\bar{\alpha})$。

因此，f 是 $F(\alpha)$ 到 $\bar{F}(\bar{\alpha})$ 的同构映射，并且是能够保持原来 F 与 $\bar{F}$ 的同构映射。

定理 4.21　设域 F 到 $\bar{F}$ 存在同构映射 φ，由上述引理知，$F[x]$ 到 $\bar{F}[x]$ 存在同构映射 ψ，并设 $f(x)\in F[x]$，则

$$\psi(f(x))=\bar{f}(x)\in\bar{F}[x]$$

又设 K 是 $f(x)$ 在 F 上的分裂域，$\bar{K}$ 是 $\bar{f}(x)$ 在 $\bar{F}$ 上的分裂域，则存在 $K\to\bar{K}$ 的一个同构映射，且这个同构映射能够保持原来 F 与 $\bar{F}$ 的同构映射。

证明：对 $m=(K:F)$ 使用归纳法。

当 $m=1$ 时,定理显然成立。

当 $m>1$ 时,假定对于任意域 F 上小于 m 的所有分裂域定理成立,证明等于 m 时定理也成立。

因为 $m>1$,于是 $f(x)$ 的根不全都在 F 中,从而 $f(x)$ 中至少有一个最高系数为 1 的既约多项式 $p(x)$ 的因子,它的次数 $d>1$。设 α 是 $p(x)$ 在 K 中的根,由上述引理,$F[x]$ 与 $\overline{F}[x]$ 同构,设 $\overline{p}(x)$ 是 $\overline{f}(x)$ 的对应于 $p(x)$ 的因子,于是分裂域 $\overline{K}$ 包含 $\overline{p}(x)$ 的根 $\overline{\alpha}$,可知存在 $F(\alpha)\to\overline{F}(\overline{\alpha})$ 的同构映射 ϕ_1,并且 ϕ_1 保持原来域 F 到 $\overline{F}$ 的同构映射 φ。因为 K 刚好是把 $f(x)$ 的全部根添加于 F 所得的扩域,所以 K 是 $f(x)$ 在 $F(\alpha)$ 上的分裂域,而 $(K:F(\alpha))=\frac{m}{d}$,同样地,$\overline{K}$ 是 $\overline{f}(x)$ 在 $\overline{F}(\overline{\alpha})$ 上的分裂域,因为 $\frac{m}{d}<m$,由归纳法假定,存在 $K\to\overline{K}$ 的同构映射 ϕ_2,并且 ϕ_2 保持 $F(\alpha)\to\overline{F}(\overline{\alpha})$ 的同构映射 ϕ_1,则这个同构映射 ϕ_2 能够保持原来 $F\to\overline{F}$ 的同构映射 φ。

推论 4.5 域 F 上一个多项式在 F 上的不同的分裂域都同构。

我们知道,一个 n 次多项式在一个域最多有 n 个根。分裂域的存在定理告诉我们,域 F 上多项式 $f(x)$ 在 F 的某一个扩域里一定有 n 个根。分裂域的唯一存在定理告诉我们,用不同方法找到的 $f(x)$ 的两组根,抽象地来看,没有什么区别。这样,给了任何一个域 F 和 F 上一个 n 次多项式 $f(x)$,我们总可以谈论 $f(x)$ 的 n 个根。因此,分裂域的理论在一定意义下可以类比于代数基本定理。

4.4 域的特征和有限域的结构

有限域在计算机科学、通信理论中有着很多应用,在密码学中也有着重要的应用。有限域中的元素的个数是有限的,其结构相对清楚。在本节中,我们将学习有限域方面的知识。

定义 4.11 设 F 是任意域,1 是 F 中的单位元,如果对于任何正整数 n,有

$$\underbrace{1+1+\cdots+1}_{n}=n\cdot 1\neq 0$$

则称 F 的特征是 0;如果存在正整数 n,使 $n\cdot 1=0$,则称 F 的特征为适合条件 $n\cdot 1=0$ 的最小正整数 n,记为 $\mathrm{Ch}\,F=n$。

例如,R 与 Q 的特征为 0;当 p 是素数时,Z_p 的特征是 p。

定理 4.22 设 F 是域,则 F 的特征是 0 或是一个素数 p。

证明:设 F 的特征不为 0,即存在最小的正整数 p,使 $p\cdot 1=0$,下面说明 p 必是素数。

采用反证法的证明思路。如果 p 不是素数,则有 $p=p_1p_2$,这里 $1<p_1\leqslant p_2<p$。因此,$p\cdot 1=(p_1p_2)\cdot 1=(p_1\cdot 1)(p_2\cdot 1)=0$,由于域中没有零因子,则 $(p_1\cdot 1)=0$ 或 $(p_2\cdot 1)=0$,这与 p 为最小正整数矛盾。

定理 4.23 设 F 是域,如果 F 的特征是 p,则 F 包含一个子域,同构于 Z_p;如果 F 的特征是 0,则 F 包含一个子域,同构于有理数域 Q。

证明:设 F 的单位元为 1,令 $H=\{n\cdot 1\mid n\in Z\}$。显然,$H$ 是 F 的子集。

规定 $f:Z\to H$ 为 $f(n)=n\cdot 1$, $\forall n\in Z$。不难证明:f 是 $Z\to H$ 的满同态。

① 若 F 的特征为素数 p,由环同态基本定理,$Z/\mathrm{Ker}\,f\cong H$,显然,$\mathrm{Ker}\,f\supseteq(p)$。因为 p 为素数,也为既约元,所以 (p) 是 Z 的一个极大理想。此外,$\mathrm{Ker}\,f$ 也是 Z 的一个理想,而 $1\notin$

Ker f，于是 Ker $f \neq Z$。因此，Ker $f=(p)$，则有 $Z/(p)=Z_p \cong H$，即 F 的子域 H 同构于 Z_p。

② 若 F 的特征为 0，这时 f 是 $Z \to H$ 的同构，即 $Z \cong H$。但 F 包含 H 的分式域 $F_1=\{xy^{-1} \mid x, y \in H\}$，规定 $g: Q \to F_1$ 为 $g(a/b)=f(a)f(b)^{-1}$，$\forall a, b \in Z, b \neq 0$。可以证明 g 是 $Q \to F_1$ 的同构映射，于是 $Q \cong F_1$，即 F 的子域 F_1 同构于 Q。

推论 4.6 有限域的特征是素数。

定义 4.12 一个域称为素域，假如它不含真子域。

推论 4.7 设 F 是一个域，Δ 表示 F 的素域（F 的最小子域），当 F 的特征是素数 p 时，Δ 就与 Z_p 同构；当 F 的特征是 0 时，Δ 就与 Q 同构。

定理 4.24 设 F 是特征为素数 p 的域，对于任何 $a, b \in F$，则 $(a+b)^p=a^p+b^p$。

证明： 由二项式定理有

$$(a+b)^p=\sum_{i=0}^{p}\binom{p}{i}a^i b^{p-i}$$

因为 $\binom{p}{i}=\dfrac{p!}{i!\,(p-i)!}$ 是 p 中取 i 的组合数，所以一定是正整数。由于 p 是素数，于是当 $0<i<p$ 时，$p \nmid i!$，$p \nmid (p-i)!$，从而 $p \nmid i!\,(p-i)!$。因此，当 $0<i<p$ 时，$p \mid \binom{p}{i}$，于是 $\binom{p}{i}a^i b^{p-i}=0$。因此，$(a+b)^p=a^p+b^p$。

推论 4.8 设 F 是特征为素数 p 的域，对于任何 $a, b \in F$，则 $(a-b)^p=a^p-b^p$。

证明： $(a-b)^p=[a+(-b)]^p=a^p+(-b)^p=a^p-b^p$。

推论 4.9 设 F 是特征为素数 p 的域，对于任何 $a, b \in F$，n 是非负整数，则 $(a \pm b)^{p^n}=a^{p^n} \pm b^{p^n}$。

证明： 对 n 使用归纳法。

当 $n=1$ 时，由上述推论，结论成立。

假设在 $n=k-1$ 时，结论成立，即 $(a \pm b)^{p^{k-1}}=a^{p^{k-1}} \pm b^{p^{k-1}}$。

当 $n=k$ 时，$(a \pm b)^{p^k}=((a \pm b)^{p^{k-1}})^p$，由假设，$(a \pm b)^{p^k}=((a \pm b)^{p^{k-1}})^p=(a^{p^{k-1}} \pm b^{p^{k-1}})^p=(a^{p^{k-1}})^p \pm (b^{p^{k-1}})^p=a^{p^k} \pm b^{p^k}$，即 $n=k$ 时结论也成立。

由归纳法原理，原结论成立。

定理 4.25 设 F 是有限域，则 F 有 p^m 个元素。这里，p 是 F 的特征，m 是 F 在它的素域 Δ 上的次数，即 $m=(F: \Delta)$。

证明： 由于有限域 F 的特征是素数 p，于是 F 的素域 Δ 同构于 Z_p，从而 Δ 与 Z_p 的元素个数相等。因为 F 是有限域，所以 F 是 Δ 的有限扩域。令 $(F: \Delta)=m$，并且令 $f_1, f_2, \cdots, f_m$ 是 F 在 Δ 上的一组基。因此

$$F=\{\lambda_1 f_1+\cdots+\lambda_m f_m \mid \lambda_i \in \Delta\}$$

这里，每个 λ_i 存在 p 个选择，于是 F 包含 p^m 个元。

定理 4.26 设 F 是特征为 p 的有限域，F 的素域为 Δ，并设 F 的元素个数为 $q=p^m$，则 F 是多项式 x^q-x 在 Δ 上的分裂域。

证明： 域 F 的所有非零元关于乘法构成 $q-1$ 阶群，于是群中每个元素的阶都是 $q-1$ 的因子。因此，F 的每个元 α 都满足

$$\alpha^{q-1}=1,\ \forall \alpha \in F, \alpha \neq 0$$

由于 $0^q=0$，所以有 $\alpha^q=\alpha$，$\forall \alpha \in F$，因此，F 的所有元 $\alpha_1, \alpha_2, \cdots, \alpha_q$ 都满足 x^q-x，即

$$x^q - x = (x-\alpha_1)(x-\alpha_2)\cdots(x-\alpha_q)$$

又 $F=\Delta(\alpha_1, \alpha_2, \cdots, \alpha_q)$，于是 F 是多项式 x^q-x 在 Δ 上的分裂域。

推论 4.10 设 F 是特征为 p 的有限域，F 的素域为 Δ，并设 F 的元素个数为 $q=p^m$，则 F 中任意元素在 Δ 上均有唯一的一个极小多项式。

证明： 由于 F 的任意元 α 都适合 Δ 上的多项式 x^q-x，因此，α 一定适合 Δ 上的一个最高系数为 1 的次数最低的多项式，这就证明了 α 在 Δ 上有一个极小多项式。由前述定理可得唯一性。

推论 4.11 具有 $q=p^m$ 个元的有限域都同构。

证明： 由上述推论知，特征为 p 的素域都同构，而多项式 x^q-x 在同构的域上的分裂域也同构。

定义 4.13 具有 p^m 个元的有限域称为 p^m 阶的伽罗瓦(Galois)域，记为 $GF(p^m)$。

我们知道，$F=GF(p^m)$ 是 F 的素域 Δ 的 m 次扩域。由于 $\Delta\cong Z_p$，因此，我们也把 F 看成 Z_p 的 m 次扩域。故 $GF(p^m)=Z_p[x]/(q(x))=Z_p(\alpha)$，这里，$q(x)$ 是 Z_p 上的 m 次既约多项式，α 是 $q(x)$ 的根。

例如，当 p 是素数时，$GF(p)=Z_p$。

例如，x^3+x+1 与 x^3+x^2+1 都是 Z_2 上的既约多项式，于是 $Z_2[x]/(x^3+x+1)$ 与 $Z_2[x]/(x^3+x^2+1)$ 都是阶为 2^3 的有限域，由上述推论知，$Z_2[x]/(x^3+x+1)\cong Z_2[x]/(x^3+x^2+1)$。它们都是 $GF(2^3)$。

例如，$GF(4)=Z_2[x]/(x^2+x+1)=Z_2(\alpha)=\{a_0+a_1\alpha \mid a_0, a_1\in Z_2\}=\{0, 1, \alpha, \alpha+1\}$，这里，$\alpha$ 是 x^2+x+1 的根。关于 $(GF(4), +, \cdot)$ 的运算如图 4.1 所示。

$+$	0	1	α	$\alpha+1$	$\cdot$	0	1	α	$\alpha+1$
0	0	1	α	$\alpha+1$	0	0	0	0	0
1	1	0	$\alpha+1$	α	1	0	1	α	$\alpha+1$
α	α	$\alpha+1$	0	1	α	0	α	$\alpha+1$	1
$\alpha+1$	$\alpha+1$	α	1	0	$\alpha+1$	0	$\alpha+1$	1	α

图 4.1 $(GF(4), +, \cdot)$的运算表

对于任意给定的一个素数 p 和正整数 m，$GF(p^m)$ 是否一定存在？也就是说，在 $Z_p[x]$ 中是否一定能找到一个 m 次既约多项式？下面的定理证明 $GF(p^m)$ 存在。

定理 4.27 设 p 是任意一个素数，且 $q=p^m$(m 是正整数)，则多项式 x^q-x 在 Z_p 上的分裂域 K 是一个 q 个元的有限域。

证明： $K=Z_p(\alpha_1, \alpha_2, \cdots, \alpha_q)$，这里 α_i 是 $f(x)=x^q-x$ 在域 K 中的根。由于 K 的特征是 p，而 $f(x)$ 的导数 $f'(x)=p^m x^{q-1}-1=-1$，因此，$\gcd[f(x), f'(x)]=1$。知 $f(x)$ 没有重根，即 $f(x)$ 的 q 个根都不同。令 K_1 为 $f(x)$ 的 q 个根的集合，即 $K_1=\{\alpha_1, \alpha_2, \cdots, \alpha_q\}$，下面证明：$K_1$ 是 K 的子域。

对于任何 $\alpha_i, \alpha_j\in K_1$，有

$$\alpha_i^{p^m}-\alpha_i=0, \quad \alpha_j^{p^m}-\alpha_j=0$$

由前述推论知

$$(\alpha_i-\alpha_j)^{p^m}=\alpha_i^{p^m}-\alpha_j^{p^m}=\alpha_i-\alpha_j$$

于是 $\alpha_i-\alpha_j$ 也是 $f(x)$ 的根，即 $\alpha_i-\alpha_j\in K_1$。又因为

$$\left(\frac{\alpha_i}{\alpha_j}\right)^{p^m}=\frac{\alpha_i{}^{p^m}}{\alpha_j{}^{p^m}}=\frac{\alpha_i}{\alpha_j}\quad(\alpha_j\neq 0)$$

于是 $\frac{\alpha_i}{\alpha_j}$ 也是 $f(x)$ 的根，即 $\frac{\alpha_i}{\alpha_j}\in K_1$。因此，$K_1$ 是 K 的子域，但 K_1 也包含 Z_p，所以 $K=K_1$，而 K_1 恰好有 q 个元素。

推论 4.12　有限域 GF(p^m)的 p^m 个元素恰好是多项式 $x^{p^m}-x\in Z_p[x]$ 的 p^m 个根。

例 4.9　构造 GF(125)。

解：因为 $125=5^3$，如果能够找出一个 Z_5 上的 3 次既约多项式，就可构造 GF(125)。

Z_5 上的 3 次可约多项式必须有一个一次因子，即 Z_5 上的 3 次既约多项式不能够为以下形式的多项式：$(x+a)(x^2+bx+c)$。其中，$a,b,c\in Z_5$。

在 $Z_5[x]$ 中，$p(x)=x^3+ax^2+bx+c$ 是既约的，当且仅当在 Z_5 中 $p(n)\neq 0$，$n=0, 1, 2, 3, 4$。我们可以验算在 $Z_5[x]$ 中，$p(x)=x^3+x+1$ 是既约的。因为 $p(0)=1$，$p(1)=3$，$p(2)=1$，$p(3)=1$，$p(4)=4$，因此，$GF(125)=Z_5[x]/(x^3+x+1)$。

下面讨论有限域的一些特性。

引理 4.5　如果 n,r,s 是整数且 $n\geqslant 2, r\geqslant 1, s\geqslant 1$，则 $n^s-1\mid n^r-1$ 当且仅当 $s\mid r$。

证明：令 $r=as+b$，这里 $0\leqslant b<s$，于是

$$\frac{n^r-1}{n^s-1}=n^b\,\frac{n^{as}-1}{n^s-1}+\frac{n^b-1}{n^s-1}$$

$n^{as}-1$ 能被 n^s-1 整除，而 $\frac{n^b-1}{n^s-1}$ 比 1 小，于是 $\frac{n^b-1}{n^s-1}$ 为整数当且仅当 $b=0$。因此，$n^s-1\mid n^r-1$ 当且仅当 $s\mid r$。

引理 4.6　如果 d,m,n 为正整数，$d=\gcd(m,n)$，则 $x^d-1=\gcd(x^m-1,x^n-1)$。

证明：用辗转相除法求 $\gcd(m,n)$。

$$\begin{aligned}
n&=a_1m+r_1 && 0\leqslant r_1<m\ (n=r_{-1})\\
m&=a_2r_1+r_2 && 0\leqslant r_2<r_1\,(m=r_0)\\
r_1&=a_3r_2+r_3 && 0\leqslant r_3<r_2\\
&\vdots && \vdots\\
r_{k-2}&=a_kr_{k-1}+r_k && 0\leqslant r_k<r_{k-1}\\
&\vdots && \vdots\\
r_{t-2}&=a_tr_{t-1}+0
\end{aligned}$$

于是，$\gcd(m,n)=r_{t-1}=d$。又

$$\left[\sum_{i=0}^{a_k-1}(x^{r_{k-1}})^i\right](x^{r_{k-1}}-1)=\sum_{i=1}^{a_k}(x^{r_{k-1}})^i-\sum_{i=0}^{a_k-1}(x^{r_{k-1}})^i=x^{a_kr_{k-1}}-1$$

上式两边同时乘以 x^{r_k}，得

$$x^{r_k}\left[\sum_{i=0}^{a_k-1}(x^{r_{k-1}})^i\right](x^{r_{k-1}}-1)=x^{a_kr_{k-1}+r_k}-x^{r_k}=x^{r_{k-2}}-x^{r_k}$$

$$x^{r_{k-2}}-1=x^{r_k}\left[\sum_{i=0}^{a_k-1}(x^{r_{k-1}})^i\right](x^{r_{k-1}}-1)+(x^{r_k}-1)\tag{3}$$

当 $k=1, 2, 3, \cdots, t$ 时，式(3)分别为

$$x^n-1=x^{r_1}\left[\sum_{i=0}^{a_1-1}(x^m)^i\right](x^m-1)+(x^{r_1}-1)$$

$$x^m-1=x^{r_2}\left[\sum_{i=0}^{a_2-1}(x^{r_1})^i\right](x^{r_1}-1)+(x^{r_2}-1)$$

$$x^{r_1}-1=x^{r_3}\left[\sum_{i=0}^{a_3-1}(x^{r_2})^i\right](x^{r_2}-1)+(x^{r_3}-1)$$

$$\vdots$$

$$x^{r_{t-2}}-1=x^{r_t}\left[\sum_{i=0}^{a_t-1}(x^{r_{t-1}})^i\right](x^d-1)$$

即 $\gcd(x^n-1,x^m-1)=x^d-1$。

定理 4.28 有限域 $GF(p^n)$为 $GF(p^m)$的子域当且仅当 $n|m$。

证明：设 $GF(p^n)$是 $GF(p^m)$的子域，由前面的知识，$GF(p^m)$是 $GF(p^n)$上的线性空间。令这个线性空间的维数为 k，即

$$(GF(p^m):GF(p^n))=k$$

令 $\beta_1,\beta_2,\cdots,\beta_k$为 $GF(p^m)$在 $GF(p^n)$上的一组基，从而

$$GF(p^m)=\{a_1\beta_1+a_2\beta_2+\cdots+a_k\beta_k \mid a_i\in GF(p^n)\}$$

因此，$p^m=p^{nk}$，故 $n|m$。

反之，若 $n|m$，由上述引理知 $x^{p^n}-x \mid x^{p^m}-x$，知 $GF(p^m)$中恰好有 p^n 个元素是多项式 $x^{p^n}-x$的根。令 F 为 $x^{p^n}-x$ 的 p^n 个根的集合，知 $F=GF(p^n)$。因此，F 是 $GF(p^m)$的子域。

例 4.10 求 $GF(2^{12})$的子域的包含关系。

解：$GF(2^{12})$的子域的包含关系，如图 4.2 所示。

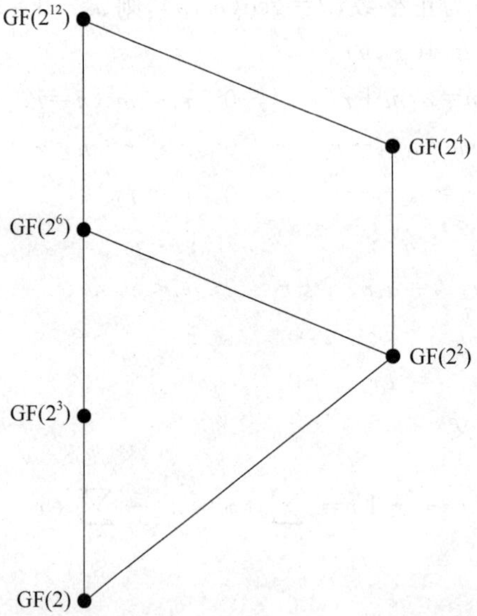

图 4.2 子域包含关系图

定理 4.29 设 Z_p(p 为素数)上 m 次既约多项式为 $f(x)$，$f(x)$在 $GF(p^m)$上的一个根为 α，则 $\alpha^p,\alpha^{p^2},\cdots,\alpha^{p^m}=\alpha$ 是 $f(x)$的不同根。

证明：设 $f(x)=a_0+a_1x+\cdots+a_mx^m$，$a_i\in Z_p$，$a_m\neq 0$，于是 $f(\alpha)=a_0+a_1\alpha+\cdots+a_m\alpha^m=0$，从而 $f(\alpha^p)=a_0+a_1\alpha^p+\cdots+a_m(\alpha^p)^m=f(\alpha)^p=0$，即 α^p 也是 $f(x)$ 的一个根。

同理可证：$\alpha^{p^2},\cdots,\alpha^{p^{m-1}}$ 都是 $f(x)$ 的根。

下面说明 $\alpha,\alpha^p,\cdots,\alpha^{p^{m-1}}$ 这 m 个根都不同。

假定 $\alpha^{p^i}=\alpha^{p^j}$，$0\leqslant i<j\leqslant m-1$，即 $(\alpha^{p^i})^{p^{-i}}=(\alpha^{p^j})^{p^{-i}}$，$0\leqslant i<j\leqslant m-1$，$\alpha^{p^i\cdot p^{-i}}=\alpha^{p^j\cdot p^{-i}}$，$0\leqslant i<j\leqslant m-1$，$\alpha^{p^{j-i}}=\alpha$，$0<j-i<m$，即 α 为多项式 $h(x)=x^{p^{j-i}}-x$ 的根。因而 $Z_p(\alpha)\subseteq \mathrm{GF}(p^{j-i})$。又 $0<j-i<m$，这与 $Z_p(\alpha)\cong Z_p[x]/(p(x))=\mathrm{GF}(p^m)$ 矛盾，即与 α 为 $Z_p[x]$ 中的 m 次既约多项式 $f(x)$ 的根矛盾。

定理 4.30 设 $\beta\in \mathrm{GF}(p^m)$，$\beta$ 和 β^p 在 Z_p（p 为素数）上有相同的极小多项式。

证明：设 β 与 β^p 在 Z_p 上的极小多项式分别为

$$f(x)=a_0+a_1x+\cdots+a_{n-1}x^{n-1}+x^n$$

$$g(x)=b_0+b_1x+\cdots+b_{t-1}x^{t-1}+x^t$$

由极小多项式的定义，有 $f(\beta)=0$，$g(\beta^p)=0$。又

$$f(\beta^p)=a_0+a_1\beta^p+\cdots+a_{n-1}(\beta^p)^{n-1}+(\beta^p)^n=(a_0+a_1\beta+\cdots+a_{n-1}\beta^{n-1}+\beta^n)^p=0$$

由前述定理 4.14，$g(x)\mid f(x)$；此外

$$g(\beta^p)=b_0+b_1\beta^p+\cdots+b_{t-1}(\beta^p)^{t-1}+(\beta^p)^t=(b_0+b_1+\cdots+b_{t-1}\beta^{t-1}+\beta^t)^p=0$$

于是

$$b_0+b_1\beta+\cdots+b_{t-1}\beta^{t-1}+\beta^t=0$$

从而 $f(x)\mid g(x)$。因此，$f(x)=g(x)$。

定理 4.31 设 $\beta\in \mathrm{GF}(p^m)$，$\beta$ 在 Z_p（p 为素数）上的极小多项式为 $p(x)$，则 $p(x)\mid x^{p^m}-x$。

证明：知有限域 $\mathrm{GF}(p^m)$ 的 p^m 个元素恰好是多项式 $x^{p^m}-x\in Z_p[x]$ 的 p^m 个根。故得证。

定理 4.32 设 $\beta\in \mathrm{GF}(p^m)$，$\beta$ 在 Z_p（p 为素数）上的极小多项式为 $p(x)$，则 $\deg p(x)\leqslant m$。

证明：$\mathrm{GF}(p^m)$ 是 Z_p 上的 m 维线性空间。因此，$\mathrm{GF}(p^m)$ 的 $m+1$ 个元素 $1,\beta,\beta^2,\cdots,\beta^m$ 是线性相关的，即存在不全为 0 的 $a_0,a_1,\cdots,a_m\in Z_p$，使

$$a_0+a_1\beta+a_2\beta^2+\cdots+a_m\beta^m=0$$

于是次数小于等于 m 的多项式

$$a_0+a_1x+a_2x^2+\cdots+a_mx^m=0$$

有根 β。因此，$p(x)\leqslant m$。

在本节中，我们学习了域的特征与有限域方面的知识。对于域 F 而言，如果 F 的特征是 p，则 F 包含一个子域同构于 Z_p；如果 F 的特征是 0，则 F 包含一个子域同构于有理数域 Q。当 F 是有限域时，F 一定有 p^m 个元素，这里 p 是 F 的特征。有限域 $\mathrm{GF}(p^m)$ 的 p^m 个元素恰好是多项式 $x^{p^m}-x\in Z_p[x]$ 的 p^m 个根。有限域 $\mathrm{GF}(p^n)$ 为 $\mathrm{GF}(p^m)$ 的子域当且仅当 $n\mid m$。

4.5 有限域上的离散对数与密钥交换协议

有限域理论在密码学中有着重要的应用。在本节中，我们将学习有限域上的离散对数与 Diffie-Hellman 密钥交换协议。

首先，我们在实数域 R 上来进行讨论。设 $a,b,c\in R$，如果 $a=b^c$，则称 c 是以 b 为底 a 的对数，记作 $c=\log_b a$，$a>0$。如果 a,b 为实数，则计算 c 是容易的。

如果 a,b 为有限域 GF(q)中的元素，求正整数 n，使得 $a=b^n$，则是一个很困难的问题。

定义 4.14 设 GF(q)为一个有限域，元素 b 是 GF $(q)^*$ 的一个生成元，$a\in$ GF(q)。存在正整数 $n\leqslant q-1$，使得 $a=b^n$，则称 n 是以 b 为底 a 的离散对数，记作 $n=\log_b a$。

当 q 较小的时候，在有限域 GF(q)中计算离散对数$\log_b a$ 可以通过穷举法来搜索结果。然而，当 q 较大的时候，穷举法变得不可行，此时，离散对数$\log_b a$ 的计算问题就成了一个难题。这样的难题在密码学中有着重要的应用。

Diffie-Hellman 是一个利用公钥技术实现对称密钥的交换协议，其安全性基于有限域上求解离散对数的困难性。Diffie-Hellman 协议能够解决 Alice 和 Bob 间相互通信时如何产生和传输密钥的问题。下面，我们首先讨论一下 Diffie-Hellman 协议的两方密钥传输，然后，我们再说明 Diffie-Hellman 协议可以在三方间实现会话密钥的传输。

1. 两方 Diffie-Hellman 密钥交换协议

该方案的安全性是基于离散对数问题的难解性之上的。

我们仅描述在 Z_p 上的一个方案，p 是一个素数。该方案可在计算离散对数问题是难处理的任何有限域上实现。假定 α 是 Z_p^* 的一个生成元，网络中的任何用户都知道 p 和 α 的值。用 ID(U)表示网络中用户 U 的某些识别信息，诸如姓名、E-mail、电话号码或别的有关信息。每个用户 U 有一个秘密指数 a_U($0\leqslant a_U\leqslant p-2$)和一个相应的公钥 $b_U=\alpha^{a_U} \bmod p$。可信中心有一个签名方案，该签名方案的公开验证算法记为 VerTA，秘密签名算法记为 SigTA。一般地，在签名消息之前，先将消息用一个公开的 Hash 函数杂凑。但为了叙述简单，我们在这里略去这一步。

当一个用户 U 入网时，可信中心需给他颁发一个证书。用户 U 的证书为：$C(U)=(ID(U), b_U$, SigTA(ID(U), $b(U)$))。可信中心无须知道 a_U 的值。证书可存贮在一个公开的数据库中，也可由用户自己存贮。可信中心对证书的签名允许网络中的任何人能验证它所包含的信息。

以下是 Diffie-Hellman 密钥预分配协议。协议结束后，U 和 V 拥有共同的密钥 $k_{U,V}=\alpha^{a_U a_V} \bmod p$。

① 利用公开的一个素数 p 和一个生成元 $\alpha\in Z_P^*$，V 使用他自己的秘密值 a_V 及从 U 的证书中获得的公开值 b_U，计算

$$k_{U,V}=\alpha^{a_U a_V} \bmod p=b_U^{a_V} \bmod p$$

② U 使用他自己的秘密值 a_U 及从 V 的证书中获得的公开值 b_V，计算

$$k_{U,V}=\alpha^{a_U a_V} \bmod p=b_V^{a_U} \bmod p$$

为了说明 Diffie-Hellman 密钥预分配方案的安全性，我们只要说明攻击者 W 不能计算出 $k_{U,V}$。换句话说，给定 $\alpha^{a_U} \bmod p$ 和 $\alpha^{a_V} \bmod p$，但不知道 a_U 和 a_V，计算 $\alpha^{a_U a_V} \bmod p$ 是否可行。如果 W 能从 b_U 确定 a_U，那么他一定能像 U 或 V 一样计算出 $k_{U,V}$。但我们假定 Z_p 上的离散对数问题是难处理的，所以 Diffie-Hellman 密钥预分配方案的这种类型的攻击是计算上不可行的。

2. 三方 Diffie-Hellman 密钥交换协议

该问题的背景是：假设 A，B 和 C 是需要召开保密会议的三方，要求任意两方的通信都可以被第三方解读。这就要求通信三方 A，B，C 共享一个会话密钥。

密钥可以按照如下方式产生和传输。

Alice,Bob,Coral 三方首先要协商确定一个大的素数 n 和整数 g(这两个数可以公开),其中 g 是有限域 Z_n^* 的生成元。

那么由此所产生密钥的过程为:

① Alice 首先选取一个大的随机整数 x,并且发送 $X=g^x \bmod n$ 给 Bob。Bob 首先选取一个大的随机整数 y,并且发送 $Y=g^y \bmod n$ 给 Coral。Coral 首先选取一个大的随机整数 z,并且发送 $Z=g^z \bmod n$ 给 Alice。

② Alice 计算 $X_1=Z^x \bmod n$ 给 Bob。Bob 计算 $Y_1=X^y \bmod n$ 给 Coral。Coral 计算 $Z_1=Y^z \bmod n$ 给 Alice。

③ Alice 计算 $k=Z_1^x \bmod n$ 作为秘密密钥。Bob 计算 $k=X_1^y \bmod n$ 作为秘密密钥。Coral 计算 $k=Y_1^z \bmod n$ 作为秘密密钥。

协议结束后,通信三方共享了秘密密钥 $k=g^{xyz} \bmod n$。由于在传送过程中,攻击者只能得到 X,Y,Z 和 X_1,Y_1,Z_1,而不能求得 x,y 和 z,因此这个算法是安全的。Diffie-Hellman 协议能很容易扩展到多人间的密钥分配中去,因此这个算法在建立和传输密钥上经常使用。

很多密码学中的算法与协议都使用了有限域的知识。本节我们学习了有限域理论在密码学中的应用,基于有限域中离散对数的难解性问题,设计了可以用于两方与三方的密钥交换协议。

本章小结

在本章中,我们学习了域的相关知识。域与线性空间,这两个概念之间有着某种联系:扩域可以看作是子域上的向量空间,设$(K,+,\cdot)$是域$(F,+,\cdot)$的扩域,则 K 是 F 上的线性空间。单扩域是最简单的扩域,我们有如下重要结论:若 α 是 F 上的一个超越元,那么,$F(\alpha)\cong F[x]$的分式域;若 α 是域 F 上的代数元,并且 $p(x)$是 F 上具有根 α 的 n 次既约多项式,则 $F(\alpha)\cong F[x]/(p(x))$。在同构的意义下,存在而且仅存在域 F 的一个单扩域 $F(\alpha)$,其中 α 的极小多项式是 $F[x]$给定的,是最高系数为 1 的不可约多项式。代数基本定理指的是:复数域 C 上一元多项式环 $C[x]$的每一个 n 次多项式在 C 里有 n 个根。换一句话说,$C[x]$的每一个多项式在 C 中都能分解为一次因子的乘积。给了域 F 上一元多项式环 $F[x]$中的一个 n 次多项式 $f(x)$,一定存在 $f(x)$在 F 上的分裂域 E,并且在同构的意义之下,$f(x)$在 F 上的分裂域 E 是唯一的。一个有限域 F 的特征是 0 或是一个素数 p。如果 F 的特征是 p,则 F 包含一个子域,同构于 Z_p;如果 F 的特征是 0,则 F 包含一个子域,同构于有理数域 Q。设 F 是有限域,则 F 有 p^m 个元素,这里,p 是 F 的特征,m 是 F 在它的素域 Δ 上的次数;有限域 $GF(p^n)$为 $GF(p^m)$的子域当且仅当 $n|m$。有限域理论在密码学中有着重要的应用。

本章习题

1. 计算扩域在子域上的次数,这里 Q 表示有理数域,R 表示实数域,C 表示复数域。

① $(Q(\sqrt[3]{7}):Q)$。

② $(C:Q)$。

③ $(Q(\mathrm{i},3\mathrm{i}):Q)$。

④ $(Z_3[x]/(x^2+x+2):Z_3)$。

⑤ $(C:R(\sqrt{-7}))$。

2. 在 $Q(\sqrt[3]{2})$ 中，求元素 $1+\sqrt[3]{2}$ 的逆元素。

3. 证明多项式 x^2-2 是域 $Q(\sqrt{3})$ 上的既约多项式。

4. 设 α,β 分别为 $Z_2[x]$ 多项式 x^3+x+1 和 x^3+x^2+1 的根。证明：单扩域 $Z_2(\alpha)$ 与 $Z_2(\beta)$ 同构。

5. 证明 $(p(x))^2=p(x^2)$，其中 $p(x)\in Z_2[x]$。

6. 设 Q 表示有理数域，求复数 i 与 $\frac{2\mathrm{i}+1}{\mathrm{i}-1}$ 在 Q 上的极小多项式，扩域 $Q(\mathrm{i})$ 与 $Q(\frac{2\mathrm{i}+1}{\mathrm{i}-1})$ 是否同构？

7. 设 x^3-a 是有理数域 Q 上的一个既约多项式，α 是 x^3-a 的一个根。证明：$Q(\alpha)$ 不是 x^3-a 在 Q 上的分裂域。

8. 求以下域的特征：

① GF(49)；

② $Q(\sqrt[3]{7})$。

9. 写出以下域的加法与乘法表：

① GF(7)；

② GF(8)。

第 5 章 数理逻辑基础

逻辑学是研究思维的学科。所有思维都有内容和形式两个方面。思维内容是指思维所反映的对象及其属性;思维形式是指用以反映对象及其属性的不同方式,也就是表达思维内容的不同方式。

思维的形式结构包括了概念、判断和推理之间的结构和联系,其中概念是思维的基本单位,通过概念对事物是否具有某种属性进行肯定或否定的回答,这就是判断;由一个或几个判断推出另一判断的思维形式,就是推理。研究推理有很多方法,用数学方法来研究推理的规律称为数理逻辑,它主要是对思维的形式结构和规律进行研究的一门工具性学科。

本书介绍数理逻辑最基本的内容:命题逻辑、一阶谓词逻辑,以及其在网络空间安全学科的应用。

5.1 命题逻辑

命题逻辑是数理逻辑的基础,它以命题为研究对象,研究基于命题的符号逻辑体系及推理规律。本节主要介绍命题的概念、联结词和命题公式的内容。

5.1.1 命题与联结词

命题是一个或真或假的陈述句,但不能既真又假。非命题语句包括疑问句、命令句、感叹句、非命题陈述句,如悖论语句。命题所表述的内容可决定是真还是假,不能不真又不假,也不能又真又假。

逻辑主要研究推理过程,而推理过程必须依靠命题来表达。

在命题逻辑中,"命题"被看作最小单位,是数理逻辑中最基本、最简单的部分。命题是陈述客观外界发生事情的陈述句。命题是或为真或为假的陈述句。特别注意的是命题陈述句的真假必居其一,且只居其一。

例 5.1 如下实例说明命题的概念。

① 8 小于 10。

② 8 大于 10。

③ 21 世纪末,人类将住在太空。

④ 任一个大于 5 的偶数可表示成两个素数的和。

⑤ 2 的小数展开式中"12345"出现偶数多次。

⑥ 可以确定,上述陈述,要么为真,要么为假,不可以是不确定的。

⑦ 8 大于 10 吗?

⑧ 请勿吸烟!

⑨ X 大于 Y。

⑩ 我正在撒谎。

在上面的例子中,①,②,③,④,⑤和⑥是命题;⑦是疑问句;⑧是祈使句;⑨没有确定的真值;⑩是悖论。因此都不是命题。

命题的抽象,就是将命题和真值符号化。在本书中以 P,Q,R 等表示命题,以 T 表示真,F 表示假。按照这个规则,我们可以将命题抽象为取值为 F 或 T 的符号 P。若 P 取值 T,则表示 P 为真命题;若 P 取值 F,则表示 P 为假命题。

例 5.2 由简单命题能构造复杂命题。

① 期中考试,张三没有考及格。

② 期中考试,张三和李四都考及格了。

③ 期中考试,张三和李四中有人考 90 分。

④ 如果张三能考 90 分,那么李四也能考 90 分。

⑤ 张三能考 90 分当且仅当李四也能考 90 分。

上述的例子都是复杂命题,都是由连词联结简单命题而组成的。

诸如"没有""如果……那么……"等连词称为联结词。由联结词和命题连接而成的复杂命题称为复合命题;相对地,不能分解为更简单命题的命题称为简单命题。复合命题的真假完全由构成它的简单命题的真假所决定。当然简单命题和复合命题的划分是相对的。

自然语言中常用的联结词有的具有二义性,因而在数理逻辑中必须对其进行严格定义,并且将它们符号化。

1. 否定联结词

定义 5.1 设 P 为一个命题,P 的否定是一个新的命题,记为 $\neg P$。"$\neg$"称为否定联结词。$\neg P$ 为真当且仅当 P 为假。

命题 P 与其否定 $\neg P$ 的关系如表 5.1 所示。

表 5.1 命题 P 与其否定 $\neg P$ 的关系

P	$\neg P$
T	F
F	T

例如,P:深圳是一个大城市。$\neg P$:深圳不是一个大城市;或者,深圳是一个不大的城市。

这两个否定命题用同样的符号 $\neg P$ 表示,原因是这两个命题在中文中具有相同的含义。"否定"的意义仅是修改了命题的内容,我们仍把它看作联结词,它是一个一元运算。

2. 合取联结词

定义 5.2 设 P,Q 为两个命题,复合命题"P 而且 Q"称为 P,Q 的合取式,记为 $P\wedge Q$,"$\wedge$"称为合取联结词。$P\wedge Q$ 真当且仅当 P 与 Q 同时真。

联结词"$\wedge$"的定义如表 5.2 所示。

表 5.2　联结词"∧"的定义

P	Q	$P\wedge Q$
T	T	T
T	F	F
F	T	F
F	F	F

例如,P:今天下雨。Q:明天下雨。

上述命题的合取为"$P\wedge Q$:今天下雨而且明天下雨",或者"$P\wedge Q$:今天与明天都下雨"。显然只有当"今天下雨"与"明天下雨"都是真时,"今天与明天都下雨"才是真的。

合取的概念与自然语言中的"与"意义相似,但并不完全相同。

例如,P:我们去上学。Q:房子里有 8 把椅子。

上述命题的合取为"$P\wedge Q$:我们去上学与房子里有 8 把椅子"。

可以知道,在自然语言中,上述命题是没有意义的,因为 P 与 Q 没有内在必然联系,但作为数理逻辑中的 P 和 Q 的合取 $P\wedge Q$ 来说,它仍然可以称为一个命题。按照定义,在 P,Q 分别取真值后,$P\wedge Q$ 的真值也必确定。

命题联结词"合取"也可以将若干个命题联结在一起。"合取"是一个二元运算。

3. 析取联结词

定义 5.3　设 P,Q 为两个命题,复合命题"P 或者 Q"称为 P,Q 的析取式,记为 $P\vee Q$,"∨"称为析取联结词。$P\vee Q$ 为真当且仅当 P 与 Q 中至少有一个为真。

联结词"∨"的定义如表 5.3 所示。

表 5.3　联结词"∨"的定义

P	Q	$P\vee Q$
T	T	T
T	F	T
F	T	T
F	F	F

例如,P 代表"张三考 90 分";Q 代表"李四考 90 分"。

$P\vee Q$:张三或者李四考了 90 分。

从析取的定义可以看出,联结词"∨"与自然语言中的"或"的意义不完全相同,因为自然语言中的"或"既可以表示"相容或",也可以表示"相异或"。自然语言中"或"有两种标准用法。

例如:①今天或者明天下雨;②第一节课上数学课或者上英语课。

它们的差异在于构成它们的简单命题都真时,前者为真,后者却为假。前者称为"相容或",后者称为"相异或"。前者可表示为 $P\vee Q$,后者却不能。

因此"相容或"才能表示为 $P\vee Q$。当然,命题联结词"析取"也可以将若干个命题联结在一起,并且"析取"也是一个二元运算。

4. 条件联结词

定义 5.4　设 P,Q 为命题,复合命题"如果 P,则 Q"称为 P 对 Q 的条件式,记作 $P\rightarrow Q$,其中称 P 为此条件式的前件,称 Q 为此条件式的后件,"→"称为条件联结词。$P\rightarrow Q$ 为假当且

仅当 P 真而 Q 假。

条件联结词"→"的定义如表 5.4 所示。

表 5.4　条件联结词"→"的定义

P	Q	$P \to Q$
T	T	T
T	F	F
F	T	T
F	F	T

例如:①如果某动物为哺乳动物,则它必为胎生;②如果我得到这本小说,那么我今夜就读完它;③如果雪是黑的,那么太阳从西边出。

根据上面的 3 个例子,$P \to Q$ 这样的真值规定有其合理性。

在自然语言中,"如果……"与"那么……"之间常常是有因果联系的,否则就没有实际意义,但对条件命题 $P \to Q$ 来说,只要 P,Q 能够分别确定真值,$P \to Q$ 即称为命题。

在一些数理逻辑的书籍中,"若 P 则 Q"也可以称为蕴涵命题,考虑本书在后面将另外定义"蕴涵",因而此处避免使用"蕴涵",而采用"条件"这一概念。

5. 双条件联结词

定义 5.5　设 P,Q 为命题,复合命题"P 当且仅当 Q"称为 P,Q 的双条件式,记作 $P \leftrightarrow Q$,"↔"称为双条件联结词。

同条件联结词类似,在一些数理逻辑的书籍中,"P 当且仅当 Q"也可以称为等价命题,考虑本书在后面将另外定义"等价",因而此处避免使用"等价",而采用"双条件"这一概念。

$P \leftrightarrow Q$ 为真当且仅当 P,Q 同时为真或同时为假。

联结词"↔"的定义如表 5.5 所示。

表 5.5　联结词"↔"的定义

P	Q	$P \leftrightarrow Q$
T	T	T
T	F	F
F	T	F
F	F	T

例如:①两个三角形全等,当且仅当它们的 3 组对应的边相等;②大雁南飞,春天来了;③2+2=4,当且仅当国旗是红的。

上面 3 个例子都可以用双条件命题来表示。与前面的联结词一样,双条件命题也可以不顾其因果联系,而只根据联结词的定义来确定其真值。此外,它亦是二元运算。

5.1.2　命题公式及其赋值

前面已经提到,不包含任何联结词的命题称为原子命题,至少包含一个联结词的命题称为复合命题。由于简单命题的真值是唯一确定的,它是命题逻辑中最基本的研究单位,所以也称简单命题为命题常项或命题常元。从本节开始对命题进行进一步的抽象,首先称真值可以变化的陈述句为命题变项或者命题变元。应该注意的是命题变项不是命题，它不具有唯一真值。

设 P 和 Q 是任意两个简单命题，则 $\neg P$，$P\vee Q$，$(P\vee Q)\vee(P\rightarrow Q)$，$P\leftrightarrow(Q\vee\neg P)$ 等都是复合命题。若 P 和 Q 是命题变元，则前面的各式都可以称为命题公式。P 和 Q 称为命题公式的分量。我们知道，命题公式是没有真假值的，只有在一个公式中命题变元用确定的命题代入时，才得到一个命题。这个命题的真值依赖于代换变元的那些命题的真值。此外，并不是由命题变元、联结词和一些括号组成的字符串都能够称为命题公式。

定义 5.6(合式公式)：

① 单个命题变项、常项、T、F 本身是一个合式公式；

② 如果 A 是一个合式公式，那么 $\neg A$ 是合式公式；

③ 如果 A，B 是合式公式，那么 $(A\wedge B)$，$(A\vee B)$，$(A\rightarrow B)$，$(A\leftrightarrow B)$ 都是合式公式；

④ 当且仅当能够有限次数地应用上面①，②，③所得到的包含命题变元、联结词和括号的符号串是合式公式。

这个合式公式的定义，是以递归形式给出的，其中①称为基础，②，③称为归纳，④称为界限。

按照上述定义，式子 $(P\wedge Q)$，$(\neg P\rightarrow R)$，$((P\vee Q)\wedge R)$ 都是合式公式，而 $(P\rightarrow Q)\rightarrow(\wedge Q)$，$(P\wedge Q$，$(P\wedge Q)\rightarrow Q)$ 等都不是合式公式。

通常最外层括号可以不写，上面的合式公式可以写成 $P\wedge Q$，$\neg P\rightarrow R$，$(P\vee Q)\wedge R$。同时我们规定了联结词运算符的优先次序为 $\neg$，$\wedge$，$\vee$，$\rightarrow$，$\leftrightarrow$，则 $P\wedge Q\rightarrow R$ 也是合式公式。有了联结词的合式公式概念，我们可以把自然语言中的有些语句，翻译成数理逻辑中的符号形式。

例 5.3　试以符号形式写出命题：我们要做到身心健康，学习好，工作好，为祖国的建设而奋斗。

解：首先找出每一个原子命题，并用命题符号表示。

A：我们要做到身心健康。

B：我们要做到学习好。

C：我们要做到工作好。

P：我们要为祖国的建设而奋斗。

因此，命题可形式化为：$(A\wedge B\wedge C)\leftrightarrow P$。

在命题公式中，由于有命题变项的出现，因而真值是不确定的。当将公式中出现的全部命题变项都解释成具体的命题之后，公式就成了真值确定的命题了。

例如，公式 $(P\vee Q)\rightarrow R$ 可以有如下解释。

① 若将 P 解释为 2 是素数，Q 解释为 3 是偶数，R 解释为 $\sqrt{2}$ 是无理数，那么 P 与 R 都被解释成了真命题，Q 被解释成了假命题，此时命题公式 $(P\vee Q)\rightarrow R$ 被解释成：若 2 是素数或 3 是偶数，则 $\sqrt{2}$ 是无理数。这是一个真命题。

② 如果 P，Q 的解释和上面一样，R 解释为 $\sqrt{2}$ 是有理数，则公式 $(P\vee Q)\rightarrow R$ 被解释成：若 2 是素数或 3 是偶数，则 $\sqrt{2}$ 是有理数。这是一个假命题。

当然，我们还可以给出上述公式各种不同的解释，其结果不是得到真命题，就是得到假命题。其实，将命题变项 P 解释成真命题，就相当于指定 P 的真值为 T；解释成假命题，相当于指定 P 的真值为 F。下面我们将讨论指定 P，Q，R 的真值为何值时，$(P\vee Q)\rightarrow R$ 的真值为 T 或 F。

定义 5.7 设 $p_1, p_2, \cdots, p_n$ 是出现在公式 A 中的全部的命题变项，给 $p_1, p_2, \cdots, p_n$ 各指定一个真值，称为对 A 的一个赋值或者解释。若指定的一组值使得 A 的真值为 T，则称这组值为 A 的成真赋值；使 A 的真值为 F，则称这组值为 A 的成假赋值。

定义 5.8 在命题公式中，对于变项指派真值的各种可能组合，就确定了这个命题公式的各种真值情况，把它们汇列成表，就是命题公式的真值表。

构造真值表的具体步骤如下。

① 找出公式中所含的全体命题变项 $p_1, p_2, \cdots, p_n$，列出 2^n 个赋值。

② 列出各个层次的子公式。

③ 对应各个赋值计算出子公式的真值，直到最后计算出公式的全部真值。

最后，我们需要指出的是，公式 A 和 B 是否相同，根据在相同赋值情况下，最后一列是否相同来确定。接下来，我们举例来说明如何构造真值表。

例 5.4 给出$\neg \vee Q$的真值表。

解：$\neg P \vee Q$的真值表如表 5.6 所示。

表 5.6 $\neg P \vee Q$ 的真值表

P	Q	$\neg P$	$\neg P \vee Q$
F	F	T	T
F	T	T	T
T	F	F	F
T	T	F	T

例 5.5 给出$(P \wedge Q) \wedge \neg P$ 的真值表。

解：$(P \wedge Q) \wedge \neg P$ 的真值表如表 5.7 所示。

表 5.7 $(P \wedge Q) \wedge \neg P$ 的真值表

P	Q	$P \wedge Q$	$\neg P$	$(P \wedge Q) \wedge \neg P$
F	F	F	T	F
F	T	F	T	F
T	F	F	F	F
T	T	T	F	F

例 5.6 给出$(P \wedge Q) \vee (\neg P \wedge \neg Q)$的真值表。

解：$(P \wedge Q) \vee (\neg P \wedge \neg Q)$的真值表如表 5.8 所示。

表 5.8 $(P \wedge Q) \vee (\neg P \wedge \neg Q)$的真值表

P	Q	$\neg P$	$\neg Q$	$P \wedge Q$	$\neg P \wedge \neg Q$	$(P \wedge Q) \vee (\neg P \wedge \neg Q)$
F	F	T	T	F	T	T
F	T	T	F	F	F	F
T	F	F	T	F	F	F
T	T	F	F	T	T	T

例 5.7 给出$\neg(P\wedge Q)\leftrightarrow(\neg P\wedge\neg Q)$的真值表。

解：$\neg(P\wedge Q)\leftrightarrow(\neg P\wedge\neg Q)$的真值表如表5.9所示。

表 5.9 $\neg(P\wedge Q)\leftrightarrow(\neg P\wedge\neg Q)$的真值表

P	Q	$P\wedge Q$	$\neg(P\wedge Q)$	$\neg P$	$\neg Q$	$\neg P\wedge\neg Q$	$(P\wedge Q)\leftrightarrow(\neg P\wedge\neg Q)$
F	F	F	T	T	T	T	T
F	T	F	T	T	F	T	T
T	F	F	T	F	T	T	T
T	T	T	F	F	F	F	T

根据上面的例题，我们下面讨论重言式（永真式）与矛盾式（永假式）。我们看例题5.5，无论对于P,Q赋予怎样的解释，所得复合命题都是假命题；而例5.7则恰恰相反，无论对P,Q,R如何赋值，所得复合命题都是真命题。根据公式在各种赋值下的取值情况，可按照如下定义进行分类。

定义 5.9 设A为任一命题公式：

① 若A在它的各种赋值下取值均为真，则称A是重言式或永真式；

② 若A在它的各种赋值下取值均为假，则称A是矛盾式或永假式；

③ 若A不是矛盾式，则称A是可满足式。

在本节中，我们学习了命题与联结词、命题公式及其赋值的相关知识。基本的联结词包括否定、合取、析取、条件和双条件5种，其中后面4种都是二元运算。不含联结词的命题就是原子命题，原子命题或者原子命题间通过联结词按照约定的规则联结而成就是命题公式，本节详细给出了这些知识的定义和介绍。命题和命题公式是命题逻辑研究的最基本的内容。

5.2 命题逻辑等值演算与推理

通过研究命题公式及其间的关系，如等值式、析取范式、合取范式和蕴涵式等的构成，从而得到有效的命题逻辑推演方法和判定过程，这是数理逻辑研究的一个主要内容。

5.2.1 等值式

设公式A,B共同含有n个命题变项，若A,B有相同的真值表，则说明在2^n个赋值的每个赋值下，A和B的真值都相同，于是双条件式$A\leftrightarrow B$为永真式。

定义 5.10 给定两个命题公式A和B，设$P_1,P_2,\cdots,P_n$为所有出现在A和B中的原子变元。若给$P_1,P_2,\cdots,P_n$任意一组真值指派，A和B的真值都相同，则称A和B是等价的，记作$A\Leftrightarrow B$。

定义中的符号“$\Leftrightarrow$”不是联结符，它是用来说明A与B等值的一种记法，因而“$\Leftrightarrow$”是一个元语言符号，不能将其与双条件联结词“$\leftrightarrow$”混淆，同时也要注意它与“$=$”的区别。在很多数理逻辑教材中，会将这两个概念都用“等价”表示，本书为了读者能够更加明确，进行了区分，将联结词命名为“双条件”联结词。

接下来我们讨论判断两个公式A和B是否等值的方法。其中最直接的方法是使用真值表判断$A\leftrightarrow B$是否为重言式。

例 5.8 证明 $P \leftrightarrow Q$ 与 $(P \rightarrow Q) \wedge (Q \rightarrow P)$ 为等值式。

证明： 采用真值表的方法，判断 $(P \leftrightarrow Q) \leftrightarrow ((P \rightarrow Q) \wedge (Q \rightarrow P))$ 命题公式的确为重言式。如表 5.10 所示，上述命题公式的确为重言式。

表 5.10 $(P \leftrightarrow Q) \leftrightarrow ((P \rightarrow Q) \wedge (Q \rightarrow P))$ 的真值表

P	Q	$P \leftrightarrow Q$	$P \rightarrow Q$	$Q \rightarrow P$	$(P \rightarrow Q) \wedge (Q \rightarrow P)$	$(P \leftrightarrow Q) \leftrightarrow ((P \rightarrow Q) \wedge (Q \rightarrow P))$
F	F	T	T	T	T	T
F	T	F	T	F	F	T
T	F	F	F	T	F	T
T	T	T	T	T	T	T

例 5.9 证明 $\neg P \vee Q \Leftrightarrow P \rightarrow Q$。

证明： 采用真值表的方法，判断 $(\neg P \vee Q) \leftrightarrow (P \rightarrow Q)$ 命题公式的确为重言式。如表 5.11 所示，上述命题公式的确为重言式。

表 5.11 $(\neg P \vee Q) \leftrightarrow (P \rightarrow Q)$ 的真值表

P	Q	$\neg P$	$\neg P \vee Q$	$P \rightarrow Q$	$(\neg P \vee Q) \leftrightarrow (P \rightarrow Q)$
F	F	T	T	T	T
F	T	T	T	T	T
T	F	F	F	F	T
T	T	F	T	T	T

例 5.10 证明 $(P \wedge Q) \vee (\neg P \wedge \neg Q) \Leftrightarrow P \leftrightarrow Q$。

证明： 采用真值表的方法，判断 $(P \wedge Q) \vee (\neg P \wedge \neg Q) \leftrightarrow P \leftrightarrow Q$ 命题公式的确为重言式。如表 5.12 所示，上述命题公式的确为重言式。

表 5.12 $(P \wedge Q) \vee (\neg P \wedge \neg Q) \leftrightarrow P \leftrightarrow Q$ 的真值表

P	Q	$\neg P$	$\neg Q$	$P \wedge Q$	$\neg P \wedge \neg Q$	$(P \wedge Q) \vee (\neg P \wedge \neg Q)$	$P \leftrightarrow Q$
F	F	T	T	F	T	T	T
F	T	T	F	F	F	F	F
T	F	F	T	F	F	F	F
T	T	F	F	T	F	T	T

虽然用真值表可以判断任何两个命题公式是否等值，但当命题变项较多时，工作量是很大的。人们已经验证一组基本的也是重要的等值式，以它们为基础进行命题公式之间的演算，来判断公式之间是否等值。

表 5.13 列出了部分命题定律，都可以用真值表予以验证。

表 5.13 命题定律

序　号	命题定律	表达式
1	双重否定律	$\neg\neg A \Leftrightarrow A$
2	幂等律	$A \vee A \Leftrightarrow A$ $A \wedge A \Leftrightarrow A$

续表

序号	命题定律	表达式
3	结合律	$(A\vee B)\vee C\Leftrightarrow A\vee(B\vee C)$ $(A\wedge B)\wedge C\Leftrightarrow A\wedge(B\wedge C)$
4	交换律	$A\vee B\Leftrightarrow B\vee A$ $A\wedge B\Leftrightarrow B\wedge A$
5	分配律	$A\vee(B\wedge C)\Leftrightarrow(A\vee B)\wedge(A\vee C)$ $A\wedge(B\vee C)\Leftrightarrow(A\wedge B)\vee(A\wedge C)$
6	吸收律	$A\vee(A\wedge B)\Leftrightarrow A$ $A\wedge(A\vee B)\Leftrightarrow A$
7	德·摩根律	$\neg(A\vee B)\Leftrightarrow\neg A\wedge\neg B$ $\neg(A\wedge B)\Leftrightarrow\neg A\vee\neg B$
8	同一律	$A\vee \mathrm{F}\Leftrightarrow A$ $A\wedge \mathrm{T}\Leftrightarrow A$
9	零律	$A\vee \mathrm{T}\Leftrightarrow \mathrm{T}$ $A\wedge \mathrm{F}\Leftrightarrow \mathrm{F}$
10	排中律	$A\vee\neg A\Leftrightarrow \mathrm{T}$
11	矛盾律	$A\wedge\neg A\Leftrightarrow \mathrm{F}$
12	蕴涵等值式	$A\rightarrow B\Leftrightarrow\neg A\vee B$
13	等价等值式	$A\leftrightarrow B\Leftrightarrow(A\rightarrow B)\wedge(B\rightarrow A)$
14	假言易位	$A\rightarrow B\Leftrightarrow\neg B\leftrightarrow\neg A$
15	等价否定等值式	$A\leftrightarrow B\Leftrightarrow\neg A\leftrightarrow\neg B$
16	归谬论	$(A\rightarrow B)\wedge(A\rightarrow\neg B)\Leftrightarrow\neg A$

例 5.11 验证吸收律 $A\vee(A\wedge B)\Leftrightarrow A$ 和 $A\wedge(A\vee B)\Leftrightarrow A$。

证明：采用真值表的方法，判断 $A\vee(A\wedge B)\Leftrightarrow A$ 和 $A\wedge(A\vee B)\Leftrightarrow A$ 命题公式的确为重言式。如表 5.14 所示，上述两个命题公式的确为重言式。

表 5.14 $A\vee(A\wedge B)\Leftrightarrow A$ 和 $A\wedge(A\vee B)\Leftrightarrow A$ 的真值表

A	B	$A\wedge B$	$A\vee(A\wedge B)$	$A\vee B$	$A\wedge(A\vee B)$
T	T	T	T	T	T
T	F	F	T	T	T
F	T	F	F	T	F
F	F	T	F	F	F

定义 5.11 如果 X 是合式公式 A 的一部分，且 X 本身也是一个合式公式，则称 X 为公式 A 的一个子公式。

定理 5.1 设 X 是合式公式 A 的子公式，若 $X\Leftrightarrow Y$，如果将 A 中的 X 用 Y 来置换，则所得到的公式 B 与公式 A 等价，即 $A\Leftrightarrow B$。

例 5.12 证明 $Q\rightarrow(P\vee(P\wedge Q))\Leftrightarrow Q\rightarrow P$。

证明：由吸收律，$(P\vee(P\wedge Q))\Leftrightarrow P$，因此，根据上面的定理，有 $Q\rightarrow(P\vee(P\wedge Q))\Leftrightarrow Q\rightarrow P$。证毕。此定理也称为置换定理。

例 5.13 证明$(P\wedge Q)\vee(P\wedge\neg Q)\Leftrightarrow P$。

证明：$(P\wedge Q)\vee(P\wedge\neg Q)$

$\Leftrightarrow$ $P\wedge(Q\vee\neg Q)$ 分配律

$\Leftrightarrow$ $P\wedge T$ 排中律

$\Leftrightarrow$ P 同一律

例 5.14 证明 $P\rightarrow(Q\rightarrow R)\Leftrightarrow Q\rightarrow(P\rightarrow R)$。

证明：$P\rightarrow(Q\rightarrow R)$

$\Leftrightarrow$ $\neg P\vee(\neg Q\vee R)$ 蕴涵等值式

$\Leftrightarrow$ $\neg Q\vee(\neg P\vee R)$ 结合律

$\Leftrightarrow$ $Q\rightarrow(P\rightarrow R)$ 蕴涵等值式

5.2.2 析取范式与合取范式

通过使用等值演算的方法，我们给出含 n 个命题变项的公式的两种规范表示方法，这种规范的表达式能表达真值表所能给出的一切信息。

定义 5.12 命题变项及其否定统称为文字。仅由有限个文字构成的析取称为简单析取。仅由有限个文字构成的合取式称为简单合取式。

P,Q,R 及其否定皆为一个文字构成的简单析取式，$\neg P\vee Q,P\vee\neg Q$ 等为两个文字构成的简单析取式，$\neg P\vee Q\vee R,P\vee\neg Q\vee R$ 等为 3 个文字构成的简单析取式。

P,Q,R 及其否定皆为一个文字构成的简单合取式，$\neg P\wedge Q,P\wedge\neg Q$ 等为两个文字构成的简单合取式，$\neg P\wedge Q\wedge R,P\wedge\neg Q\wedge R$ 等为 3 个文字构成的简单合取式。

应该注意，一个文字既是简单析取式，又是简单合取式。为方便起见，有时用$A_1,A_2,\cdots,A_s$表示 s 个简单析取式或 s 个简单合取式。

设A_i 是含 n 个文字的简单析取式，若A_i 既含某个命题变项 p_j，又含它的否定式$\neg p_j$，由交换律、排中律和零律可知，A_i 为重言式。反之，若A_i 为重言式，则它必是同时含某个命题变项及它的否定式。由类似的讨论可知，A_i 是含 n 个文字的简单合取式，且A_i 为矛盾式，则它必是同时含某个命题变项及它的否定式。

定理 5.2 ①一个简单析取式是重言式当且仅当它同时含某个命题变项及它的否定式；②一个简单合取式是矛盾式当且仅当它同时含某个命题变项及它的否定式。

定义 5.13 一个命题公式称为合取范式，当且仅当它具有如下的形式：$A_1\wedge A_2\wedge\cdots\wedge A_n$ $(n\geqslant 1)$。其中$A_1,A_2,\cdots,A_n$ 都是由命题变元或其否定组成的简单析取式。

例如，我们取$A_1=P\wedge\neg Q,A_2=\neg Q\wedge\neg R,A_3=P$，则由它们构造的析取范式为 $A=A_1\vee A_2\vee A_3=(P\wedge\neg Q)\vee(\neg Q\wedge\neg R)\vee P$。

定义 5.14 一个命题称公式为析取范式，当且仅当它具有如下的形式：$A_1\vee A_2\vee\cdots\vee A_n$ $(n\geqslant 1)$。其中$A_1,A_2,\cdots,A_n$ 都是由命题变元或其否定所组成的简单合取式。

例如，我们取$A_1=P\vee\neg Q,A_2=\neg Q\vee\neg R,A_3=P$，则由它们构造的析取范式为 $A=A_1\wedge A_2\wedge A_3=(P\vee\neg Q)\wedge(\neg Q\vee\neg R)\wedge P$。

需要大家注意的是一个命题的合取范式或析取范式可能不是唯一的。

求一个命题的合取范式或析取范式的步骤：

① 将公式中的联结词划归成$\wedge$，$\vee$ 及$\neg$；

② 利用德·摩根定律将否定联结词$\neg$直接移到各命题变元之前；

③ 利用分配律、结合律将公式归约为合取范式或析取范式。

例 5.15　求$(P\wedge(Q\to R))\to S$的合取范式。

解：$(P\wedge(Q\to R))\to S\Leftrightarrow(P\wedge(\neg Q\vee R))\to S$

$\Leftrightarrow\neg(P\wedge(\neg Q\vee R))\vee S\Leftrightarrow\neg P\vee(Q\wedge\neg R)\vee S$

$\Leftrightarrow((\neg P\vee Q)\wedge(\neg P\vee\neg R))\vee S\Leftrightarrow(\neg P\vee Q\vee S)\wedge(\neg P\vee\neg R\vee S)$

例 5.16　求$(P\wedge(Q\to R))\to S$的析取范式。

解：$\neg(P\vee Q)\leftrightarrow(P\wedge Q)\Leftrightarrow(\neg(P\vee Q)\wedge(P\wedge Q))\vee((P\vee Q)\wedge\neg(P\wedge Q))$

$\Leftrightarrow(\neg P\wedge\neg Q\wedge P\wedge Q)\vee((P\vee Q)\wedge(\neg P\vee\neg Q))$

$\Leftrightarrow(\neg P\wedge\neg Q\wedge P\wedge Q)\vee(P\wedge\neg P)\vee(P\wedge\neg Q)\vee(Q\wedge\neg P)\vee(Q\wedge\neg Q)$

定义 5.15　有 n 个命题的变元或其否定的合取式称为极小项，其中每个变元与它的否定不能同时存在，但两者必须出现且仅出现一次，并按字母或下标排序。

例如，两个变元 P 和 Q 的小项为：$P\wedge Q$，$P\wedge\neg Q$，$\neg P\wedge Q$，$\neg P\wedge\neg Q$。3 个变元 P,Q,R 的小项为：$P\wedge Q\wedge R$，$P\wedge Q\wedge\neg R$，$P\wedge\neg Q\wedge R$，$P\wedge\neg Q\wedge\neg R$，$\neg P\wedge Q\wedge R$，$\neg P\wedge Q\wedge\neg R$，$\neg P\wedge\neg Q\wedge R$，$\neg P\wedge\neg Q\wedge\neg R$。

一般说来，n 个命题的变元共有 2^n 个小项。两个变元 P 和 Q 的小项真值表如表 5.15 所示。3 个变元 P,Q,R 的小项真值表如表 5.16 所示。

表 5.15　两变元小项真值表

P	Q	$P\wedge Q$	$P\wedge\neg Q$	$\neg P\wedge Q$	$\neg P\wedge\neg Q$
T	T	T	F	F	F
T	F	F	T	F	F
F	T	F	F	T	F
F	F	F	F	F	T

表 5.16　三变元小项真值表

P	Q	R	$P\wedge Q\wedge R$	$P\wedge Q\wedge\neg R$	$P\wedge\neg Q\wedge R$	$P\wedge\neg Q\wedge\neg R$	$\neg P\wedge Q\wedge R$	$\neg P\wedge\neg Q\wedge R$	$\neg P\wedge\neg Q\wedge R$	$\neg P\wedge\neg Q\wedge\neg R$
F	F	F	F	F	F	F	F	F	F	T
F	F	T	F	F	F	F	F	F	T	F
F	T	F	F	F	F	F	F	T	F	F
F	T	T	F	F	F	F	T	F	F	F
T	F	F	F	F	F	T	F	F	F	F
T	F	T	F	F	T	F	F	F	F	F
T	T	F	F	T	F	F	F	F	F	F
T	T	T	T	F	F	F	F	F	F	F

我们还可以通过编号对小项进行表示，如 3 个变元 P,Q,R 的小项的编号如下：

$m_{000}=\neg P\wedge\neg Q\wedge\neg R$；

$m_{001}=\neg P\wedge\neg Q\wedge R$；

$m_{010}=\neg P\wedge Q\wedge\neg R$；

$m_{011}=\neg P\wedge Q\wedge R$；

$m_{100}=P\wedge\neg Q\wedge\neg R$；

$m_{101}=P\wedge\neg Q\wedge R$；

$m_{110}=P\wedge Q\wedge\neg R$；

$m_{111}=P\wedge Q\wedge R$。

从上面我们可以看出小项的性质如下：

① 每一个小项当其真值指派与编码相同时，其真值才为 T，而在其余 2^n-1 种情况指派下均为 F；

② 任意两个不同小项的合取式为永假；

③ 全体小项的析取式为永真，记为 $\sum_{i=0}^{2^n-1} m_i=m_0\vee m_1\vee\cdots\vee m_{2^n-1}\Leftrightarrow$T。

定义 5.16 对于给定的命题公式，如果有一个等价公式，它仅由小项的析取所组成，则该等式称为原式的主析取范式。

定理 5.3 在真值表中，一个公式的真值为 T 的指派所对应的小项的析取，即为此公式的主析取范式。

例 5.17 给定 $P\rightarrow Q$，$P\vee Q$ 和 $\neg(P\wedge Q)$，求这些公式的主析取范式。

解： 先给出上述 3 个公式的真值表，如表 5.17 所示。

表 5.17 3 个公式的真值表

P	Q	$P\rightarrow Q$	$P\vee Q$	$\neg(P\wedge Q)$
T	T	T	T	F
T	F	F	T	T
F	T	T	T	T
F	F	T	F	T

所以 $P\rightarrow Q\Leftrightarrow(P\wedge Q)\vee(\neg P\wedge Q)\vee(\neg P\wedge\neg Q)$，$P\vee Q\Leftrightarrow(P\wedge Q)\vee(P\wedge\neg Q)\vee(\neg P\wedge Q)$，$\neg(P\wedge Q)\Leftrightarrow(P\wedge\neg Q)\vee(\neg P\wedge Q)\vee(\neg P\wedge\neg Q)$。

对于给定命题公式的主析取范式，如果将其命题变元的个数和出现次序固定，则此公式的主析取范式就是唯一的。

定义 5.17 有 n 个命题变元的析取式称为极大项。其中每个变元与它的否定不能同时存在，但两者必须且仅出现一次。

我们也可以通过编号对大项进行表示，如两个变元 P,Q 大项和 3 个变元 P,Q,R 大项的编号如下。

(1) 两个变元 P,Q 大项

$$M_{00}=P\vee Q$$
$$M_{01}=P\vee\neg Q$$
$$M_{10}=\neg P\vee Q$$
$$M_{11}=\neg P\vee\neg Q$$

(2) 3 个变元 P,Q,R 大项

$$M_{000}=P\vee Q\vee R$$
$$M_{001}=P\vee Q\vee\neg R$$
$$M_{010}=P\vee\neg Q\vee R$$

$$M_{011}=P\vee\neg Q\vee\neg R$$
$$M_{100}=\neg P\vee Q\vee R$$
$$M_{101}=\neg P\vee Q\vee\neg R$$
$$M_{110}=\neg P\vee\neg Q\vee R$$
$$M_{111}=\neg P\vee\neg Q\vee\neg R$$

同极小项的性质类似，我们有如下极大项的性质：

① 每一个极大项当其真值指派与编码相同时，其真值为 F，在其余 2^n-1 指派情况下均为 T；

② 任意两个不同大项的析取式为永真；

③ 全体大项的合取式为永假，记为 $\sum_{i=0}^{2^n-1} M_i=M_0\wedge M_1\wedge\cdots\wedge M_{2^n-1}\Leftrightarrow$F。

定义 5.18 对于给定的命题公式，如果有一个等价公式，它仅由极大项的合取所组成，则该等式称为原式的主合取范式。

定理 5.4 在真值表中，一个公式的真值为 F 的指派所对应的大项的合取，即为此公式的主合取范式。

例 5.18 利用真值表求 $(P\wedge Q)\vee(\neg P\wedge R)$ 的主合取范式。

解： 先给出上述公式的真值表，如表 5.18 所示。

表 5.18 $(P\wedge Q)\vee(\neg P\wedge R)$ 的真值表

P	Q	R	$(P\wedge Q)\vee(\neg P\wedge R)$
T	T	T	T
T	T	F	T
T	F	T	F
T	F	F	F
F	T	T	T
F	T	F	F
F	F	T	T
F	F	F	F

所以 $(P\wedge Q)\vee(\neg P\wedge R)\Leftrightarrow(\neg P\vee Q\vee\neg R)\wedge(\neg P\vee Q\vee R)\wedge(P\vee\neg Q\vee R)\wedge(P\vee Q\vee R)$。

5.2.3 联结词的完备集

在前面的内容中，我们学习了否定、合取、析取、条件和双条件一共 5 种联结词，而且我们知道，否定联结词是一个一元的联结词，其他 4 个都是二元的联结词，下面使用真值表来表示这 5 种联结词。

1. 一元联结词

一元联结词的真值表如表 5.19 所示。

表 5.19 一元联结词真值表

P	否定“$\neg$”
F	T
T	F

2. 二元联结词

二元联结词的真值表如表 5.20 所示。

表 5.20　二元联结词的真值表

P	Q	合取“∧”	析取“∨”	条件“→”	双条件“↔”
F	F	F	F	T	T
F	T	F	T	T	F
T	F	F	T	F	F
T	T	T	T	T	T

现在我们考虑在此基础上进行联结词扩充。一个 n 元逻辑联结词就是一个从$\{F,T\}^n$ 到$\{F,T\}$的映射,因此相应的真值函数表就有 2^{2^n} 种。我们继续扩充表 5.19 和表 5.20。

3. 一元联结词扩充

一元联结词扩充的真值表如表 5.21 所示。

表 5.21　一元联结词扩充的真值表

P	f_1	f_2	f_3	f_4
F	F	F	T	T
T	F	T	F	T

由表 5.21 可知,f_3 就是否定联结词。

4. 二元联结词扩充

二元联结词扩充的真值表如表 5.22 所示。

表 5.22　二元联结词扩充的真值表

P	Q	f_1	f_2	f_3	f_4	f_5	f_6	f_7	f_8	f_9	f_{10}	f_{11}	f_{12}	f_{13}	f_{14}	f_{15}	f_{16}
F	F	F	F	F	F	F	F	F	F	T	T	T	T	T	T	T	T
F	T	F	F	F	F	T	T	T	T	F	F	F	F	T	T	T	T
T	F	F	F	T	T	F	F	T	T	F	F	T	T	F	F	T	T
T	T	F	T	F	T	F	T	F	T	F	T	F	T	F	T	F	T

由表 5.22 可知,f_2 就是合取联结词,f_8 就是析取联结词,f_{14} 就是条件联结词,f_{10} 就是双条件联结词。

根据上述讨论,我们有如下定义。

定义 5.19　称 $f:\{F,T\}^n \to \{F,T\}$为 n 元真值函数。

在这个定义中,f 的自变量为 n 个命题变项,每个自变量的取值为$\{F,T\}$,因而 n 个命题变项的定义域为 2^n 个 F 和 T 组成的序列,值域为$\{F,T\}$,这样共有 2^{2^n} 个函数。

下面我们继续讨论联结词的归约问题。

定义 5.20　设 f 为一个 n 元联结词,A 为由 m 个联结词 $f_1, f_2, \cdots, f_m$ 构成的命题公式,若有 $f(P_1, P_2, \cdots, P_m) \Leftrightarrow A$,则称联结词 f 可由联结词 $f_1, f_2, \cdots, f_m$ 来表示。

定义 5.21　设 C 为联结词的集合,若对任一命题公式都可由 C 中的联结词表示出来的公式与之等值,则称 C 是联结词的完备集,或称 C 是完备的联结词集合。

定理 5.5　$\{\neg, \wedge, \vee\}$是完备的联结词集合。

证明：即证对任一 n 元联结词均可由$\{\neg, \wedge, \vee\}$表示。根据真值表与主范式的关系知，任一 n 元联结词所对应的 n 元真值函数均可由其主范式表示出来，即可由$\{\neg, \wedge, \vee\}$表示。

定理 5.6　以下联结词集都是完备集：

① $S_1=\{\neg, \wedge, \vee, \rightarrow\}$；

② $S_2=\{\neg, \wedge, \vee, \rightarrow, \leftrightarrow\}$；

③ $S_3=\{\neg, \wedge\}$；

④ $S_4=\{\neg, \vee\}$；

⑤ $S_5=\{\neg, \rightarrow\}$。

证明：由于$\{\neg, \wedge, \vee\}$是完备集，显然①和②的成立是显然的。

由于 $P \vee Q \Leftrightarrow \neg(\neg P \wedge \neg Q)$，$P \wedge Q \Leftrightarrow \neg(\neg P \vee \neg Q)$，故③和④成立。

由④和 $P \vee Q \Leftrightarrow \neg P \rightarrow Q$ 成立，则可以推导出⑤成立。

5.2.4　命题逻辑的推演系统

数理逻辑的主要任务是用数学的方法来研究数学中的推理，所谓推理是指从前提出发推导出结论的思维过程，而前提是已知命题公式集合，结论是从前提出发应用推理规则推出的命题公式。

定义 5.22　设 A 和 C 是两个命题公式，当且仅当 $A \rightarrow C$ 为一个重言式，即 $A \Rightarrow C$，称 C 是 A 的有效结论。或 C 可以由 A 逻辑地推出。此时，我们也称“A 蕴涵 C”。

注意：此处蕴涵有别于条件联结词，在 5.1.1 节有明确的描述。

这个定义可以推广到有 n 个前提的情况。设 $A_1, A_2, \cdots, A_n, C$ 是命题公式，当且仅当 $A_1 \wedge A_2 \wedge \cdots \wedge A_n \Rightarrow C$，称 C 是一组前提 $A_1, A_2, \cdots, A_n$ 的有效结论，或称 C 可以由 $A_1, A_2, \cdots, A_n$ 逻辑地推出。

判别有效结论的过程就是论证过程，论证方法千变万化，但基本方法是真值表法和直接证法。

1. 真值表法

设 $P_1, P_2, \cdots, P_n$ 是出现于前提 $A_1, A_2, \cdots, A_n$ 和结论 C 中的全部命题变元，假定对 $P_1, P_2, \cdots, P_n$ 做了全部的真值指派，这样就能对应地确定 $A_1, A_2, \cdots, A_n$ 和 C 的所有真值，列出这个真值表，即可看出推论式成立。

因为从真值表上找出 $A_1, A_2, \cdots, A_n$ 真值均为 T 的行，对于每一个这样的行，若 C 也有真值 T，则推论式成立，或者看 C 的真值为 F 的行，在每一个这样的行中，$A_1, A_2, \cdots, A_n$ 的真值中至少有一个为 F，则推论式也成立。现在举例说明如下。

例 5.19　一个统计表格的错误或者是由于材料不可靠，或者是由于计算有错误。现有一份统计表格的错误不是由于材料不可靠，所以这份统计表格的错误是由于计算有错误。

解：设

P：统计表格的错误是由于材料不可靠；Q：统计表格的错误是由于计算有错误

前提：$\neg P \wedge (P \vee Q)$。

结论：Q。

表格错误真值表如表 5.23 所示。

表 5.23 表格错误真值表

P	Q	$\neg P$	$P\vee Q$	$\neg P\wedge(P\vee Q)$	$\neg P\wedge(P\vee Q)\to Q$
T	T	F	T	F	T
T	F	F	T	F	T
F	T	T	T	T	T
F	F	T	F	F	T

根据表 5.23,因而有$\neg P\wedge(P\vee Q)\Rightarrow Q$。

2. 直接证法

直接证法就是有一组前提,利用一些公认的推理规则,根据已知的等价或者蕴涵公式,推演得到有效的结论。

P 规则:前提在推导过程中的任何时候都可以引入使用。

T 规则:在推导过程中,如果有一个或多个公式蕴涵公式 S,则公式 S 可以引入推导之中。

表 5.24 给出了常见的蕴涵式,表 5.25 给出了常见的等价式。

表 5.24 常见的蕴涵式

序 号	表达式
1	$P\wedge Q\Rightarrow P$
2	$P\wedge Q\Rightarrow Q$
3	$P\Rightarrow P\vee Q$
4	$\neg P\Rightarrow P\to Q$
5	$Q\Rightarrow P\to Q$
6	$\neg(P\to Q)\Rightarrow P$
7	$\neg(P\to Q)\Rightarrow\neg Q$
8	$P\wedge(P\to Q)\Rightarrow Q$
9	$\neg Q\wedge(P\to Q)\Rightarrow\neg P$
10	$\neg P\wedge(P\vee Q)\Rightarrow Q$
11	$(P\to Q)\wedge(Q\to R)\Rightarrow P\to R$
12	$(P\vee Q)\wedge(P\to R)\wedge(Q\to R)\Rightarrow R$
13	$(P\to Q)\wedge(R\to S)\Rightarrow(P\wedge R)\to(Q\wedge S)$
14	$(P\leftrightarrow Q)\wedge(Q\leftrightarrow R)\Rightarrow(P\leftrightarrow R)$

表 5.25 常见的等价式

序 号	表达式
E1	$\neg\neg P\Leftrightarrow P$
E2	$P\vee P\Leftrightarrow P,P\wedge P\Leftrightarrow P$
E3	$(P\vee Q)\vee R\Leftrightarrow P\vee(Q\vee R)$ $(P\wedge Q)\wedge R\Leftrightarrow P\wedge(Q\wedge R)$
E4	$P\vee Q\Leftrightarrow Q\vee P,P\wedge Q\Leftrightarrow Q\wedge P$

续表

序 号	表达式
E5	$P\vee(Q\wedge R)\Leftrightarrow(P\vee Q)\wedge(P\vee R)$, $P\wedge(Q\vee R)\Leftrightarrow(P\wedge Q)\vee(P\wedge R)$
E6	$P\vee(P\wedge Q)\Leftrightarrow P, P\wedge(P\vee Q)\Leftrightarrow P$
E7	$\neg(P\vee Q)\Leftrightarrow\neg P\wedge\neg Q, \neg(P\wedge Q)\Leftrightarrow\neg P\vee\neg Q$
E8	$P\vee \mathrm{F}\Leftrightarrow P, P\wedge \mathrm{T}\Leftrightarrow P$
E9	$P\vee \mathrm{T}\Leftrightarrow \mathrm{T}, P\wedge \mathrm{F}\Leftrightarrow \mathrm{F}$
E10	$P\vee\neg P\Leftrightarrow \mathrm{T}, P\wedge\neg P\Leftrightarrow \mathrm{F}$

例 5.20 证明$(P\vee Q)\wedge(P\to R)\wedge(Q\to S)\Rightarrow S\vee R$。

证明: 推导过程如下。

① $P\vee Q$,P 规则。

② $\neg P\to Q$,T 规则作用于①,E 等价性。

③ $Q\to S$,P 规则。

④ $\neg P\to S$,T 规则作用于②,③,I 蕴涵关系。

⑤ $\neg S\to P$,T 规则作用于④,E 等价性。

⑥ $P\to R$,P 规则。

⑦ $\neg S\to R$,T 规则作用于⑤,⑥,I 蕴涵关系。

⑧ $S\vee R$,T 规则作用于⑦,E 等价性。

在本节中,我们学习了等值式、析取范式、合取范式、蕴涵式和等价知识,并对有效的命题逻辑推演方法和判定过程进行了讨论。推理是指从前提出发推出结论的思维过程,而前提是已知的命题公式,结论是从前提出发应用推理规则而导出的命题公式。用数学的方法研究推理是数理逻辑的主要任务之一。

5.3 一阶逻辑

从本节开始,我们开始介绍一阶逻辑的基本概念,更进一步地研究具有一定结构的命题,以及构成这些命题的个体形成的结构和所遵循的规律。

在命题逻辑中,基本研究单位是原子命题,也就是对原子命题不再分解,这对研究命题间的关系而言是较适合的。命题逻辑的推理中存在很大的局限性,有些简单的推理不能用命题演算进行推证。如苏格拉底的三段论推理:凡是人都要死的,苏格拉底是人,所以苏格拉底是要死的。因此,在一阶逻辑中,引入个体词、函词和谓词的概念。有了这些概念,就可以刻画命题内部的逻辑结构,从而可以深入研究形式逻辑中的推理问题。其中一阶逻辑又称为谓词逻辑。

5.3.1 一阶逻辑的基本概念

在一阶逻辑的基本概念中,个体词、谓词和量词是一阶逻辑命题符号化的3个基本要素。

个体是指可独立存在的课题,可以是一个具体的事物,也可以是一个抽象的概念。表示具体或者特定的客体的个体词称为个体常项，一般用小写字母 $a,b,c,\cdots$ 表示，而将表示抽象或泛指的个体词称为个体变项，常用 $x,y,z,\cdots$ 表示。个体变项的取值范围称为个体域，当个体域不同时，一阶逻辑生成的公式是不相同的。个体域可以是有穷集合，也可以是无穷集可。

例如：$\{1,2,3\}$，$\{a,b,c,\cdots,x,y,z\}$，…就是有穷集合，而自然数集合 $N=\{0,1,2,\cdots\}$、实数集合 $R=\{x|x$ 是实数$\}$等是无穷集合。

为了使公式有一致的含义，从而引入了一个全总域，表示宇宙间所有个体所组成的域。在某些情况下，全总域也可指所讨论的问题范围内的所有个体。

谓词是用来刻画个体的性质及个体之间关系的词。谓词作用在个体上之后产生一个命题。考察如下命题。

① $\sqrt{2}$是无理数。

② x 是有理数。

③ 小王和小李都是学习委员。

④ x 与 y 具有关系 L。

在①中$\sqrt{2}$是个体常项，"……是无理数"是谓词，记为 F，并用 $F(\sqrt{2})$表示①中的命题。在②中 x 是个体变项，"……是有理数"是谓词，记为 G，并用 $G(x)$表示②中的命题。在③中小王、小李都是个体常量，"……与……都是学习委员"是谓词，记为 H，并用 H(小王，小李)表示③中的命题。在④中，x,y 为两个个体变项，谓词为 L，④的符号形式为 $L(x,y)$。

同个体词一样，谓词也有常项与变项之区别，表示具体性质或关系的谓词称为谓词常项，表示抽象的或者泛指的性质或关系的谓词称为谓词变项。无论谓词常项，还是谓词变项，一般都用大写拉丁字母 $F,G,H,\cdots$ 表示，区分则需要根据上文来确定。上面的例子中，①，②，③的 F,G,H 是谓词常项，而④的 L 是谓词变项。

一般地，用 $F(a)$表示个体常项 a 具有性质 F。而用 $F(a,b)$表示个体常项 a,b 具有关系 F，$F(x,y)$表示个体变项 x,y 具有关系 F。更一般地，用 $P(x_1,x_2,\cdots,x_n)$表示 $n(n\geqslant 1)$个个体变项$x_1,x_2,\cdots,x_n$ 的 n 元谓词，$n=1$ 时，$P(x_1)$表示x_1 具有性质 P，$n\geqslant 2$ 时，$P(x_1,x_2,\cdots,x_n)$表示$x_1,x_2,\cdots,x_n$ 具有关系 P，实质上，n 元谓词 $P(x_1,x_2,\cdots,x_n)$可以看成以个体域为定义域，以$\{F,T\}$为值域的 n 元函数或关系。它不是命题。想要使它成为命题，必须用谓词常项取代 P，用个体常项$a_1,a_2,\cdots,a_n$ 取代$x_1,x_2,\cdots,x_n$ 得到 $P(a_1,a_2,\cdots,a_n)$，$P(a_1,a_2,\cdots,a_n)$是命题。

有时将不带个体变项的谓词称为 0 元谓词，例如前面讨论的例子：$F(\sqrt{2})$和 H(小王，小李)等就是 0 元谓词，当 F,H 为谓词常项时，0 元谓词是命题。以此，命题逻辑中的命题均可以表示为 0 元谓词，因而可以将命题看成特殊的谓词。

有了个体词和谓词的概念之后，在一阶逻辑中用量词来刻画与判断个体的数量。对于谓词所作用的个体数量，一阶逻辑只关心两种情况：一种情况是谓词作用个体域中所有的个体，这时用全称量词来刻画，使用符号"$\forall$"表示；另一种情况是谓词作用个体域中的某一些个体，这时用存在量词来刻画，使用符号"$\exists$"来表示。

例 5.21 在一阶逻辑中，将下列命题符号化。

① 凡是有理数都可写成分数。

② 教室里有同学在讲话。

③ 对于任意的 x,y，都存在唯一的 z，使 $x+y=z$。

④ 在我们班中，并非所有同学都能取得优秀成绩。

⑤ 有一个整数大于其他每个整数。

⑥ 任给 $\varepsilon>0$，存在 $\delta>0$，如果 $|x-a|<\delta$，则 $|f(x)-b|<\varepsilon$。

解： ① 令谓词 $Q(x)$ 表示"x 是有理数"，$F(x)$ 表示"x 可写成分数"，则符号化为 $(\forall x)(Q(x)\rightarrow F(x))$。

② 令谓词 $S(x)$ 表示"x 在教室里"，$T(x)$ 表示"x 在讲话"，则符号化为 $(\exists x)(S(x)\rightarrow T(x))$。

③ 符号化为 $(\forall x)(\forall y)(\exists z)((x+y=z)\wedge(\forall u)((u=x+y)\rightarrow(u=z)))$。

④ 令谓词 $C(x)$ 表示"x 在我们班中"，$E(x)$ 表示"x 能取得优秀成绩"，则符号化为 $\neg((\forall x)(C(x)\rightarrow E(x)))$。

⑤ 用 $Z(x)$ 表示"x 是一个整数"，则符号化为 $(\exists x)(Z(x)\wedge(\forall y)((Z(y)\wedge\neg(y=x))\rightarrow x>y))$。

⑥ 符号化为 $(\forall\varepsilon)((\varepsilon>0)\rightarrow(\exists\delta)((\delta>0)\wedge((|x-a|<\delta)\rightarrow|f(x)-b|<\varepsilon)))$。

例 5.22　给定下述谓词：$P(x)$ 表示"x 是素数"；$E(x)$ 表示"x 是偶数"；$Q(x)$ 表示"x 是奇数"；$N(x,y)$ 表示"x 可以整除 y"。把下列公式翻译成自然语言。

① $P(5)$。

② $E(2)\wedge P(2)$。

③ $(\forall x)(N(2,x)\rightarrow E(x))$。

④ $(\exists x)(E(x)\wedge N(x,6))$。

⑤ $(\forall x)(\neg E(x)\rightarrow\neg N(2,x))$。

⑥ $(\forall x)(E(x)\rightarrow(\forall x)(N(x,y)\rightarrow E(y)))$。

解： ① 5 是素数。

② 2 是偶素数。

③ 能被 2 整除的数是偶数。

④ 存在能整除 6 的偶数。

⑤ 如果一个数不是偶数，它一定不能被 2 整除。

⑥ 能被偶数整除的数一定是偶数。

5.3.2　一阶逻辑公式及其解释

每一个系统都有自己的符号表，由这些符号表所构成的某些符号串是该系统中的语言。一阶逻辑语言的符号如下。

① 个体常项：通常用排在前面的小写字母表示，即 $a,b,c,\cdots,a_i,b_i,c_i,\cdots$。

② 个体变项：通常用排在后面的小写字母表示，即 $x,y,z,\cdots,x_i,y_i,z_i,\cdots$。

③ 函数符号：通常用排在中间的小写字母表示，即 $f,g,h,\cdots,f_i,g_i,h_i,\cdots$。

④ 谓词符号：通常用排在中间的大写字母表示，即 $F,G,H,\cdots,F_i,G_i,H_i,\cdots$。

⑤ 量词符号：全称量词 $\forall$、存在量词 $\exists$。

⑥ 联结符号：$\neg$、$\wedge$、$\vee$、$\leftrightarrow$、$\rightarrow$。

⑦ 辅助符号：(、)、,(逗号)。

一阶逻辑中的逻辑符号应用于任何问题时都是通用的、不变的，而其中的非逻辑符号则在不同的应用问题中有所不同，可以变化，因此一阶逻辑语言的表达能力非常强，它可以通过采用不同的非逻辑符号来增强自己的表达能力。

定义 5.23 一阶逻辑语言的项递归定义：

① 个体常项和个体变项是项；

② 若 $f(x_1,x_2,\cdots,x_n)$ 是 n 元函数，$t_1,t_2,\cdots,t_n$ 是 n 个项，则 $f(t_1,t_2,\cdots,t_n)$ 是项；

③ 一阶逻辑语言的所有项都是通过有限次使用上述步骤生成的。

定义 5.24 一阶逻辑语言的合式公式递归定义如下：

① 若 $F(x_1,x_2,\cdots,x_n)$ 是 n 元谓词，$t_1,t_2,\cdots,t_n$ 是 n 个项，则 $F(x_1,x_2,\cdots,x_n)$ 是合式公式，此类合式公式称为原子公式；

② 若 A,B 是合式公式，则 $(\neg A)$，$(A\wedge B)$，$(A\vee B)$，$(A\rightarrow B)$，$(A\leftrightarrow B)$ 也是合式公式；

③ 若 A 是合式公式，则 $(\forall x)A$，$(\exists x)A$ 也是合式公式；

④ 一阶逻辑语言的所有公式都通过有限次使用上述步骤生成。

通常用 $r,s,t,\cdots,r_i,s_i,t_i,\cdots$ 表示项，而用 $A,B,C,\cdots,A_i,B_i,C_i,\cdots$ 表示合式公式。称 $(\forall x)A$ 公式中的 A 为量词 $(\forall x)$ 的辖域，称公式 $(\exists x)A$ 中的 A 为量词 $(\exists x)$ 的辖域。称变元 x 在公式 A 中的某处出现是约束出现，如果该出现处于量词 $(\forall x)$ 或 $(\exists x)$ 的辖域内，或者就是量词中的 x。若 x 在公式 A 中的某处出现不是约束出现，则此出现称为自由出现。

例 5.23 指出下列公式中，各量词的辖域以及变元的自由出现和约束出现。

① $\forall x(F(x,y,z)\rightarrow\exists yG(x,y))$。

② $\exists xF(x,y)\wedge G(x,y)$。

③ $\forall x\forall y(F(x)\wedge G(y)\rightarrow H(x,y))$。

解：① 量词 $\forall x$ 的辖域为 $(F(x,y,z)\rightarrow\exists yG(x,y))$，而量词 $\exists y$ 的辖域为 $G(x,y)$。变元的自由出现和约束出现分别依次出现的 x,x,y,z,y,z,y 为约束、约束、自由、自由、约束、约束、约束。

② 量词 $\exists x$ 的辖域为 $F(x,y)$。变元的自由出现和约束出现分别依次出现的 x,x,y,x,y 为约束、约束、自由、自由、自由。

③ 量词 $\forall x$ 的辖域为 $(F(x)\wedge G(y)\rightarrow H(x,y))$，而量词 $\forall y$ 的辖域为 $(F(x)\wedge G(y)\rightarrow H(x,y))$。变元的自由出现和约束出现分别依次出现的 x,y,x,y,x,y 为约束、约束、约束、约束、约束、约束。

设变元 x 在公式 A 中出现，如果 x 在 A 中的所有出现都是约束出现，则称 x 为 A 的约束变元，否则称 x 为 A 的自由变元。变元 x 在公式 A 中可同时有约束出现和自由出现，而只有当 x 的所有出现都是约束出现时，称 x 为 A 的约束出现。

为了明确起见，通常用字母 $A,B,C,\cdots$ 表示一阶逻辑公式，同时列出该公式中的自由变元，写成 $A(x_1,x_2,\cdots,x_n)$ 等，表示公式 A 中的所有自由变元皆在 $x_1,x_2,\cdots,x_n$ 中。一阶逻辑中，存在如下约束变元换名规则和自由变元替换规则。

R-FL1(换名规则)对于公式 $(\forall x)A$ 或 $(\exists x)A$，设变元 y 不在 A 中出现，则将其中 $(\forall x)A$ 或 $(\exists x)A$ 改为 $(\forall y)A$ 或 $(\exists y)A$，且将 A 中出现的所有 x 都改为 y，得到公式 $(\forall y)A$ 或 $(\exists y)A$ 与原公式等价。

R-FL2(替换规则)对于公式 $A(x)$，设变元 y 不在 A 中出现，则将其中所有自由出现的 x 都改为 y，得到公式 $A(y)$ 与原公式等价。

例 5.24 使用换名规则和替换规则变化下列公式。

① $(\exists x)((P(x)\vee R(x))\wedge S(x))\rightarrow(\forall x)(P(x)\wedge Q(x))$。

② $(\forall x)(P(x)\leftrightarrow Q(x))\wedge(\exists x)R(x)\vee S(x)$。

③ $(\forall x)P(x)\wedge(\exists x)Q(x)\vee((\forall x)P(x)\rightarrow Q(x))$。

解：首先确定量词的辖域，然后确定变元的约束出现和自由出现，再进行变换。

① $(\exists x)$的辖域是$((P(x)\vee R(x))\wedge S(x))$，其中的 x 是约束出现，而$(\forall x)$的辖域是$(P(x)\wedge Q(x))$，其中的 x 是约束出现。为了使得不同量词后面的变元不同，可将其中的 x 换名为 y，得到$(\exists x)((P(x)\vee R(x))\wedge S(x))\rightarrow(\forall y)(P(y)\wedge Q(y))$。

② $(\forall x)$的辖域是$(P(x)\leftrightarrow Q(x))$，其中的 x 是约束出现，而$(\exists x)$的辖域是 $R(x)$，其中的 x 是约束出现，而最后 $S(x)$中的 x 是自由出现。为了满足上述两个条件，可将$(\exists x)R(x)$中的 x 换名为 y，而将 $S(x)$中的 x 替换为 z，得到$(\forall x)(P(x)\leftrightarrow Q(x))\wedge(\exists y)R(y)\vee S(z)$。

③ 第一个$(\forall x)$的辖域是 $P(x)$，而$(\exists x)$的辖域是 $Q(x)$，第二个$(\forall x)$的辖域是 $P(x)$，而最后 $Q(x)$中的 x 是自由出现。为满足上述两个条件，可将$(\exists x)Q(x)$中的 x 换名为 y，而将$(\forall x)P(x)$中的 x 换名为 z，最后将 $Q(x)$中的 x 替换为 u，得到$(\forall x)P(x)\wedge(\exists y)Q(y)\vee((\forall z)P(z)\rightarrow Q(u))$。

5.3.3　一阶逻辑的等值演算与前束范式

设 A 和 B 是一阶逻辑中任意的两个公式，若 $A\leftrightarrow B$ 是永真式，则称 A 与 B 等值，记为 $A\Leftrightarrow B$，称 $A\Leftrightarrow B$ 为等值式。下面给出与量词有关、一阶逻辑特有的一些等值式。

E-FL1(消除量词)，在有限个体域 $D=\{a_1,a_2,\cdots,a_n\}$中：

① $(\forall x)A(x)\Leftrightarrow A(a_1)\wedge A(a_2)\wedge\cdots\wedge A(a_n)$；

② $(\exists x)A(x)\Leftrightarrow A(a_1)\vee A(a_2)\vee\cdots\vee A(a_n)$。

E-FL2(量词否定等值式)：

① $\neg((\forall x)A(x))\Leftrightarrow(\exists x)(\neg A(x))$；

② $\neg((\exists x)A(x))\Leftrightarrow(\forall x)(\neg A(x))$。

E-FL3(收缩与扩张等值式)，下述等值式中，变元 x 不在 B 中出现：

① $(\forall x)(A(x)\vee B)\Leftrightarrow(\forall xA(x))\vee B$；

② $(\forall x)(A(x)\wedge B)\Leftrightarrow(\forall xA(x))\wedge B$；

③ $(\forall x)(A(x)\rightarrow B)\Leftrightarrow(\exists xA(x))\rightarrow B$；

④ $(\forall x)(B\rightarrow A(x))\Leftrightarrow B\rightarrow(\forall xA(x))$；

⑤ $\exists x(A(x)\vee B)\Leftrightarrow(\exists xA(x))\vee B$；

⑥ $\exists x(A(x)\rightarrow B)\Leftrightarrow(\exists xA(x))\rightarrow B$；

⑦ $\exists x(A(x)\rightarrow B)\Leftrightarrow(\exists xA(x))\rightarrow B$；

⑧ $\exists x(B\rightarrow A(x))\Leftrightarrow B\rightarrow(\exists xA(x))$。

E-FL4(量词分配等值式)：

① $\forall x(A(x)\wedge B(x))\Leftrightarrow(\forall xA(x))\wedge(\forall xB(x))$；

② $\exists x(A(x)\wedge B(x))\Leftrightarrow(\exists xA(x))\wedge(\exists xB(x))$。

E-FL5(量词顺序变化等值式)：

① $\forall x\forall yA(x,y)\Leftrightarrow\forall y\forall xA(x,y)$；

② $\exists x\forall yA(x,y)\Leftrightarrow\exists y\exists xA(x,y)$。

设 A 为一阶逻辑公式，若 A 具有如下形式：$(\square v_1)(\square v_2)\cdots(\square v_n)B$。则称 A 为前束范

式。其中□是∀或∃，B 为不含量词的公式。

定理 5.7 对于任意的一阶逻辑公式 A，都存在与之等值的前束范式。

证明：首先利用量词转化公式，把否定深入到命题变元和谓词公式的前面，其次利用 $(\forall x)(A(x) \vee B) \Leftrightarrow (\forall x A(x)) \vee B$ 和 $(\forall x)(A(x) \wedge B) \Leftrightarrow (\forall x A(x)) \wedge B$，把量词移到公式的最前面，这样便得到前束范式。

例 5.25 求下列公式的前束范式。

① $\forall x F(x,y) \wedge \forall y F(x,y)$。

② $\forall y F(x) \rightarrow \exists x F(y)$。

③ $\forall x \forall y F(x,y) \rightarrow \forall x \forall y F(x,y)$。

④ $\forall x F(x,y) \rightarrow (\forall x G(x) \rightarrow \exists y F(y,z))$。

解：① $\forall x F(x,y) \wedge \forall y F(x,y) \Leftrightarrow \forall x F(x,u) \wedge \forall y F(v,y) \Leftrightarrow \forall x \forall y (F(x,y) \wedge F(x,y))$。

② $\forall y F(x) \rightarrow \exists x F(y) \Leftrightarrow \forall y F(u) \rightarrow \exists x F(v) \Leftrightarrow \exists x \forall y (F(u) \rightarrow F(v)) \Leftrightarrow F(u) \rightarrow F(v) \Leftrightarrow \exists x \forall y (F(x) \rightarrow F(y))$。

③ $\forall x \forall y F(x,y) \rightarrow \forall x \forall y F(x,y) \Leftrightarrow \forall x \forall y F(x,y) \rightarrow \forall u \forall v F(u,v) \Leftrightarrow \exists x \exists y \forall u \forall v (F(x,y) \rightarrow F(u,v))$。

④ $\forall x F(x,y) \rightarrow (\forall x G(x) \rightarrow \exists y F(y,z)) \Leftrightarrow \forall x F(x,u) \rightarrow (\forall v G(v) \rightarrow \exists y F(y,z)) \Leftrightarrow \forall x F(x,u) \rightarrow \exists v \exists y (G(v) \rightarrow F(y,z)) \Leftrightarrow \exists x \exists v \exists y (F(x,u) \rightarrow (G(v) \rightarrow F(y,z)))$。

5.3.4 一阶逻辑的推理理论

在进行推理的时候，一阶逻辑与命题逻辑是相似的。

定义 5.25 称蕴涵式 $(A_1 \wedge A_2 \wedge \cdots \wedge A_k) \rightarrow B$ 为推理的形式结构，$A_1, A_2, \cdots, A_k$ 为推理的前提，B 为推理的结论。若 $(A_1 \wedge A_2 \wedge \cdots \wedge A_k) \rightarrow B$ 为永真式，则称从前提 $A_1, A_2, \cdots, A_k$ 推出结论 B 的推理正确，B 是逻辑结论或称有效结论；否则称推理不正确。若从前提推出结论 B 的推理正确，则记为 $(A_1 \wedge A_2 \wedge \cdots \wedge A_k) \Rightarrow B$。

定义 5.26 一个描述推理过程的一阶公式序列为 $A_1, A_2, \cdots, A_n$，其中的每个一阶公式或者是已知的前提，或者是由某一些前提应用推理规则得到的结论，满足这样条件的公式序列 $A_1, A_2, \cdots, A_n$ 称为结论 A_n 的证明。

通过对命题逻辑公式进行替换，一阶逻辑的推理可使用命题逻辑的推理规则，在证明中常用的推理规则有 3 条。

① R-FL3（前提引入规则），在证明的任何步骤都可以引入已知的前提。

② R-FL4（结论引入规则），在证明的任何步骤都可以引入这次已经得到的结论，作为后续证明的前提。

③ R-FL5（置换规则），在证明的任何步骤上，一阶公式中的任何子公式都可用与之等值的公式置换，得到证明的共识序列的另一公式。

使用一阶逻辑公式进行推理还有其他一些推理规则，这些规则建立在下面一些推理定律上，推理定律是一阶逻辑的一些永真蕴涵式，重要的推理定律如下。

① T-FL1（附加律），$A \Rightarrow (A \vee B)$，或称为析取的引入。

② T-FL2（化简律），$(A \wedge B) \Rightarrow A$，$(A \wedge B) \Rightarrow B$，或称为合取的消除。

③ T-FL3（假言推理），$(A \rightarrow B) \wedge A \Rightarrow A$，或称为分离规则。

④ T-FL4(拒取式)，$(A\to B)\land\neg B\Rightarrow\neg A$。

⑤ T-FL5(析取三段论)，$(A\lor B)\land\neg B\Rightarrow A$。

⑥ T-FL6(假言三段论)，$(A\to B)\land(B\to C)\Rightarrow(A\to C)$，或称为传递规则。

⑦ T-FL7(等价三段论)，$(A\leftrightarrow B)\land(B\leftrightarrow C)\Rightarrow(A\leftrightarrow C)$。

⑧ T-FL8(构造性二难)，$(A\to B)\land(C\to D)\land(A\lor C)\Rightarrow(B\lor D)$。

定理 5.8　$(A_1\land A_2\land\cdots\land A_k\land A)\Rightarrow B$ 当且仅当 $(A_1\land A_2\land\cdots\land A_k)\Rightarrow A\to B$。

定理 5.9　$(A_1\land A_2\land\cdots\land A_k)\Rightarrow B$ 当且仅当 $\neg(A_1\land A_2\land\cdots\land A_k\land\neg B)$ 是永真式，或者说 $(A_1\land A_2\land\cdots\land A_k)\Rightarrow B$ 当且仅当 $A_1\land A_2\land\cdots\land A_k\land\neg B$ 是矛盾式。

上述两个定理的证明用定义和相关重写规则很容易获得，在此略。在一阶逻辑中，可使用上述推理定律的替换实例来进行推理，此外，一阶逻辑中还有如下特有的推理定律。

① T-FL9，$(\forall xA(x))\lor(\forall xB(x))\Rightarrow\forall x(A(x)\lor B(x))$。

② T-FL10，$\exists x(A(x))\lor(B(x))\Rightarrow(\exists xA(x)\lor\exists xB(x))$。

③ T-FL11，$\forall x(A(x))\to(B(x))\to(\forall xA(x)\to\forall xB(x))$。

④ T-FL12，$\forall x(A(x))\to(B(x))\Rightarrow(\exists xA(x)\to\exists xB(x))$。

一阶逻辑中有下面特有的推理规则，不过使用这些规则需要满足一定的条件。

R-UI(全称量词消除规则)：(Ⅰ) $\forall xA(x)\Rightarrow A(y)$；(Ⅱ) $\forall xA(x)\Rightarrow A(c)$。

这两个规则的成立条件为：

① x 是 $A(x)$ 的自由变元；

② 在(Ⅰ)中，y 为不在 $A(x)$ 中约束出现的变元，y 可以在 $A(x)$ 中自由出现，也可在证明序列前面的公式中出现；

③ 在(Ⅱ)中，c 为任意的个体常项，可以是证明序列中前面公式所指定的个体常项。

R-UG(全称量词引入规则)：$A(y)\Rightarrow\forall xA(x)$。

此规则的成立条件为：

① y 在 $A(y)$ 中自由出现；

② 替换 y 的 x 要选择在 $A(y)$ 中不出现的变元符号。

R-EG(存在量词引入规则)：$A(c)\Rightarrow\exists xA(x)$。

此规则成立的条件为：

① c 在 $A(c)$ 是特定的个体常项；

② 替换 c 的 x 要选择在 $A(c)$ 中不出现的变元符号。

R-EI(存在量词消除规则)：$\exists xA(x)\Rightarrow A(c)$。

此规则成立的条件为：

① c 是特定的个体常项，c 不能在前面的公式序列中出现；

② c 不在 $A(x)$ 中自由出现；

③ $A(x)$ 中自由出现的个体变元只有 x。

例 5.26　指出下列推导中的错误，并加以改正。

① $(\forall(x))P(x)\to Q(x)$，前提；$P(y)\to Q(y)$，全称量词消除规则。

② $P(x)\to Q(c)$，前提；$(\exists(x))P(x)\to Q(x)$，存在量词引入规则。

③ $\exists(x)P(x)$，前提；$P(c)$，存在量词消除规则；$\exists(x)Q(x)$，前提；④ $Q(c)$，存在量词消除规则。

解：① 量词$\forall(x)$的辖域为$P(x)$，而非$P(x)\to Q(x)$，所以不能直接使用全称量词消除规则。

② 在使用存在量词引入规则时，替换个体c的变元应选择在公式中没有出现的变元符号，正确的推理如下：$P(x)\to Q(c)$，前提；$(\exists(y))P(x)\to Q(y)$，存在量词引入规则。

③ 第二次使用存在量词消除规则时，所指定的特定个体应该在证明序列以前的公式中不出现，正确的推理如下：$\exists(x)P(x)$，前提；$P(c)$，存在量词消除规则；$\exists(x)Q(x)$，前提；$Q(d)$，存在量词消除规则。

例 5.27 将命题"没有不守信用的人是可以信赖的；有些可以信赖的人是受过教育的。因此，有些受过教育的人是守信用的。"符号化，并研究其推理是否正确。

解：要引入的谓词包括：$P(x)$表示"x是守信用的人"；$Q(x)$表示"x是可信赖的人"；$S(x)$表示"x是受过教育的人"。前提可符号化为$\neg(\exists x(\neg P(x)\wedge Q(x)))$，$\exists x(Q(x)\wedge S(x))$。结论可符号化为$\exists x(S(x)\wedge P(x))$，验证结论的公式序列如下。

① $\exists x(Q(x)\wedge S(x))$，前提。

② $Q(c)\wedge S(c)$，存在量词消除规则。

③ $Q(c)$，合取的消除。

④ $S(c)$，合取的消除，②。

⑤ $\neg(\exists x(\neg P(x)\wedge Q(x)))$，前提。

⑥ $\forall x(P(x)\vee\neg Q(x))$，等值替换规则。

⑦ $P(c)\vee\neg Q(c)$，全称量词消除规则，使用②中个体c。

⑧ $P(c)$，析取三段论，③和⑦。

⑨ $P(c)\wedge S(c)$，合取的引入，④和⑧。

⑩ $\exists x(S(x)\wedge P(x))$，存在量词引入规则。

最后可以知道，上述推理正确。

在命题逻辑和命题推理的基础上，本节我们进一步对命题内部的逻辑结构进行分析和探讨，沿着这个思路，我们学习了一阶逻辑的基本概念、公式、解释、等值演算和推理理论的知识。通过全面了解一阶逻辑克服命题逻辑的局限性的性质，从而掌握命题逻辑无法解决的一些推理问题的方法。

5.4 数理逻辑在信息安全中的应用

逻辑学在以计算机为基础的网络空间安全学科中有非常广泛的应用，其中的一大应用就是用于安全协议的形式化描述与分析。在用于形式化分析的逻辑系统方法中，比较有名的有BAN及BAN逻辑，但是在介绍BAN逻辑之前，我们需要对常见的模态命题逻辑、模态谓词逻辑、时态逻辑和动态逻辑进行简单的介绍。

5.4.1 模态逻辑

除了一阶谓词演算，现在讨论较多的系统是模态逻辑系统，它不仅是程序语义描述的有力工具，也是时态逻辑和动态逻辑的理论基础。经典的逻辑是建立在陈述句上的，它不允许出现虚拟语句，而模态逻辑允许使用虚拟语句，如可能、必然、相信、希望等，这些都是不确定的概念，因而模态逻辑是不确定逻辑。在模态逻辑中最常用的两个虚拟词是“可能”与“必然”，以这两个词所建立起来的模态逻辑，反映了客观世界除了有“现实世界”外，还有“可能世界”和“必然世界”。

在模态命题逻辑中，经典命题逻辑的公式、定理、规则均适用；在模态命题逻辑中，增加两个模态操作。

① 必然操作：□（一元操作），□A 表示无论在什么场合均有事实 A。

② 可能操作：◇（一元操作），◇A 表示在某一些场合有事实 A。

定义 5.27　一个模态命题逻辑的形式语言定义如下。

（1）基本符号

① 变量 x,y,p,q。

② 联结词¬，∧。

③ 模态词□，◇。

④ 括号（，）。

（2）原子公式

变量是原子公式。

（3）合式公式（简称为公式）

① 原子公式是公式。

② 如 P,Q 是公式，则□P，$P\wedge Q$，□P 是公式。

③ 公式由且仅由上述两式经过有限步操作而成。

定义 5.28　形式语言中的其他逻辑运算符均可以视为上述基本符号的一些扩充，我们可以定义如下。

① $P\vee Q$ 相当于$\neg(\neg P\wedge\neg Q)$。

② $P\rightarrow Q$ 相当于$\neg P\vee Q$。

③ $P\leftrightarrow Q$ 相当于$(P\rightarrow Q)\vee(Q\rightarrow P)$。

④ ◇P 相当于¬□¬ P。

⑤ $P\Rightarrow Q$ 相当于□$P\rightarrow Q$。

⑥ $P\Leftrightarrow Q$ 相当于□$P\leftrightarrow Q$。

除了模态逻辑外，还有其他一些非经典的逻辑，如 Kailar 逻辑、多值逻辑、模糊逻辑和非单调逻辑等，此处不再详述，有兴趣的读者请参考专门的逻辑学专著，下面一节，我们讨论数理逻辑在网络空间安全协议分析中应用的一个实例。

5.4.2　数理逻辑在安全协议分析中的初步应用

逻辑学在以计算机科学为基础的信息安全学科中有非常广泛的应用，其在信息安全领域的一大应用是用于安全协议的形式化描述和分析。

安全协议是借助于密码算法来达到密钥分配、身份认证以及安全地完成电子交易等目的的一种高互通协议，它运行在计算机通信网或分布式系统中，为安全需求的各方提供一系列步骤。它的安全性质涉及认证性、机密性、完整性和不可否认性等。在安全协议设计时存在的诸多有关协议说明、规范以及密码算法运用上的缺陷，以及其所处的不安全的网络通信环境，都使得安全协议是易错的。这些错误是不容易为人工识别的，因此必须借助形式化的分析方法与工具对安全协议的安全性进行分析。

安全协议形式化分析技术可使协议设计者通过系统分析将注意力集中于接口、系统环境的假设、在不同条件下系统的状态、条件不满足时出现的情况以及系统不变的属性，并通过系统验证，提供协议必要的安全保证。通俗地讲，安全协议形式化分析是采用一种正规的、标准的方法对协议进行分析，以检查协议是否满足其安全目标。

因此安全协议形式化分析可以界定安全协议的边界，即协议系统与其运行环境的界限，准确地描述安全协议的行为和定义安全协议的特性；从而可以证明安全协议满足其说明，以及证明安全协议在什么条件下不能满足其说明。

用于安全协议形式化分析的逻辑系统方法中，比较著名的有 BAN 及 BAN 逻辑，这些逻辑通常由一些命题和推理公理组成，命题表示主题对消息的知识或信仰，而运用推理公理可以从已知的知识和信仰中推导出新的知识和信仰。在本节，我们先介绍 BAN 逻辑，然后介绍利用 BAN 逻辑对 Needham-Schroeder 协议进行分析。

BAN 逻辑的基本语法和语义如下。

① P,Q：主体(principal)，泛指参与协议的各方。

② X：观点(formula statement)为协议中消息的含义。

③ K：一般意义上的密钥概念。

④ $\{X\}_K$：对 X 进行加密，加密的密钥是 K。

⑤ $(X)_Y$：消息 X 和秘密 Y 的级联。Y 的出现证明了使用消息$(X)_Y$的主体身份。

⑥ $P\rightarrow Q$：(X)主体 P 发送消息 X 给 Q。

⑦ bel(P,X)：P 相信 X，并且在整个协议运行过程中都相信 X。

⑧ sees(P,X)：P 看到 X。某些主体发送过 X，A 收到并能读出。

⑨ said(P,X)：P 在某时曾发送过一条包含 X 的消息，并且 P 当时是相信 X 的。

⑩ cont(P,X)：P 对 X 有仲裁权。

⑪ fresh(X)：X 是协议本轮运行过程中产生的新鲜随机数。

⑫ skey(P,K,Q)：K 是为 P 与 Q 共享的会话密钥。

⑬ goodkye(P,K,Q)：K 是为 P 与 Q 共享的良好会话密钥。

⑭ pubkey(P,K)：K 是 P 的公开密钥。

⑮ secret(P,K,Q)：X 是 P 和 Q 的共享秘密。

BAN 逻辑包含 7 条推理规则。

R-BAN1(消息意义规则)：消息意义规则为 BAN 逻辑提供了认证检测，可使主体推知其他主体曾经发送过的消息。

假设 P 和 R 为不同的主体，对于公钥有：bel(P,goodkey(P,K,Q))and sees($P,\{X\}_K$)$\Rightarrow$bel(P,said(Q,X))。

对于私钥有：bel(P,pubkey(Q,K))and sees($P,\{X\}_K^{-1}$)$\Rightarrow$bel(P,said(Q,X))。

对于共享秘密有：bel(P,secret(P,K,Q))and sees($P,\{X\}_Y$)$\Rightarrow$bel(P,said(Q,X))。

前两条规则表明如果收到一条加密消息，那么只有拥有此加密消息，并且拥有此加密密钥(或密钥的逆)的主体能够发送这条消息。第三条规则运用了仅仅两方共享的秘密信息，作为信息来源的判定依据。

R-BAN2(随机数验证规则)：随机数验证规则可使主体推知其他主体的信仰。bel(P,fresh(X))and bel(P,said(Q,X))$\Rightarrow$bel(P,said(Q,X))。

此规则表明：如果 P 相信 X 是新鲜的，并且 P 相信 Q 曾经发送过 X，那么 P 相信 Q 相

信 X。

R-BAN3(仲裁规则):仲裁规则使主体可以在基于其他主体已有的信仰之上推知新的信仰。$bel(P,cont(Q,X))$ and $bel(P,bel(Q,X))\Rightarrow bel(P,X)$。

此规则表明:如果 P 相信 Q 对 X 是有仲裁权的,并且 P 相信 Q 是相信 X 的,那么 P 相信 X。

R-BAN4(信仰规则):信仰规则反映了信仰在消息的级联与分割操作中的一致性以及信仰在其操作中的传递性。

$bel(P,X)$ and $bel(P,Y)\Rightarrow bel(P,(X,Y))$; $bel(P,(X,Y))\Rightarrow bel(P,X)$ or $bel(P,Y)$; $bel(P,bel(Q,(X,Y)))\Rightarrow bel(P,bel(Q,X))$ or $bel(P,bel(Q,Y))$。

此规则表明:如果 P 相信 X 和 Y,那么 P 相信消息 X 和 Y 的级联,反之亦然,并且如果 P 相信 Q 相信消息 X 和 Y 的级联,那么 P 相信 Q 相信消息的每一部分。

R-BAN5(接收规则):接收规则定义了主体在协议运行过程中对消息的获取。

$sees(P,(X,Y))\Rightarrow sees(P,X)$; $sees(P,(X)_Y)\Rightarrow sees(P,X)$; $bel(P,goodkey(P,K,Q))$ and $sees(P,\{X\}_K)\Rightarrow sees(P,X)$; $bel(P,pubkey(P,K))$ and $sees(P,\{X\}_K)\Rightarrow sees(P,X)$; $bel(P,pubkey(Q,K))$ and $sees(P,\{X\}_K^{-1})\Rightarrow sees(P,X)$。

此规则表明:如果 P 接收到一个级联的消息,那么它可读取出子消息;如果 P 接收到一个加密消息,在加密密钥是 P 与另一主体的共享密钥,或是 P 的公钥,或 P 知道加密密钥的逆 3 种情况下,P 可读出消息原文。

R-BAN6(新鲜规则):新鲜规则定义了新鲜消息的生成规则。

$bel(P,fresh(X))\Rightarrow bel(P,fresh(X,Y))$; $bel(P,fresh(X))$ and $bel(P,said(Q,X))\Rightarrow bel(P,bel(Q,X))$。

此规则表明:如果 P 相信 X 是新鲜的,那么 P 相信与 X 级联的整个消息也是新鲜的。如果 P 相信 X 是新鲜的,并且 P 相信 Q 曾发送过 X,那么 P 相信 Q 相信 X。

R-BAN7(传递规则):传递规则定义消息的信任传递原则。

$bel(P,said(Q,(X,Y)))\Rightarrow bel(P,said(Q,X))$。

此规则表明:如果 P 相信 Q 曾发送过整个消息,那么 P 相信 Q 曾发送过该消息的子部分。

BAN 逻辑对协议的形式化分析可分为 4 步:

第一步,对协议的过程进行理想化描述;

第二步,给出协议初始状态及其所基于的假设;

第三步,形式化说明协议将达成的目标;

第四步,运用公理和推理规则以及协议会话事实和假设,推证直至验证协议是否满足其最终运行目标。

BAN 逻辑成功地对 Needham-Schroeder,Kerberos 等几个著名的协议进行了分析,找到了其中的已知的和未知的漏洞。下面以 Needham-Schroeder 协议(NS 协议)为实例进行分析。

NS 协议是 Needham 和 Schroeder 于 1978 年提出的基于共享密钥体系的协议,NS 协议的目的是使通信双方能够互相证实对方的身份,并且为后续的加密通信建立一个会话密钥。协议涉及 3 个主体(A,B 以及认证服务器 S)。K_{as} 代表 A 与 S 之间的共享密钥,K_{bs} 代表 B 与 S 之间的共享密钥,K_{ab} 代表 S 生成的用于 A,B 双方加密通信的会话密钥。N_a 和 N_b 分别是 A

和 B 生成的随机数。

NS 协议包括 5 条消息。

① $A\to S$：A,B,N。

② $S\to A$：$\{N_a,B,K_{ab},\{K_{ab},A\}_{K_{bs}}\}_{K_{as}}$。

③ $A\to B$：$\{K_{ab},A\}_{K_{bs}}$。

④ $B\to A$：$\{N_b\}_{K_{ab}}$。

⑤ $A\to B$：$\{N_b-1\}_{K_{ab}}$。

第一步，A 向认证服务器发送一条明文消息，该消息包括 A 与 B 的标识，以及 A 生成的一个随机数。第二步，认证服务器返回给 A 一个用K_{as}加密的消息，包含 A 发送的随机数、B 的标识、S 生成的会话密钥以及 Needham 和 Schroeder 称为票据的子消息，该票据包含了用K_{bs}加密的会话密钥和 A 的标识。A 收到上述消息后可以用K_{as}解密，并检查其中的随机数是否与它在第一步发送的随机数相同，如果相同，那么 A 就可以断定此消息是新的，因为它必定是在 A 产生随机数之后生成的。由于 A 可能同时与多个主体通信，所以检查消息中 B 的表示对于确认通信的主体是必要的。从这条消息 A 还得到了认证服务器生成的会话密钥K_{ab}以及票据。因为 A 不知道K_{bs}，所以他无法通过解密获知票据的内容，但他可在第三步转发给 B。第三步，当 B 收到A 发出的消息后，通过解密，他可以判断出是 A 想与他通信并且会话密钥是K_{ab}。第四步，B 生成一个随机数，用会话密钥加密后发给 A，B 通过此消息来确定A 知道会话密钥。在协议的最后，A 接收此消息并解密，对得到的随机数减去 1，在用绘画密钥加密后发送给 B。B 验证此消息的正确性后可以确信A 知道此会话密钥了。因此，在成功地完成协议后，A 和 B 就能确信他们之间拥有了一个仅为他们和可信服务器知道的会话密钥。

NS 协议被证明是有漏洞的。BAN 逻辑成功地对其进行了分析，发现了其不易觉察的问题。其分析过程如下。

第一步，理想化协议。

$$\text{M-NS1}(A\to B)\{A,B,N_a\}$$

$$\text{M-NS2}(S\to A)\{N_a,\text{skey}(A,\text{fresh}(K_{ab}),B),\{\text{skey}(A,K_{ab},B)\}_{K_{bs}}\}_{K_{as}}$$

$$\text{M-NS3}(A\to B)\{\text{skey}(A,K_{ab},B)\}_{K_{bs}}$$

$$\text{M-NS4}(B\to A)\{N_a\}_{K_{ab}}$$

$$\text{M-NS5}(A\to B)\{N_b-1\}_{K_{ab}}$$

第二步，描述初始化状态及假设。

关于密钥的有效性：

$$(\text{A-NS1})\,\text{bel}(A,\text{goodkey}(A,K_{as},S))$$

$$(\text{A-NS2})\,\text{bel}(B,\text{goodkey}(B,K_{bs},S))$$

$$(\text{A-NS3})\,\text{bel}(S,\text{goodkey}(A,K_{as},S))$$

$$(\text{A-NS4})\,\text{bel}(S,\text{goodkey}(B,K_{bs},S))$$

$$(\text{A-NS5})\,\text{bel}(S,\text{goodkey}(A,K_{as},B))$$

关于 S 的权威性：

$$(\text{A-NS6})\,\text{bel}(A,\text{cont}(S,\text{goodkey}(A,K_{ab},B)))$$

$$(\text{A-NS7})\,\text{bel}(B,\text{cont}(S,\text{goodkey}(A,K_{ab},B)))$$

$$(\text{A-NS8})\,\text{bel}(A,\text{cont}(S,\text{goodkey}(A,\text{fresh}(K_{ab}),B)))$$

关于随机数的新鲜性：

$$(\text{A-NS9})\,\text{bel}(A,\text{fresh}(N_a))$$

$$(\text{A-NS10})\,\text{bel}(B,\text{fresh}(N_b))$$

$$(\text{A-NS11})\,\text{bel}(S,\text{skey}(A,\text{fresh}(K_{as}),B))$$

$$(\text{A-NS12})\,\text{bel}(B,\text{fresh}(K_{ab}))$$

第三步，建立协议目标。

一级目标有两个：

$$(\text{G-NS1})\,\text{bel}(A,\text{goodkey}(A,K_{ab},B))$$

$$(\text{G-NS2})\,\text{bel}(B,\text{goodkey}(A,K_{ab},B))$$

二级目标有两个：

$$(\text{G-NS3})\,\text{bel}(A,\text{bel}(B,\text{goodkey}(A,K_{ab},B)))$$

$$(\text{G-NS4})\,\text{bel}(B,\text{bel}(B,\text{goodkey}(A,K_{ab},B)))$$

第四步，逻辑推证。

① 由 M-NS2 得 $\text{sees}(A,\text{skey}(A,\text{fresh}(K_{ab}),B),\{\text{skey}(A,K_{ab},B)K_{bs}\}K_{as})$。

② 由 A-NS1 和 R-BAN1 得 $\text{bel}(A,\text{said}(S,(N_a,\text{skey}(A,\text{fresh}(K_{ab}),B),\{\text{skey}(A,K_{ab},B)\}K_{bs})))$。

③ 由 A-NS9 和 R-BAN6 得 $\text{bel}(A,\text{fresh}(N_a,\text{skey}(A,\text{fresh}(K_{ab}),B),\{\text{skey}(A,K_{ab},B)\}K_{bs}))$。

④ 由逻辑推证结论②，③和 R-BAN6 得 $\text{bel}(A,\text{bel}(S,\text{fresh}(N_a,\text{skey}(A,\text{fresh}(K_{ab}),B),\{\text{skey}(A,K_{ab},B)\}K_{bs})))$。

⑤ 由逻辑推证结论④和 R-BAN6 得 $\text{bel}(A,\text{bel}(S,\text{skey}(A,K_{ab},B)))$，$\text{bel}(A,\text{bel}(S,\text{fresh}(\text{skey}(A,K_{ab},B))))$。

⑥ 由 A-NS6 和 A-NS8 得 $\text{bel}(A,\text{goodkey}(A,K_{ab},B))$，$\text{bel}(A,\text{fresh}(K_{ab}))$。这证明了协议满足 G-NS2。

⑦ 由 M-NS3 和 A-NS2 得 $\text{bel}(B,\text{said}(S,K_{ab}))$。

⑧ 由 A-NS12 得 $\text{bel}(B,\text{bel}(S,\text{goodkey}(A,K_{ab},B)))$。

⑨ 由 A-NS7 得 $\text{bel}(B,\text{goodkey}(A,K_{ab},B))$。由此证明可以看出，为推证协议满足 G-NS2，必须借助于假设 A-NS12，即 B 相信会话密钥是新鲜的，而这一假设是不合理的，因为 B 并无从获知是否是新鲜的，因此协议可能受到重放攻击。

⑩ 由 M-NS4、逻辑推证结论⑥和 R-BAN1 得 $\text{bel}(A,\text{said}(B,K_{ab}))$。

⑪ 由逻辑推证结论⑥得 $\text{bel}(A,\text{bel}(B,\text{goodkey}(A,K_{ab},B)))$；$\text{bel}(B,\text{bel}(B,\text{goodkey}(A,K_{ab},B)))$。

因此证明了协议满足 G-NS3 和 G-NS4。

综合上述说明，可得到结论：Needham-Schroeder 协议只能满足部分安全目标，因此是有漏洞的。

本章小结

数理逻辑的内容非常丰富，本章仅介绍基本的概念，包括命题逻辑及其相关的等值演算、范式理论和推理理论，也介绍了一阶逻辑的等值理论和推理理论，结合网络空间安全专业内容，我们还介绍了数理逻辑在安全协议分析中的一个实例，即利用 BAN 逻辑对 Needham-Schroeder 协议进行分析。

本章习题

1. 指出下列句子中，哪些是命题，哪些不是命题。

① 中国有新四大发明。

② 李明和张平是同学。

③ 有空教室么？

④ 请勿吸烟！

⑤ $8+4\leqslant 11$。

2. 试用符号译出下列各个句子。

① 或者你没有给我写信，或者它在途中丢失了。

② 如果李明和张平都不去，他就去。

③ 我们不能既骑车又跑步。

④ 如果你来了，那么他唱不唱歌将看你是否伴奏而定。

⑤ 小王是网络空间安全学院的学生，他生于 1997 年或者 1998 年，他是三好学生。

3. 求下列各复合命题的真值表。

① $P\rightarrow(P\vee Q\vee R)$。

② $\neg(Q\rightarrow R)\wedge R$。

③ $(P\vee Q)\leftrightarrow(Q\vee P)$。

④ $(P\vee\neg Q)\wedge R$。

⑤ $(P\rightarrow(Q\rightarrow R))\rightarrow((P\rightarrow Q)\rightarrow(P\rightarrow R))$。

4. 验证等值式。

① $(P\leftrightarrow Q)\Leftrightarrow(P\rightarrow Q)\wedge(P\rightarrow Q)$。

② $((P\rightarrow Q)\rightarrow R)\Leftrightarrow((\neg Q\wedge P)\vee R)$。

③ $(P\rightarrow(Q\rightarrow R))\Leftrightarrow((P\wedge Q)\rightarrow R)$。

④ $((P\vee Q)\rightarrow R)\Leftrightarrow((P\rightarrow R)\wedge(Q\rightarrow R))$。

⑤ $(P\rightarrow(Q\wedge R))\Leftrightarrow((P\rightarrow Q)\wedge(P\rightarrow R))$。

5. 求下列公式的主析取范式，并求出成真赋值。

① $(\neg P\rightarrow Q)\rightarrow(\neg Q\vee P)$。

② $\neg(P\rightarrow Q)\wedge Q\wedge R$。

③ $(P\vee(Q\wedge R))\rightarrow(P\vee Q\vee R)$。

④ $P\wedge(Q\vee R)$。

⑤ $(P\rightarrow Q)\wedge(Q\rightarrow R)$。

6. 求下列公式的主合取范式，并求出成假赋值。

① $\neg(P\rightarrow\neg Q)\wedge\neg P$。

② $(P\wedge Q)\vee(\neg P\vee R)$。

③ $(P\to(P\vee Q))\vee R$。

④ $(P\wedge Q)\to Q$。

⑤ $(P\leftrightarrow Q)\to R$。

7. 把下列各式用只含和的等价式表达，并要尽可能地简单。

① $(P\wedge Q)\wedge\neg P$。

② $(P\to(Q\vee\neg R))\wedge\neg P\wedge Q$。

③ $\neg P\wedge\neg Q\wedge(\neg R\to P)$。

8. 用不少于两种方法证明下面的推理是正确的。

a，b 两数之和不能被 2 整除。若 a 是偶数，则 a 能被 2 整除。因此，如果 a 是偶数，则 a 不是奇数。

9. 前提：$\neg(P\to Q)\wedge Q$，$P\vee Q$，$R\to S$。结论 1：R。结论 2：S。结论 3：$R\vee S$。证明从此前提出发，推出结论 1、结论 2、结论 3 的推理都是正确的。

10. 用谓词表达式写出下列命题。

① 小李不是学生。

② 她是演员或大学生。

③ 小卉是非常聪明和美丽的。

④ 3 不是偶数。

⑤ 除非小王是南方人，否则他一定怕冷。

11. 将下列公式翻译成自然语言，并确定其真值，我们假定个体域为正整数。

① $(\exists x)P(x)$，其中 $P(x)$ 表示 x 为素数。

② $(\forall x)(\exists y)G(x,y)$，其中 $G(x,y)$ 表示 $x*y=y$。

③ $(\exists x)(\forall y)F(x,y)$，其中 $F(x,y)$ 表示 $x+y=y$。

④ $(\forall x)(\exists y)M(x,y)$，其中 $M(x,y)$ 表示 $x*y=1$。

⑤ $(\exists x)(\forall y)N(x,y)$，其中 $N(x,y)$ 表示 $y=2*x$。

12. 指出下列公式中的指导变元、量词的辖域、个体变项的自由出现和约束出现。

① $(\forall x)(F(x)\to G(x,y))$。

② $\forall xF(x,y)\to\exists yG(x,y)$。

③ $(\forall x)(\exists y)(F(x,y)\wedge G(y,z))\vee\exists xH(x,y,z)$。

13. 给出下列各公式一个成真的解释，一个成假的解释。

① $\forall x(F(x)\vee G(x))$。

② $\exists x(F(x)\wedge G(x)\wedge H(x))$。

③ $\exists x(F(x)\wedge\forall y(G(x)\wedge H(x,y)))$。

14. 将下列命题符号化，并研究其推理是否正确。

① 每一个大学生不是文科生就是理科生；有的大学生是优等生；小李不是文科生但他是优等生。因此，如果小李是大学生，他就是理科生。

② 所有的有理数都是实数；所有的无理数也是实数；虚数不是实数。因此，虚数既不是有理数，也不是无理数。

15. 在模态逻辑中，“必然”与“可能”间有什么联系吗？

第 6 章

图论基础

图论是建立和处理各种数学模型的重要工具，在计算机科学、信息论、控制论、网络空间安全等领域有着广泛的应用。图论的研究源于著名的哥尼斯堡问题，瑞士数学家 Euler 在 1736 年解决了这个问题，发表了图论的首篇论文《哥尼斯堡七桥问题无解》。图论诞生后并未及时获得足够的发展。直到 1936 年，匈牙利数学家 Konig（柯尼希）出版了图论的第一部专著《有限图与无限图理论》，这是图论发展史上的一个重要里程碑，它标志着图论进入突飞猛进发展的新阶段。本章的重点是介绍一些在信息安全研究中常用的图论方法和技术，包括图论的基本概念、一些重要的图、图的同构及典型应用实例。

6.1 基本概念

在我们日常的生产、生活和科学研究中，常常用点表示事物，用点与点之间是否有连线表示事物之间是否有某种联系，这样就构成了我们将要研究的图论中的图，我们首先讨论图的基本概念，什么是完全图，什么是正则图，以及什么是子图。

6.1.1 图的定义

现实世界中诸多的状态可以由图形来描述。一个图由若干个节点和连接这些节点的连线组成，一般而言，连线的长度和节点的位置是无关紧要的。图 6.1(a)和图 6.1(b)就表示了同一个图形。

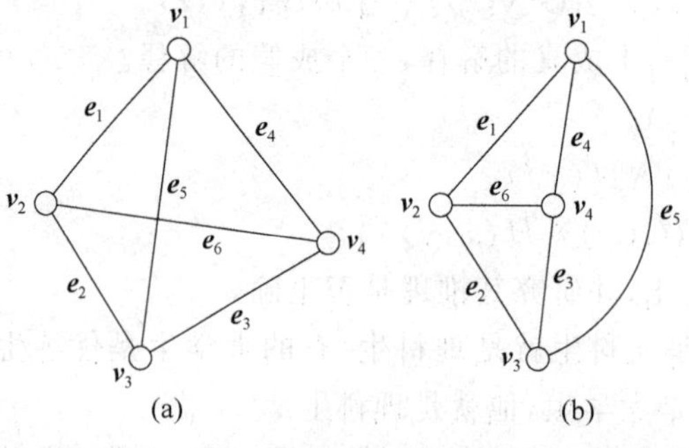

图 6.1　两个相同图

定义 6.1　一个图 G 是一个三元组$(V(G), E(G), \varphi_G)$，其中 $V(G)=\{v_1, v_2, \cdots, v_n\}$ 是一个有限非空的节点集合，$V(G)$ 称为 G 的节点集，$V(G)$ 中元素称为节点；$E(G)$ 是边集合；φ_G 是从边集合 E 到节点集合 V 的点无序偶（有序偶）集合上的函数。

例 6.1 请给出图 6.1 的集合表示。

解： 其集合为($V(G)$, $E(G)$, φ_G)，其中：$V(G)=\{v_1, v_2, v_3, v_4\}$，$E(G)=\{e_1, e_2, e_3, e_4, e_5, e_6\}$，$\varphi_G(e_1)=(v_1, v_2)$，$\varphi_G(e_2)=(v_2, v_3)$，$\varphi_G(e_3)=(v_3, v_4)$，$\varphi_G(e_4)=(v_4, v_1)$，$\varphi_G(e_5)=(v_1, v_3)$，$\varphi_G(e_6)=(v_2, v_4)$。

为了书写方便，本书我们将定义中的三元组($V(G)$, $E(G)$, φ_G)简记为 $G=(V, E)$，E 中的元素既可以用边表示，也可以直接用无序偶(有序偶)表示。

通常用图解来表示图，正是因为使用了这种图解式的表示法，使图有着直观的外形。使用简记的表示，例 6.1 还可以表示为 $G=(V, E)$，它的图解如图 6.1(a)或者图 6.1(b)所示，其中 $V=(v_1, v_2, v_3, v_4)$，$E=\{e_1=(v_1, v_2), e_2=(v_2, v_3), e_3=(v_3, v_4), e_4=(v_4, v_1), e_5=(v_1, v_3), e_6=(v_2, v_4)\}$。如果图中两条边有相同的点，则称它们为重边，如图 6.2(a)中的e_3 和e_4 所示。如果图中一条边的两个端点相同，则称为环，如图 6.2(a)中的e_1 所示。一个包含重边的图称为多重图，如图 6.2(b)所示。不包含环和重边的图称为简单图，如图 6.2(c)所示。

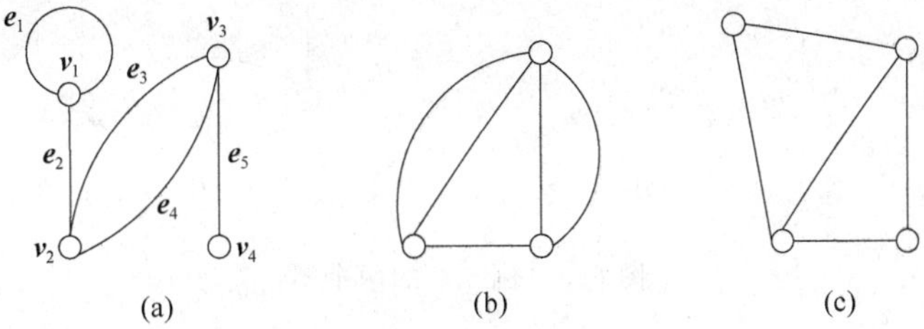

图 6.2 重边、环和多重图

设图 $G=(V, E)$中，V 是一个有限非空集合，如果 E 是 V 中元素的有序偶，则称 G 为有向图。与此相对应，如果 E 是 V 中元素的无序偶，则称图 G 为无向图。类似地，可以定义有向多重图和有向简单图。一个含有 n 个节点 m 条边的图称为(n,m)图，特别地，(n,0)图称为空图，(1,0)图称为平凡图。

例如，图 6.3 是一个(4,5)有向图。

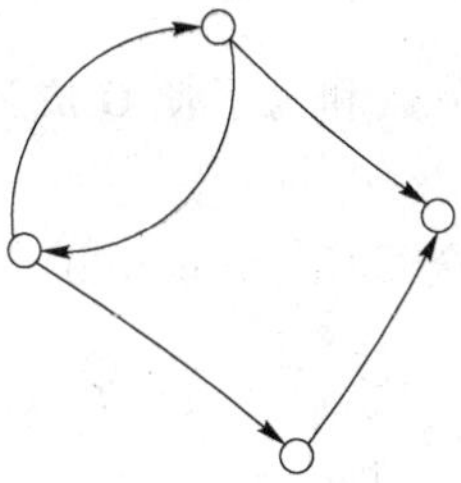

图 6.3 (4,5)有向图

例如，图 6.4(a)是一个(5,8)无向图；图 6.4(b)是一个空图；图 6.4(c)是一个平凡图。

例 6.2 ①给定无向图$G_1=(V_1, E_1)$，其中$V_1=\{v_1, v_2, v_3, v_4, v_5\}$，$E_1=\{(v_1, v_1), (v_1, v_2), (v_1, v_5), (v_2, v_5), (v_2, v_3), (v_2, v_3), (v_4, v_5)\}$；②给定有向图$G_2=(V_2, E_2)$，其中$V_2=\{v_1, v_2, v_3, v_4\}$，$E_2=\{(v_1, v_1), (v_1, v_2), (v_1, v_2), (v_1, v_4), (v_2, v_3), (v_4, v_3), (v_4, v_3)\}$。请画出这两个图的图形。

解： 图 6.5(a)和图 6.5(b)分别给出了无向图G_1 和有向图G_2 的图形。

一般情况下，在本书中，如果没有特殊声明，所谓的“图”指的均是无向简单图。

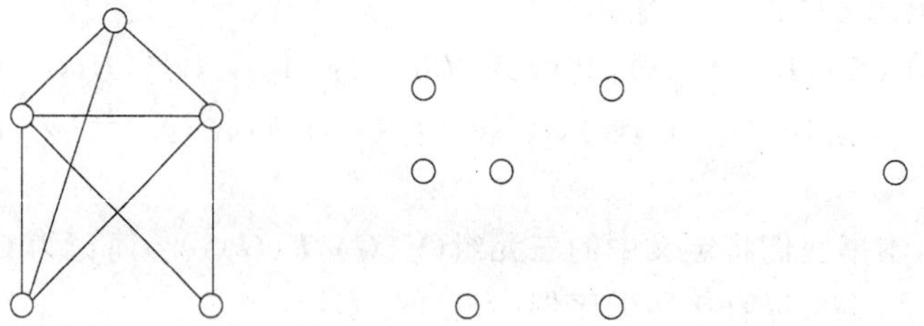

(a)　　　　　　(b)　　　　　　(c)

图 6.4　(5,8)无向图、空图和平凡图

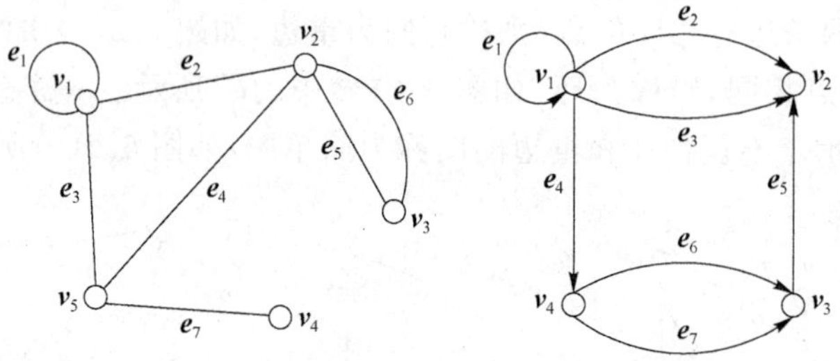

(a)　　　　　　(b)

图 6.5　例 6.2 的两个图

6.1.2　完全图和正则图

在图 G 中，若节点 v_1 和节点 v_2 之间有一个边 e，则称 v_1 和 v_2 是邻接节点，称边 e 关联于 v_1 和 v_2。没有边关联的节点称为孤立点。关联于公共节点不同的边称为邻接边。

例如，图 6.2(a)中 v_1 和 v_2、v_2 和 v_3 分别是邻接节点；边 $e_2=\{v_1,v_2\}$ 关联于点 v_1 和 v_2，边 $e_3=\{v_2,v_3\}$ 关联于点 v_2 和 v_3，因此 e_2 和 e_3 是邻接边。

定义 6.2　简单图 $G=(V,E)$ 中，若每一对节点间都有边相连，则称图 G 是完全图。n 个节点的完全图记为 K_n。

定义 6.3　图 $G=(V,E)$ 的所有节点和为了使 G 成为完全图而需要添加的边新组成的图称为 G 的补图，记为 $\overline{G}$。

例如，图 6.6(a)是 4 个节点的完全图 K_4，图 6.6(b)和图 6.6(c)互为补图。

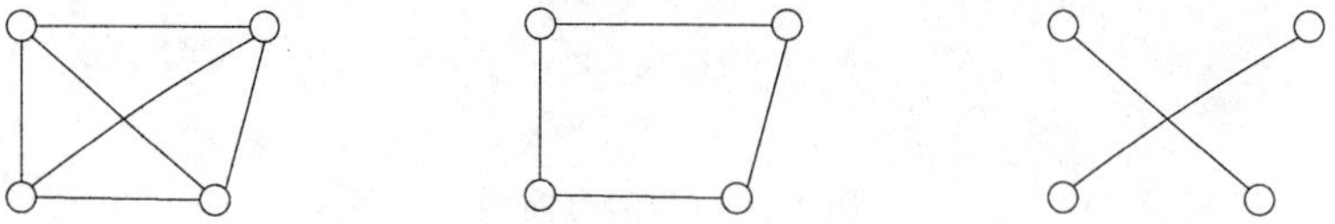

(a)　　　　　　(b)　　　　　　(c)

图 6.6　完全图和互补图

定义 6.4　在图 $G=(V,E)$ 中，与节点 $v(v\in V)$ 相关联的边数，称为该节点的度数，记为 $\deg(v)$。

例如，在图 6.7 中，$\deg(v_1)=3$，$\deg(v_2)=3$，$\deg(v_3)=2$，$\deg(v_4)=2$，$\deg(v_5)=0$。

定义 6.5　在有向图 $G=(V,E)$，任意边 $e=(v_i,v_j)$ 中，v_i 和 v_j 分别称为 e 的始点和终点，以 V 中节点 v_i 为始点的边数，称为 v_i 的出度，以 V 中节点 v_i 为终点的边数，称为 v_i 的入度，v_i 的出度与入度之和称为v_i的度数。

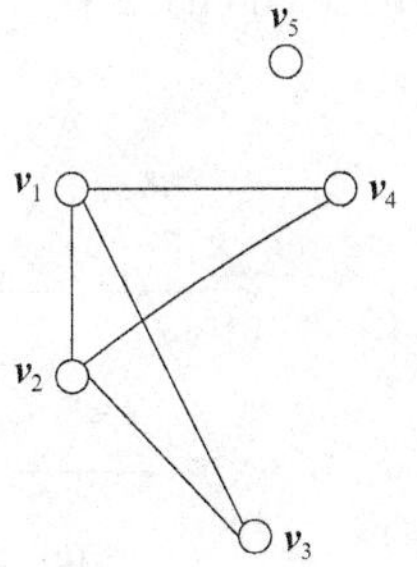

图 6.7　度的示例

例 6.3　给出图 6.8 中节点的度数。

解：我们知道，$\deg(v_1)=5$，节点v_1的入度为 2，出度为 3；$\deg(v_2)=4$，节点v_2的入度为 2，出度为 2；$\deg(v_3)=3$，节点v_3的入度为 0，出度为 3；$\deg(v_4)=4$，v_4的入度为 3，出度为 1；$\deg(v_5)=2$，v_5的入度为 2，出度为 0。

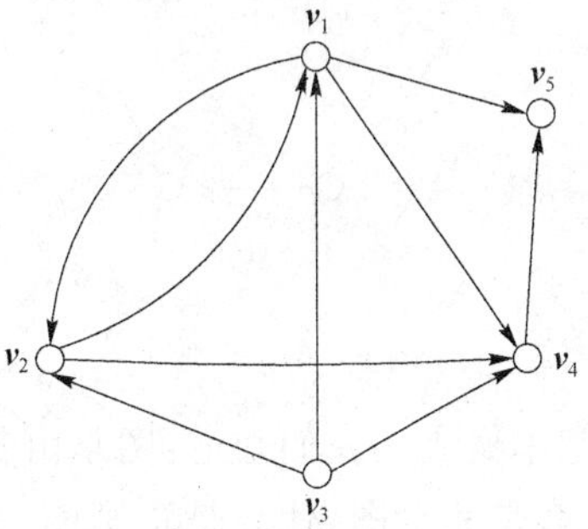

图 6.8　例 6.3 的图

显而易见，由于每一条边必然关联着两个节点，因而一个图的所有节点度的总和必然等于边数的 2 倍，有如下定理。

定理 6.1　设 $\boldsymbol{G}=(\boldsymbol{V},\boldsymbol{E})$是一个$(n,m)$图，其中 $\boldsymbol{V}=\{v_1,v_2,\cdots,v_n\}$，则

$$\sum_{i=1}^{n}\deg(v_i)=2m$$

定义 6.6　一个无向图 $\boldsymbol{G}=(\boldsymbol{V},\boldsymbol{E})$，如果它的所有节点的度都为 k，则称图 $\boldsymbol{G}$ 是一个 k 正则图。

例如，图 6.9(a)是一个有 3 个节点的 2 正则图，图 6.9(b)是一个有 4 个节点的 3 正则图，图 6.9 (c)是一个有 5 个节点的 4 正则图，图 6.9 (d)是一个有 6 个节点的 3 正则图。

6.1.3　子图

定义 6.7　设图 $\boldsymbol{G}=(\boldsymbol{V},\boldsymbol{E})$，如果有图$\boldsymbol{G}'=(\boldsymbol{V}',\boldsymbol{E}')$且$\boldsymbol{V}'\subseteq\boldsymbol{V}$，$\boldsymbol{E}'\subseteq\boldsymbol{E}$，则称$\boldsymbol{G}'$是 $\boldsymbol{G}$ 的子图。特别地：

① 如果$\boldsymbol{V}'\subseteq\boldsymbol{V}$，$\boldsymbol{E}'\subset\boldsymbol{E}$，则称$\boldsymbol{G}'$是 $\boldsymbol{G}$ 的真子图；

② 如果$\boldsymbol{G}'$是 $\boldsymbol{G}$ 的子图，且$\boldsymbol{V}'=\boldsymbol{V}$，则称$\boldsymbol{G}'$是 $\boldsymbol{G}$ 的生成子图；

③ 如果G'是 G 的子图，且E'由 E 中所有关联于V'中节点的边组成，即$E'=\{e \mid e=(v_1,v_2)\in E, v_1,v_2\in V'\}$，则称$G'$是 G 的由V'导出的子图，记为 $G[V']$，简称为 G 的导出子图。

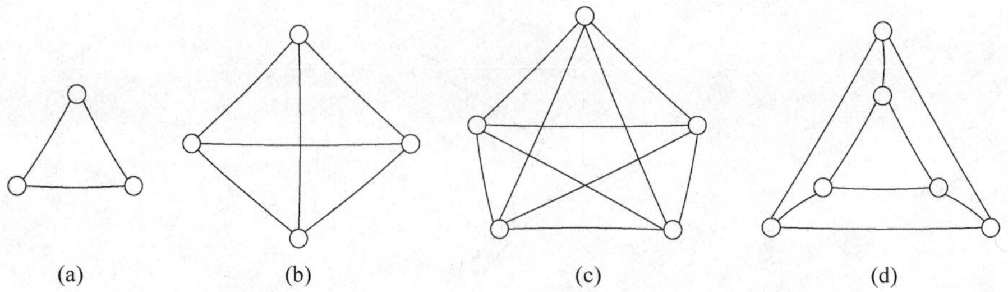

图 6.9　正则图

显然，任一图 G 都是本身的子图。图 6.10(b)、图 6.10(c)都是图 6.10(a)的真子图，而且图 6.10(b)是图 6.10(a)的生成子图，图 6.10(c)是图 6.10(a)的导出子图。

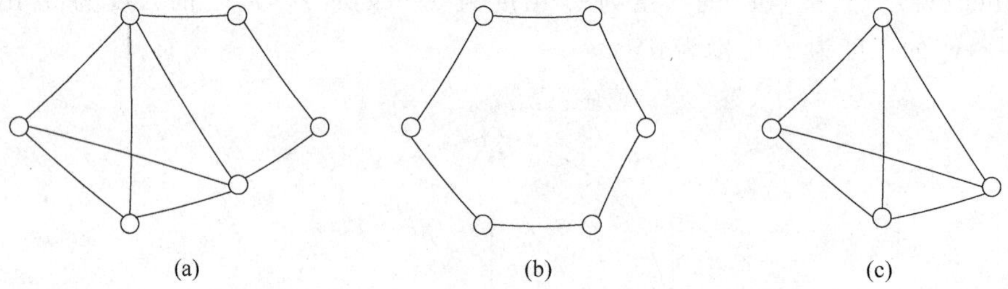

图 6.10　子图

在本节中，我们学习了图的基本概念。我们知道：图是由若干个节点和连接这些节点的连线组成的图形。我们还学习了什么是完全图，什么是正则图，什么是子图，并学习了它们具有的性质。

6.2　通路与回路

现实生活中，人们常常需要考虑从一个图 G 中给定的节点出发，沿着一些边连续移动而到达另一个指定的节点，这种依次由节点和边组成的序列，就形成了通路的概念。

定义 6.8　图 $G=(V,E)$，设 $V=\{v_0,v_1,\cdots,v_n\}$，$E=\{e_1,e_2,\cdots,e_n\}$，其中e_i 是关联v_{i-1}，v_i 的边，一条通路是指一个有限非空序列 $v_0e_1v_1e_2v_2\cdots e_kv_k$，$0<k\leqslant n$，节点 v_0 和 v_k 分别称为通路的起点和终点，整数 k 称为通路的长。在简单图中，通路可简单地由其节点序列来表示，即 $v_0v_1v_2\cdots v_k$。

由上述定义可知，通路上的节点和边都是允许重复出现的。在通路 $v_0e_1v_1e_2v_2\cdots e_kv_k$ 中，如果起点 v_0 与终点 v_k 相同，则称此通路为回路；如果起点 v_0 与终点 v_k 不同，则称此通路为开路。如果通路上的各边 $e_1,e_2,\cdots,e_k$ 互不相同，则称此通路为简单通路。如果通路上的节点 $v_0,v_1,\cdots,v_k$ 互不相同，则称此通路为基本通路。如果回路上的各边互不相同，则称此回路为简单回路。如果回路上的节点除 $v_0=v_k$ 之外互不相同，则称此回路为基本回路。

例如，在图 6.11 中，$v_1v_2v_4v_3v_1v_4$ 是从 v_1 到 v_4 的简单通路，但不是基本通路，它的长度为

5；$v_5v_6v_7v_5$ 既是简单回路，又是基本回路，它的长度为 3；$v_2v_1v_4v_3v_5v_6v_4v_2$ 是简单回路，但不是基本回路，它的长度为 7。

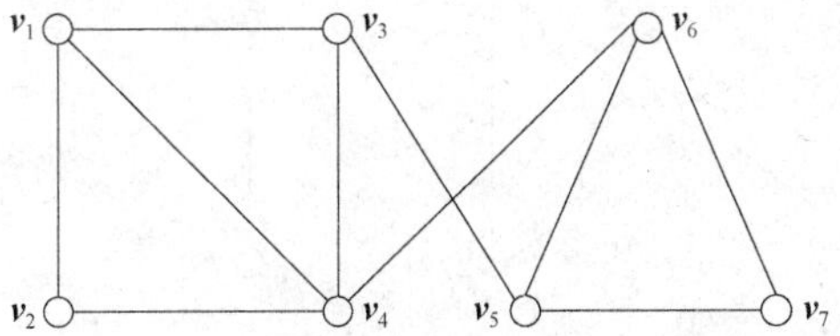

图 6.11　简单通路示意

定义 6.9　设 v_i 和 v_j 是图 $G=(V,E)$ 的两个节点，从 v_i 到 v_j 的最短通路的长度称为 v_i 和 v_j 之间的距离，用 $d(v_i,v_j)$ 表示；如果 v_i 和 v_j 是不连通的，就记为 $d(v_i,v_j)=\infty$。

根据上面的定义，有如下定理。

定理 6.2　设图 $G=(V,E)$ 中的任意连通的 3 个节点 v_i,v_j,v_k，它们之间的距离满足三角不等式：$d(v_i,v_j)+d(v_j,v_k)\geqslant d(v_i,v_k)$。

定理 6.3　设图 $G=(V,E)$ 的节点集为 $V=\{v_1,v_2,\cdots,v_n\}$，则对图 G 中任意连通的两个节点 v_i 和 $v_j(v_i\neq v_j)$，它们之间的距离一定不大于 $n-1$。

证明：设从 v_i 到 v_j 的一条通路为 $R=v_iv_{i_1}v_{i_2}\cdots v_{i_l}v_j$，若通路 R 中存在两个相同的节点 $v_{i_p}=v_{i_q}$，则 $v_{i_{p+1}}\cdots v_{i_q}$ 可以从通路 R 中删除，得到一条较短的路 $R'=v_iv_{i_1}v_{i_2}\cdots v_{i_{p+1}}v_{i_q}\cdots v_{i_l}v_j$。如果在 R' 中还存在相同的节点，则可以重复上面的操作来得到更短的路。容易看出，从 v_i 到 v_j 的最短路径中肯定不会存在相同的节点。设 v_i 到 v_j 的距离为 k，则最短路中节点个数为 $k+1$，因此有 $k+1\leqslant n$，即 $k\leqslant n-1$，定理得证。

定义 6.10　如果图 $G=(V,E)$ 中存在着从节点 v_i 到节点 v_j 的通路，则称 v_i 和 v_j 是连通的。如果图 G 中任意两个节点都是连通的，则称图 G 为连通图；否则称图 G 为非连通图。

不难证明，图 $G=(V,E)$ 的连通是节点集 V 上的一个等价关系，满足自反性、对称性和传递性，于是可将 V 划分成等价类 $V_1,V_2,\cdots,V_k$。这样，两个节点 v_i 和 v_j 是连通的当且仅当它们属于同一子集 V_i。子图 $G[V_1],G[V_2],\cdots,G[V_k]$ 称为图 G 的连通分支，简称分支，其个数常记为 $\omega(G)$，即 $\omega(G)=k$。显然，若图 G 是连通的，则 $\omega(G)=1$。例如，图 6.12(a)是一个非连通图，而图 6.12 (b)是一个连通图。

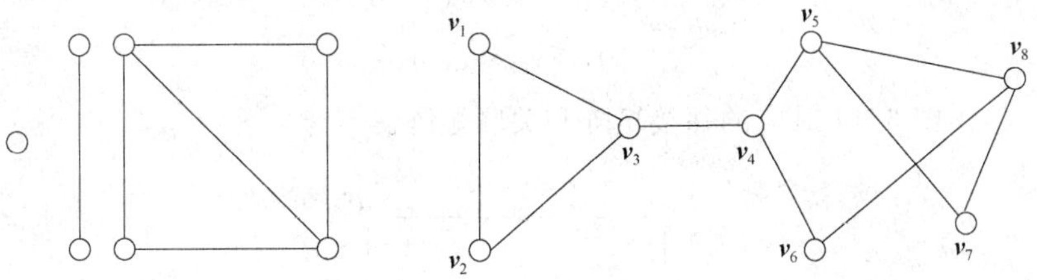

(a)　　(b)

图 6.12　非连通图与连通图

定义 6.11　设图 $G=(V,E)$ 为连通图，若有一个节点集 $V'\subset V$，使图 G 删除了 V' 的所有节点后，所得的子图是非连通图，而删除了 V' 的任何真子集后，所得到的子图仍是连通图，则 V' 称为一个点割集。若某一个节点构成一个点割集，则称该节点为割点。

图 6.13(a)移去割点后，成为有两个连通分支的非连通图，如图 6.13(b)所示。

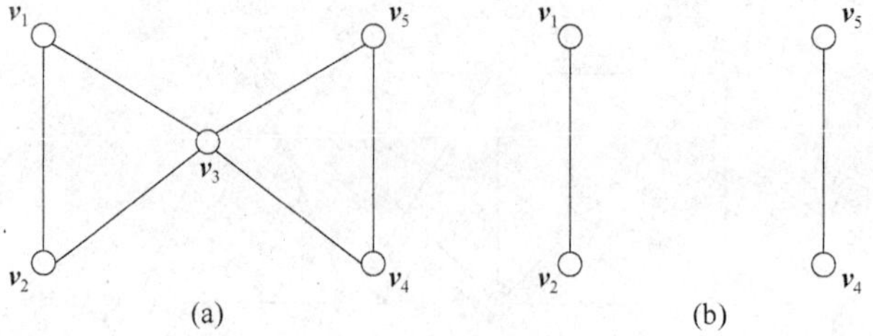

图 6.13 割点图示

定义 6.12 设图 $G=(V,E)$为连通图，若有一个边集$E'\subset E$，使图 G 删除了E'的所有边后，所得的子图是非连通图，而删除了E'的任何真子集后，所得到的子图仍是连通图，则E'称为一个边割集。若某一个边构成边割集，则称该边为割边(桥)。

本节学习了与图的连通性相关的一些基本概念和性质，包括通路和回路。

6.3 图的矩阵表示

图的矩阵表示不仅仅是给出图的一种表示方法，更重要的是可以通过对矩阵的讨论，得到有关图的很多性质。此外，在图论的应用中，图的矩阵表示具有重要的作用，可以提高计算机对图的处理能力。

定义 6.13 设图 $G=(V,E)$，它有 n 个节点，其中 $V=\{v_1,v_2,\cdots,v_n\}$，则 n 阶矩阵 $A=(a_{ij})$ 称为图 G 的邻接矩阵，其中

$$a_{ij}=\begin{cases}1, & \{v_i,v_j\}\in E\\ 0, & \{v_i,v_j\}\notin E\end{cases}$$

定义 6.14 设图 $G=(V,E)$，其中 $V=\{v_1,v_2,\cdots,v_n\}$，$E=\{e_1,e_2,\cdots,e_n\}$，则矩阵 $B=(b_{ij})_{n\times m}$ 称为图 G 的关联矩阵，其中

$$b_{ij}=\begin{cases}1, & v_i \text{ 和 } e_i \text{ 关联}\\ 0, & v_i \text{ 和 } e_i \text{ 不关联}\end{cases}$$

例 6.4 给出图 6.14 对应的邻接矩阵和关联矩阵。

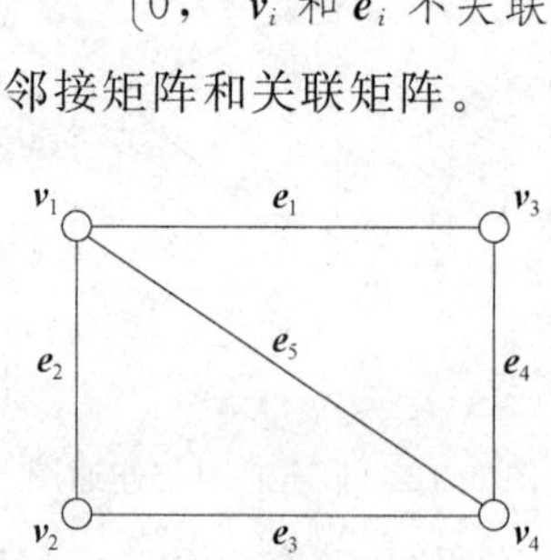

图 6.14 例 6.4 的图

解：给出邻接矩阵 A 和关联矩阵 B 如下

$$
A=\begin{matrix} & v_1 & v_2 & v_3 & v_4 \\ v_1 & 0 & 1 & 1 & 1 \\ v_2 & 1 & 0 & 1 & 0 \\ v_3 & 1 & 1 & 0 & 1 \\ v_4 & 1 & 0 & 1 & 0 \end{matrix},\quad B=\begin{matrix} & e_1 & e_2 & e_3 & e_4 & e_5 \\ v_1 & 1 & 1 & 0 & 0 & 1 \\ v_2 & 0 & 1 & 1 & 0 & 0 \\ v_3 & 0 & 0 & 1 & 1 & 1 \\ v_4 & 1 & 0 & 0 & 1 & 0 \end{matrix}
$$

显然，无向图的邻接矩阵和关联矩阵有如下性质：

① 邻接矩阵一定是对称矩阵；

② 对简单图来说，其邻接矩阵的主对角线元素必然全为 0；

③ 节点 v_i 的度是邻接矩阵（关联矩阵）第 i 行元素中 1 的个数；

④ 关联矩阵每列中 1 的个数恰为 2，因为与每条边关联的节点恰为两个。

定理 6.4　设图 $\boldsymbol{G}=(\boldsymbol{V},\boldsymbol{E})$，$\boldsymbol{V}=\{v_1,v_2,\cdots,v_n\}$，$\boldsymbol{A}=(a_{ij})$ 是 $\boldsymbol{G}$ 的邻接矩阵，则 $\boldsymbol{A}^l(l=1,2,\cdots)$ 中第 i 行、第 j 列元素 a_{ij}^l 刚好等于 v_i 和 v_j 之间通路长度为 l 的通路数目。

证明：设 $\boldsymbol{A}^l=(a_{ij}^l)$，用归纳法证明。

当 $l=1$ 时，根据邻接矩阵的定义，结论成立。

假设当 $l=k$ 时，结论成立，即 v_i 和 v_j 之间长度为 k 的通路的数目为 a_{ij}^k。由矩阵乘法的定义，矩阵 $\boldsymbol{A}^{k+1}$ 中的元素 a_{ij}^{k+1} 是 $\boldsymbol{A}^k$ 的第 i 行向量和 $\boldsymbol{A}$ 的第 j 列向量的点积，即 $a_{ij}^{k+1}=\sum_{s=1}^{n}a_{is}^k a_{sj}$，其中 a_{is}^k 是从 v_i 到 v_s 之间的长为 k 的路的数目。如果 $a_{sj}=1$，则 $a_{is}^k a_{sj}$ 表示从 v_i 到 v_j 之间的长度为 $k+1$，且 v_j 前一个节点为 v_s 的路的数目。当 s 从 1 遍历到 n 时，考虑了所有 v_i 和 v_j 之间的长度为 $k+1$ 的路，因此当 $l=k+1$ 时结论也成立。

综上所述，结论成立，证毕。

进一步，我们还可以利用邻接矩阵判断图的连通性，有如下定理。

定理 6.5　设图 $\boldsymbol{G}=(\boldsymbol{V},\boldsymbol{E})$，$\boldsymbol{V}=\{v_1,v_2,\cdots,v_n\}$，$\boldsymbol{A}$ 是 $\boldsymbol{G}$ 的邻接矩阵，那么 $\boldsymbol{G}$ 是连通的，当且仅当 $(\boldsymbol{I}+\boldsymbol{A})^{n-1}>\boldsymbol{0}$，其中 $\boldsymbol{I}$ 是 n 阶单位矩阵。

证明：假设 $(\boldsymbol{I}+\boldsymbol{A})^{n-1}>0$，由于 $(\boldsymbol{I}+\boldsymbol{A})^{n-1}=\boldsymbol{I}+C_{n-1}^1\boldsymbol{A}+C_{n-1}^2\boldsymbol{A}^2+\cdots+\boldsymbol{A}^{n-1}$，所以对任何 i 和 j，存在 $i\neq j$，$1\leqslant i,j\leqslant n$，使 $a_{ij}^l>0$，这里 a_{ij}^l 是 $\boldsymbol{A}^l$ 中第 i 行、第 j 列的元素，即 v_i 和 v_j 之间存在通路，所以 $\boldsymbol{G}$ 是连通的。

反之，假设 $\boldsymbol{G}$ 是连通的，则任意两个不同的节点 v_i 和 v_j 之间存在通路。于是，必然存在 $1\leqslant l\leqslant n-1$，满足 $a_{ij}^l>0$，从而 $\sum_{l=0}^{n}\boldsymbol{A}^l$ 中第 i 行、第 j 列元素大于 0，故 $(\boldsymbol{I}+\boldsymbol{A})^{n-1}>\boldsymbol{0}$。定理得证。

在本节中，我们学习了图的计算方法，图的各种性质的数学推演大都可以通过矩阵的运算来完成。

6.4　欧拉图与汉密尔顿图

1736 年，瑞士数学家列昂哈德·欧拉（Leonhard Euler）在解决“哥尼斯堡七桥问题”时形成了欧拉图的概念，下面我们给出有关定义及定理。

定义 6.15　给定无孤立节点的图 $\boldsymbol{G}=(\boldsymbol{V},\boldsymbol{E})$，其中存在一条回路 $\boldsymbol{\alpha}$，若 $\boldsymbol{G}$ 中的每条边都在 $\boldsymbol{\alpha}$ 中出现一次且仅一次，则称 $\boldsymbol{\alpha}$ 为欧拉回路；具有欧拉回路的图 $\boldsymbol{G}$ 称为欧拉图。

例如，图 6.15(a)所示不是一个欧拉图，而图 6.15(b)所示则是一个欧拉图，显而易见，欧拉图肯定是连通图。

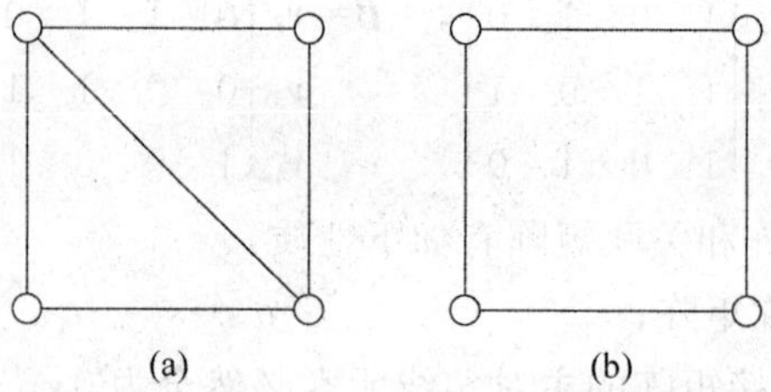

图 6.15　非欧拉图与欧拉图

如何判断一个连通图是否是欧拉图，有如下定理。

定理 6.6　简单连通图 $G=(V,E)$是欧拉图当且仅当 G 的所有节点的度都是偶数。

证明：若连通图 G 是一个欧拉图，我们假定它的一条欧拉回路为 α。因为 G 的每条边在 α 中出现且仅出现一次，故 α 必通过 G 的每一个节点。当 α 通过某节点时，进去一次，出来一次，此节点的度就增加 2，从而每个节点的度都是偶数。

此外，假设连通图 G 的所有节点的度都是偶数，下面我们采用数学归纳法来证明 G 是欧拉图。

当图 G 的边数为 0 时，由于 G 是连通的，此时 G 只包含一个节点，该图必为欧拉图。

现在假设图 G 的边数为 k 时，结论成立。

考虑图 G 的边数为 $k+1$ 时的情况，从图 G 中的任意一点 v_i 出发，经过每条边至多一次，沿着一条路一直走下去，对路上的节点 $v_j \neq v_i$，由于 v_j 的度为偶数，因此总是可以从 v_j 中出来，直到最后回到 v_i，记这条回路为 α。如果 α 经过了图 G 的所有节点，那么它就是图 G 的一条欧拉回路。否则，从图 G 中去掉 α 经过的边，得到一个新的图 $G'=H_1,H_2,\cdots,H_k$，其中 $H_1,H_2,\cdots,H_k$ 为图 G' 的分支。由于图 G' 的节点度数仍为偶数，所以 $H_1,H_2,\cdots,H_k$ 分支的节点度数也为偶数，但它们的边数小于 $k+1$，因此它们都存在各自的欧拉回路，分别记为 $\alpha_1,\alpha_2,\cdots,\alpha_k$。图 G 为连通图，所以 $\alpha_1,\alpha_2,\cdots,\alpha_k$ 分别与 α 至少存在着一个公共节点，通过这些节点可以将 $\alpha_1,\alpha_2,\cdots,\alpha_k$ 都加到 α 上，形成一条新的欧拉回路，它经过了图 G 的所有边。即当图 G 的边数为 $k+1$ 时，结论也成立，证毕。

现在我们来讨论“哥尼斯堡七桥问题”，如图 6.16 所示。哥尼斯堡(Königsberg)城有一条横贯全城的普雷格尔(Pregel)河，它把哥尼斯堡城分成了 4 个区域，人们架设了 7 座桥连接各个区域，以方便市民在各个区域之间穿行。图 6.16(a)给出了哥尼斯堡城的一个地图，图中标出了 A，B，C，D 这 4 个区域、河以及 7 座桥的位置。“哥尼斯堡七桥问题”就是能否从一点出发，走遍 7 座桥，且通过每座桥恰好一次，最后仍回到起始地点。该问题可用图 6.16(b)来表述。根据定理 6.6，由于图中所有节点度均为奇数，故不是欧拉图，从而“哥尼斯堡七桥问题”无解。

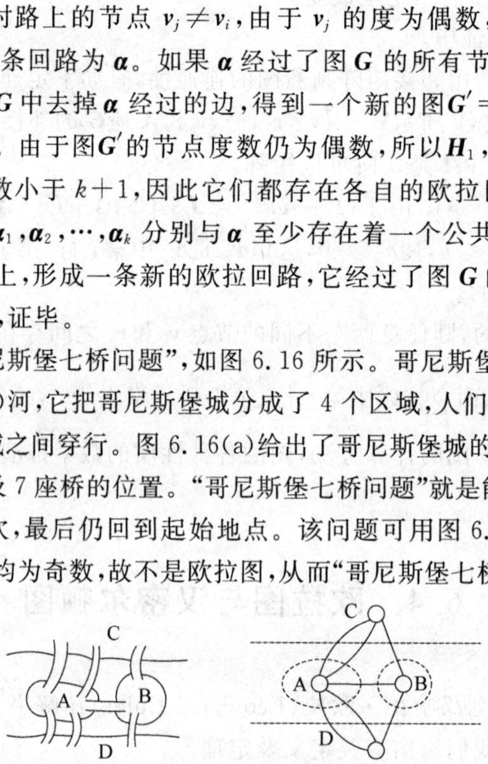

图 6.16　哥尼斯堡七桥问题

定义 6.16 对于一个连通图 $G=(V,E)$，含有 G 的每条边恰好一次的开路称为图 G 的欧拉路。

根据定义 6.15，通过如下定理，我们可以轻松地刻画含有欧拉路的图。

定理 6.7 一个连通图 $G=(V,E)$ 含有一条欧拉路当且仅当 G 恰有两个度为奇数的节点。而且 G 的每一条欧拉路始于一个度为奇数的节点，而终止于另一个度为奇数的节点。

证明：一方面，我们假设 G 含有一条欧拉路 T。因此 T 是某两个相异的节点 v_i 和 v_j 之间的一条通路，即 $T=v_i,\cdots,v_j$。现在由 G 添加一个新的度为 2 的节点 v_k，且分别连接 v_k 到 v_i 和 v_j，从而构造一个新的连通图 G'，则 $T'=v_i,\cdots,v_j,v_k,v_i$ 是 G' 的一条欧拉回路。根据定理 6.7，G' 中每个节点的度均为偶数，所以在 G 中只有 v_i 和 v_j 的度为奇数。

另一方面，假设连通图 G 恰好有两个度为奇数的节点 v_i 和 v_j，添加一个新的度为 2 的节点 v_k 到 G 上，并分别连接 v_k 到 v_i 和 v_j，从而得到新的图，我们记为 G'。因此 G' 是一个每个节点度均为偶数的连通图。根据定理 6.17，G' 是一个含有欧拉回路 α 的欧拉图，则 α 一定经过 v_i 和 v_j。由于 v_k 的邻接节点只有 v_i 和 v_j，则从 α 中删除节点 v_k，得到一条从 v_i（或 v_j）出发而终止于 v_j（或 v_i）的欧拉路，证毕。

与欧拉回路非常类似的问题是汉密尔顿问题。1859 年，爱尔兰数学家威廉·罗恩·汉密尔顿爵士(Sir William Rowan Hamilton)首先谈到了关于十二面体的一个数学游戏：能不能在图 6.17 中找到一条回路，使它含有这个图的所有节点。而后，他把每个节点看成一个城市，连接两个节点的边看成是交通线，于是问题就成了能不能找到旅行线路，沿着交通线经过每个城市恰好一次，再回到原来的出发地。他把这个问题称为周游世界问题。由此可知，欧拉图研究的是边的遍历问题，而汉密尔顿图是用来讨论节点的遍历问题的。

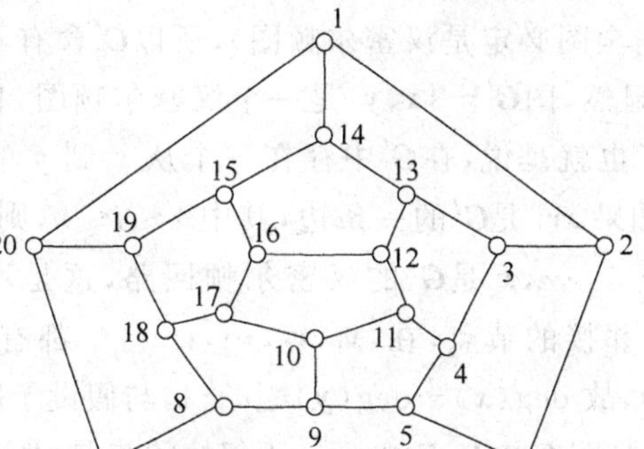

图 6.17 汉密尔顿图

定义 6.17 无向图 $G=(V,E)$ 中经过所有节点一次的回路称为汉密尔顿回路，含有汉密尔顿回路的图称为汉密尔顿图。类似地，经过所有节点恰一次的开路称为汉密尔顿路。

同欧拉图不一样的是到目前为止尚没有找到判别一个图为汉密尔顿图的有效充要条件。这是图论中尚未解决的重要难题之一。

定理 6.8 若图 $G=(V,E)$ 为汉密尔顿图，则对 V 的每一个非空子集 S 均有 $w(G-S)\leqslant |S|$。其中 $G-S$ 为图 G 去掉 S 及其关联的边后的图，$w(G-S)$ 为 $G-S$ 的分支数，$|S|$ 为其节点数。

证明：设 $\alpha=v_0v_1v_2\cdots v_nv_0$ 为图 G 的汉密尔顿回路，若删去 v_i，则 $\alpha-\{v_i\}$ 为一条开路，所以 $w(\alpha-\{v_i\})=1$。易见，对于 $\alpha-S$，随着 S 增加 1 个节点，$w(\alpha-S)$ 最多增加 1，通过归纳可

知 $w(\boldsymbol{\alpha}-\boldsymbol{S})\leqslant|\boldsymbol{S}|$。

此外，$\boldsymbol{\alpha}-\boldsymbol{S}$ 为 $\boldsymbol{G}-\boldsymbol{S}$ 的生成子图，$w(\boldsymbol{G}-\boldsymbol{S})\leqslant w(\boldsymbol{\alpha}-\boldsymbol{S})$，所以 $w(\boldsymbol{G}-\boldsymbol{S})\leqslant|\boldsymbol{S}|$，证毕。

定理6.8是判断汉密尔顿图的必要条件，可以用来排除某些图为汉密尔顿图的可能，根据定理，如果 $w(\boldsymbol{G}-\boldsymbol{S})\geqslant|\boldsymbol{S}|$，那么图 $\boldsymbol{G}$ 肯定不是汉密尔顿图。

例 6.5 判断图6.18是否是汉密尔顿图。

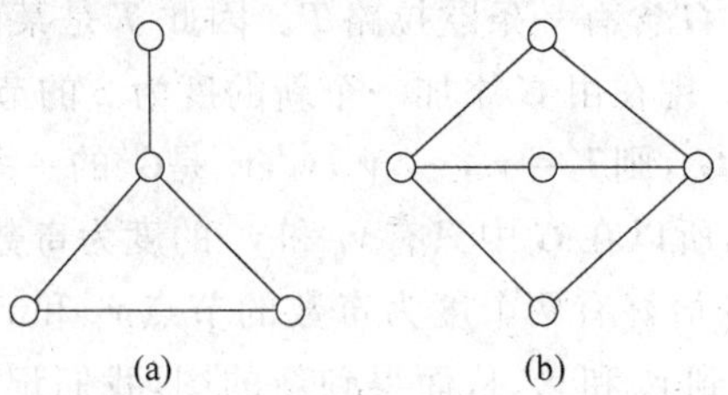

图6.18 例6.5的图

解：图6.18(a)满足 $w(\boldsymbol{G}-\boldsymbol{S})\geqslant|\boldsymbol{S}|$，它不是汉密尔顿图；图6.18(b)满足 $w(\boldsymbol{G}-\boldsymbol{S})\leqslant|\boldsymbol{S}|$，但它也不是汉密尔顿图。

定理 6.9 图 $\boldsymbol{G}=(\boldsymbol{V},\boldsymbol{E})$ 是一个 (n,m) 图，其中 $n\geqslant3$，如果对于 $\boldsymbol{G}$ 的每对不邻接的节点 v_i,v_j 都有 $\deg(v_i)+\deg(v_j)\geqslant n$，则 $\boldsymbol{G}$ 为汉密尔顿图。

证明：用反证法。假设存在一个 $n\geqslant3$ 的非汉密尔顿图 $\boldsymbol{G}$，使得对于 $\boldsymbol{G}$ 的每对不邻接的节点 v_i,v_j，均有 $\deg(v_i)+\deg(v_j)\geqslant n$。对图 $\boldsymbol{G}$ 做如下处理：在确保所得的新图是非汉密尔顿图的前提下，向 $\boldsymbol{G}$ 中增加边，直至不能再添加为止，得到的新图记为 $\boldsymbol{G}'$，对于 $\boldsymbol{G}'$ 中每对不邻接的节点 v_i,v_j，一定有 $\deg(v_i)+\deg(v_j)\geqslant n$。

因为 $\boldsymbol{G}'$ 不是完全图（完全图必定是汉密尔顿图），所以 $\boldsymbol{G}'$ 含有不邻接的节点对。设 $\boldsymbol{x}$ 和 $\boldsymbol{y}$ 是 $\boldsymbol{G}'$ 的不邻接的节点对。显然，图 $\boldsymbol{G}'+\{\boldsymbol{x},\boldsymbol{y}\}$ 是一个汉密尔顿图，且 $\boldsymbol{G}'+\{\boldsymbol{x},\boldsymbol{y}\}$ 的每个汉密尔顿回路必定含有边 $(\boldsymbol{x},\boldsymbol{y})$。也就是说，在 $\boldsymbol{G}'$ 中存在一个从 $\boldsymbol{x}$ 到 $\boldsymbol{y}$ 的汉密尔顿路，记为 $\boldsymbol{x}=\boldsymbol{v}_1,\boldsymbol{v}_2,\cdots,\boldsymbol{v}_n=\boldsymbol{y}$。可以得到：如果 $\boldsymbol{x}\boldsymbol{v}_i$ 是 $\boldsymbol{G}'$ 的一条边，其中 $2\leqslant i\leqslant n$，则 $\boldsymbol{v}_{i-1}\boldsymbol{y}$ 不是 $\boldsymbol{G}'$ 的一条边；否则，$\boldsymbol{x},\boldsymbol{v}_i,\boldsymbol{v}_{i+1},\cdots,\boldsymbol{y},\boldsymbol{v}_{i-1},\boldsymbol{v}_{i-2},\cdots,\boldsymbol{x}$ 是 $\boldsymbol{G}'$ 的汉密尔顿回路，这是不可能的。因此，对于 $\{\boldsymbol{v}_2,\boldsymbol{v}_3,\cdots,\boldsymbol{v}_{n-1}\}$ 中的每个与 $\boldsymbol{x}$ 邻接的节点，在 $\{\boldsymbol{v}_1,\boldsymbol{v}_2,\cdots,\boldsymbol{v}_{n-1}\}$ 中都有一个节点与 $\boldsymbol{y}$ 不邻接。即 $\deg(\boldsymbol{y})\leqslant(n-1)-\deg(\boldsymbol{x})$，故 $\deg(\boldsymbol{x})+\deg(\boldsymbol{y})\leqslant n-1$，与假设矛盾。定理得证。

定理 6.10 设 v_i 和 v_j 是图 $\boldsymbol{G}=(\boldsymbol{V},\boldsymbol{E})$ 的两个不邻接的节点，并满足 $\deg(v_i)+\deg(v_j)\geqslant|\boldsymbol{V}|$，则图 $\boldsymbol{G}$ 是汉密尔顿图的充要条件是 $\boldsymbol{G}+\{v_i,v_j\}$ 是汉密尔顿图。

证明：必要性是显然的。下面证明充分性。

反证法。假设 $\boldsymbol{G}+\{v_i,v_j\}$ 是汉密尔顿图，v_i 和 v_j 是图 $\boldsymbol{G}$ 的两个不邻接的节点，但 $\boldsymbol{G}$ 不是汉密尔顿图，那么推出 $\boldsymbol{G}+\{v_i,v_j\}$ 的每个汉密尔顿回路都必含有边 (v_i,v_j)。因此，$\boldsymbol{G}$ 含有一条 v_i 和 v_j 之间的汉密尔顿路。因为 $\deg(v_i)+\deg(v_j)\geqslant|\boldsymbol{V}|$，由定理6.10可知，$\boldsymbol{G}$ 含有一个汉密尔顿回路，这导致了矛盾，因此充分性正确。

定义 6.18 设有图 $\boldsymbol{G}=(\boldsymbol{V},\boldsymbol{E})$，从 $\boldsymbol{G}$ 出发递归地将两个不相邻且节点度之和至少为 $|\boldsymbol{V}|$ 的节点连接起来，每一步都是针对前一步所获得的图，直到没有这样的节点为止，最后生成的图称为图 $\boldsymbol{G}$ 的闭包，记为 $\boldsymbol{G}_c$。

例 6.6 请用实例说明图 $\boldsymbol{G}$ 的闭包构造过程。

解：图6.19说明了图 $\boldsymbol{G}$ 的闭包构造过程。

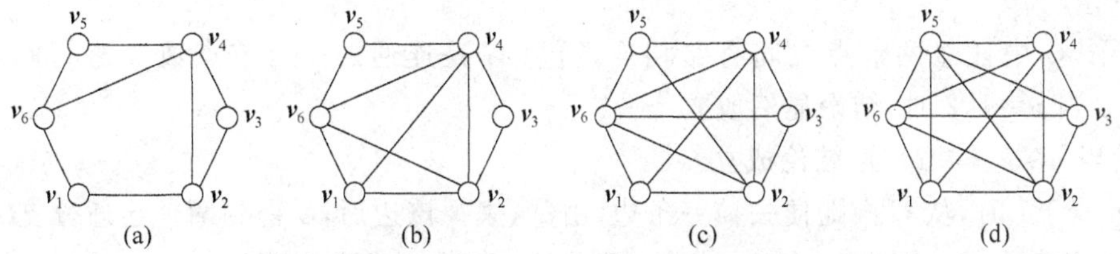

图 6.19　闭包构造过程

定理 6.11　图 $G=(V,E)$是汉密尔顿图当且仅当它的闭包G_c是汉密尔顿图。

反复应用定理 6.10 就可以得到这个结论。

在本节中，我们学习了欧拉图和汉密尔顿图的相关性质。我们知道：含有 $G=(V,E)$的每条边恰好一次的开路称为图 G 的欧拉路。含有 $G=(V,E)$的每个节点恰好一次的开路称为图 G 的汉密尔顿路。这两种特殊性质的图在实际中有非常广泛的应用。

6.5　树与生成树

树是图论中重要的概念之一，它在计算机科学中应用非常广泛，本节将讨论树的一些基本性质和应用。

定义 6.19　一个连通且无回路的无向图称为树，常用 T 表示。树中度数为 1 的节点称为树叶，度数大于 1 的节点称为分支点或内点。每个连通分支都是树的无向图称为森林。

例如，图 6.20 所示为 3 棵包含 4 个节点的树。这些树的任意一种组合均为一个森林。

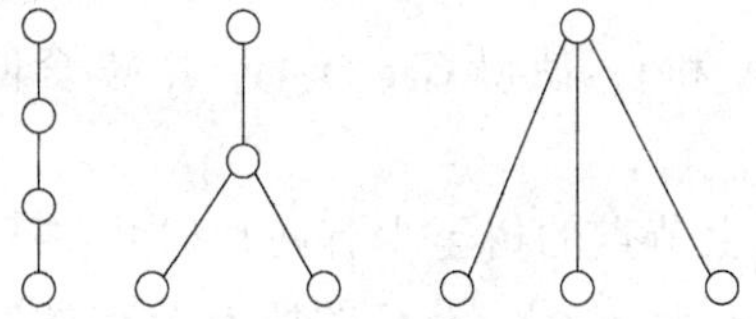

图 6.20　4 个节点的树

树的概念有许多等价的定义，在下面的定理中列出了其中的 5 个等价命题。

定理 6.12　设无向图 $G=(V,E)$是一个(n,m)图，则下列命题等价。

① G 是树。

② G 中任意两节点间有且仅有一条路相连。

③ G 是连通的，且 $m=n-1$。

④ G 无回路，且 $m=n-1$。

⑤ G 无回路，但在 G 中任意不相邻两节点间增加一条边，就得到唯一的一个回路。

证明：①⇒②。

反证法。图 G 为树，由于连通性，任意两节点之间必有路相连。假设 v_i，v_j 间存在着两条路 $\boldsymbol{\alpha}$ 和 $\boldsymbol{\beta}$，其中 $\boldsymbol{\alpha}=v_i a_1 a_2 \cdots a_s v_j$，$\boldsymbol{\beta}=v_i b_1 b_2 \cdots b_t v_j$，令 k 是使$a_{k+1}\neq b_{k+1}$成立的最小整数。由于 $\boldsymbol{\alpha}$，$\boldsymbol{\beta}$ 最后的节点都是 v_j，因此一定存在 $i,j>k$ 使得$a_i=b_j$，那么$a_k a_{k+1}\cdots a_i b_{j-1}\cdots a_k$ 为图 G 的一个回路，与 G 为树相矛盾。

②⇒③。

由于图 G 中任意两节点之间有路相连，所以 G 是连通的。对节点数 n 进行归纳，证明 $m=n-1$。当 $n=1,2$ 时，结论显然成立。

假设当 $n\leqslant k(k\geqslant 2)$ 时，结论成立。

当 $n=k+1$ 时，从 G 中随便去掉一条边，由②，去掉该边后，G 得到两个连通分支 G_1 和 G_2。设 G_1 和 G_2 的节点数分别为 n_1 和 n_2，边数分别为 m_1 和 m_2。由归纳假设 $m_1=n_1-1, m_2=n_2-1$，那么 $m_1+m_2=n_1+n_2-2$，又 $m=m_1+m_2+1, n=n_1+n_2$，所以 $m=n+1$。

③⇒④。

只须证明 G 无回路。反证法。假设 G 中存在一条长度为 k 的回路 $\boldsymbol{\alpha}$，则 $\boldsymbol{\alpha}$ 上有 k 个节点和 k 条边。对于 $n-k$ 个不在 $\boldsymbol{\alpha}$ 上的每个节点 $\boldsymbol{v}_i$，必有一条关联于它的边 $\boldsymbol{e}_i$，且 $\boldsymbol{e}_i$ 在连接 $\boldsymbol{v}_i$ 与 $\boldsymbol{\alpha}$ 上节点的最短通路上，这种边每条都不相同，因此去掉回路 $\boldsymbol{x}$ 中的任意一条边，使图的节点数与连通性不变。这样得出了矛盾。因此 G 无回路。

④⇒⑤。

首先，我们需要证明 G 是连通的。设 G 有 k 个分支，由④可知，G 中无回路，因而每个分支是一棵树。设这 k 棵树分别是 $G_1, G_2, \cdots, G_k$，且 G_i 有 n_i 个节点，m_i 条边，$1\leqslant i\leqslant k$，从而 $m_i=n_i-1$，于是，$m=n_1+n_2+\cdots+n_k-k=n-k$。由④得出 $k=1$。因此 G 是连通的，于是 G 是连通而无回路的图，①成立，从而②成立。

其次，设 $\boldsymbol{v}_i$ 和 $\boldsymbol{v}_j$ 是 G 中不邻接的两个节点，由②，$\boldsymbol{v}_i$ 和 $\boldsymbol{v}$ 之间存在一条通路 $\boldsymbol{P}$，通路 $\boldsymbol{P}$ 和边 $(\boldsymbol{v}_i, \boldsymbol{v}_j)$ 构成图 $G+\{\boldsymbol{v}_i, \boldsymbol{v}_j\}$ 的一个回路。因为 G 中无回路，所以 $G+\{\boldsymbol{v}_i, \boldsymbol{v}_j\}$ 的任何一个回路含有边 $(\boldsymbol{v}_i, \boldsymbol{v}_j)$。于是 $G+\{\boldsymbol{v}_i, \boldsymbol{v}_j\}$ 中若有两个不同的回路，可得到 G 中 $\boldsymbol{v}_i$ 和 $\boldsymbol{v}_j$ 之间的两条不同的通路，与②矛盾。

⑤⇒①。

若 G 不连通，则存在节点 $\boldsymbol{v}_i$ 和 $\boldsymbol{v}_j$，使得 $G+\{\boldsymbol{v}_i, \boldsymbol{v}_j\}$ 中不含回路，这与⑤矛盾，因此 G 是连通的无回路的图，从而①成立。

定理 6.13　具有两个及以上节点的树至少有两片树叶。

证明：假设 (n,m) 图 G 为树，且 $n\geqslant 2$，图 G 的所有节点的度数之和为 S，则有 $S=2m$，又 $m=n-1$，所以 $S=2n-2$。

如果 G 中只有一片树叶，也就是其他的 $n-1$ 个节点的度数都不小于 2，$2(n-1)+1>2n-2$ 与 $S=2n-2$ 矛盾。因此 G 中至少有两片树叶，证毕。

定义 6.20　若 T 是无向图 G 的生成子图而且又是树，则称 T 是图 G 的生成树。

例 6.7　给出图的不少于两棵的生成树。

解：例如，图 6.21(b)和图 6.21(c)是图 6.21(a)的两棵不同生成树。

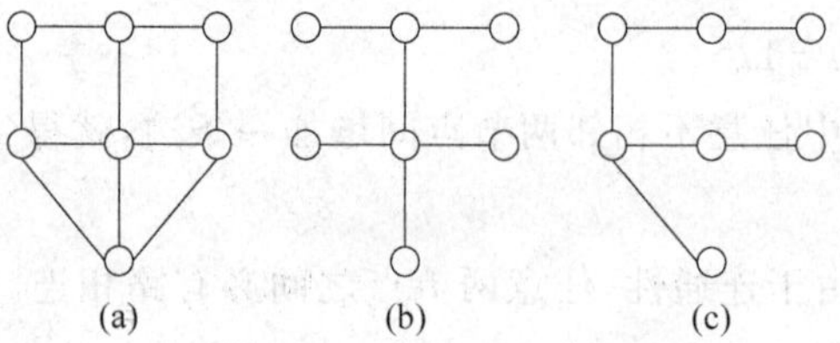

图 6.21　例 6.7 的图

定理 6.14　每个连通图 G 至少包含一棵生成树。

证明：设连通图 G 没有回路，则 G 本身就是一棵生成树。若 G 至少有一个回路，我们删去 G 的回路上的一条边，得到图 G_1，它仍是连通的，并与 G 有同样的节点集。若 G_1 没有回路，则 G_1 就是生成树。若 G_1 仍有回路，再删去 G_1 回路上的一条边，重复上述步骤，直至得到一个连通图 H，它没有回路了，但与 G 有同样的节点集，因此 H 是 G 的生成树。

定理 6.14 的证明方法就是构造生成树的最简单方法，一般称这个方法为破圈法。我们不难发现，一个连通图的生成树一般不是唯一的，除非 G 本身是树。

定义 6.21 设图 $G=(V,E)$ 是一连通图，对它的每条边 $e\in E$ 都分配一个称为权值的数值，记为 $w(e)$，赋予权值后的图 G 称为赋权图。

定义 6.22 设图 $G=(V,E)$ 是一赋权图，G 的生成树上所有树枝的权值总和称为生成树的权。权值最小的生成树称为 G 的最小生成树。

许多实际问题经常可以转化为求赋权图中的最小生成树问题。最小生成树问题的求解方法很多，其中最为著名的一个是 Kruskal 算法。

定理 6.15(Kruskal 算法) 设图 G 有 n 个节点，以下算法产生的是最小生成树。

① 选取最小权值边 e_1，置边数 $i\leftarrow 1$。

② $i=n-1$ 结束，否则转③。

③ 设已选择边为 $e_1,e_2,\cdots,e_i$，在 G 中选取不同于 $e_1,e_2,\cdots,e_i$ 的边 e_{i+1}，使得 $\{e_1,e_2,\cdots,e_i,e_{i+1}\}$ 中无回路且 e_{i+1} 是满足此条件的最小边。

④ $i\leftarrow i+1$，转②。

证明：设 T_0 为由上述算法构造的一个图，它的节点是图 G 的 n 个节点，T_0 的边是 $e_1,e_2,\cdots,e_{n-1}$。根据构造，T_0 没有回路，可知它是一棵树，且为图 G 的生成树。

下面证明 T_0 是最小生成树。

设图 G 的最小生成树是 T，若 T 与 T_0 相同，则 T_0 是 G 的最小生成树。若 T 和 T_0 不同，则在 T_0 中至少有一条边 e_{i+1}，使得 e_{i+1} 不是 T 的边，但 $e_1,e_2,\cdots,e_i$ 是 T 的边。因为 T 是树，我们在 T 中加上边 e_{i+1}，必有一条回路 r，而 T_0 是树，所以 r 中必存在某条边 f 不在 T_0 中。对于树 T，若以边 e_{i+1} 置换 f，则得到新的一棵树 T'，但树 T' 的权 $w(T')=w(T)+w(e_{i+1})-w(f)$，因为 T 是最小生成树，故 $w(T)\leqslant w(T')$，即 $w(e_{i+1})-w(f)\geqslant 0$ 或 $w(e_{i+1})\geqslant w(f)$。

因为 $e_1,e_2,\cdots,e_{i+1}$ 是 T' 的边，且在 $\{e_1,e_2,\cdots,e_i,e_{i+1}\}$ 中没有回路，故 $w(e_{i+1})>w(f)$ 不可能成立，因为否则在 T_0 中，自 $e_1,e_2,\cdots,e_i$ 之后将取 f，而不能取 e_{i+1}，与题设矛盾。于是 $w(e_{i+1})=w(f)$，因此 T' 也是 G 的一棵最小生成树，但是 T' 与 T_0 的公共边数比 T 与 T_0 的公共边数多 1，用 T' 置换 T，重复上面的论证直至得到与 T_0 有 $n-1$ 条公共边的最小生成树，这时我们断定 T_0 是最小生成树。

图 6.22 演示了如何应用 Kruskal 算法构造连通赋权图的一棵最小生成树。

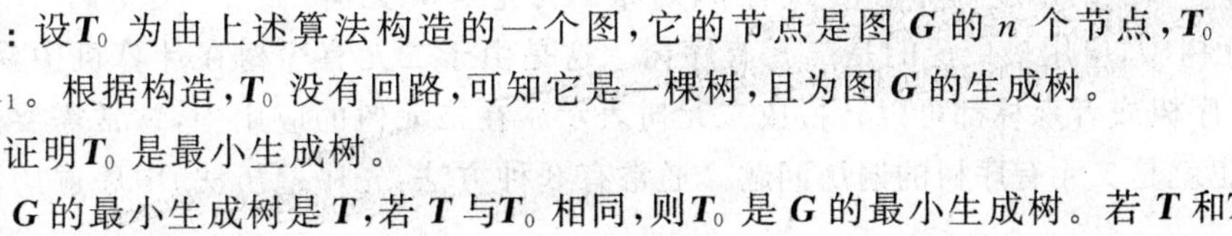

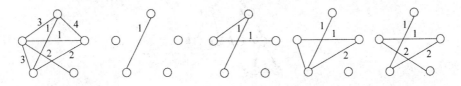

图 6.22 Kruskal 算法

根据讨论的无向树性质，我们可以将其推广到有向树中。

定义 6.23 一个有向图 $G=(V,E)$ 在不考虑弧的方向时如果是一棵树，则称 G 为有向树。

定义 6.24 如果有向树有一个入度为 0 的节点，而其他所有节点的入度都为 1，则称此有向树为根树。入度为 0 的节点称为树根，出度为 0 的节点称为树叶，树根和树叶以外的节点称为分支节点。一个节点的级是从树根到该节点的通路的长度。

图 6.23(a)和图 6.23(b)表示的是同一棵根树，其中 v_1，v_2 和 v_3 是 1 级节点，v_4，v_5 和 v_6 是 2 级节点。

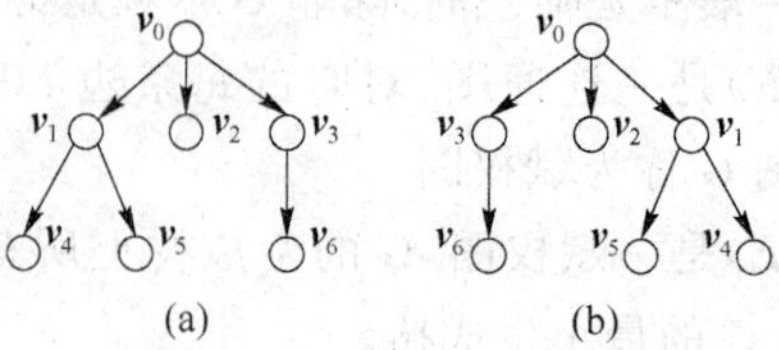

图 6.23 同一棵树

定义 6.25 如果在有向树中规定了每一级上节点的顺序，则这样的树称为有序树。

图 6.23(a)和图 6.23(b)虽然是同一棵有向树，但却是两棵不同的有序树。

一棵根树可看成一个家族树。如果从 v_i 到 v_j 有一条边，那么称 v_i 为 v_j 的父亲，v_j 为 v_i 的儿子；如果从 v_i 到 v_j 有一条有向路，那么称 v_i 为 v_j 的祖先，v_j 为 v_i 的子孙；如果 v_i 和 v_j 有相同的父亲，那么称 v_i 和 v_j 为兄弟。

定义 6.26 T 为一棵根树，如果 T 的每个节点的出度都小于等于 m，则称 T 为 m 元树。如果 T 的每个节点的出度都等于 m 或者 0，则称 T 为完全 m 元树。

在 m 元树中，应用最广泛的是二元有序树。这是由于二元有序树在计算机中易于处理，而且任何有序树或者森林都可以转换成二元树表示。在二元树的应用中，常常需要遍历树的每个节点，也就是二元有序树的遍历问题。通常有 3 种方法：先序遍历法、中序遍历法和后序遍历法。

先序遍历法。先访问二元有序树的树根 v_0；如果有左儿子，则以先序遍历法遍访 v_0 的左子树（以 v_0 的左儿子为根的子树）；如果有右儿子，则以先序遍历法遍访 v_0 的右子树（以 v_0 的右儿子为根的子树）。

中序遍历法。如果二元有序树的树根 v_0 有左儿子，则以中序遍历法遍访 v_0 的左子树；访问二元有序树的树根 v_0；如果树根 v_0 有右儿子，则以中序遍历法遍访 v_0 的右子树。

后序遍历法。如果二元有序树的树根 v_0 有左儿子，则以后序遍历法遍访 v_0 的左子树；如果树根 v_0 有右儿子，则以后序遍历法遍访 v_0 的右子树；访问二元有序树的树根。

例 6.8 给出图 6.24 所示的二元有序树的遍历结果。

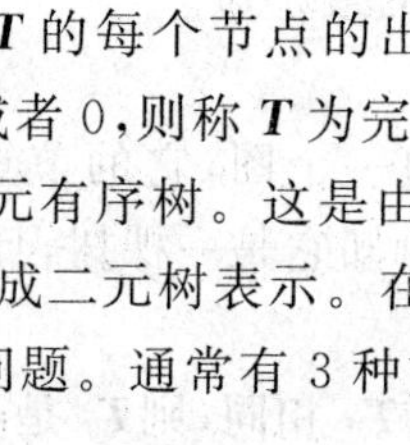

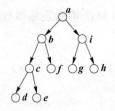

图 6.24 例 6.8 的图

解：图 6.24 所示的二元有序树的遍历结果如下。

先序遍历法：$a(b(cde)f)(igh)$。

中序遍历法：$((dce)bf)a(gih)$。

后序遍历法：$((dec)fb)(ghi)a$。

定理 6.16 二元树 T 有 n_0 片树叶，n_2 个出度为 2 的节点，则 $n_2=n_0-1$。

证明：先设节点出度为 1 的个数为 n_1，则 T 的节点数 $n=n_0+n_1+n_2$。又 T 的边数 $m=n-1$，$m=n_1+2n_2$，那么 $n_1+2n_2=n_0+n_1+n_2-1$，即 $n_2=n_0-1$。

定理 6.17 完全二元树 T 有 n 个节点，n_0 片树叶，则 $n=2n_0-1$。

证明：设出度为 2 的节点数为 n_2，则 $n=n_0+n_2$。因为 $n_2=n_0-1$，所以 $n=2n_0-1$。

在本节中，我们学习了树和生成树的相关性质。我们知道：树是一种特殊的图，树可以解决大量的计算机应用的实际问题。利用这些性质，可以找出一个最小生成树，可以对树进行遍历。

6.6 图论在信息安全中的应用

图论方法与技术在网络空间安全领域有着广泛而深入的应用，本节将重点介绍图同构问题在构建零知识证明系统中的应用。我们先介绍两个图之间的同构关系，同构直观上的理解就是两个图有着相同的形状，或者说两个图的节点通过重新标号而形成相同的图。

6.6.1 图的同构

定义 6.27 设图 $G=(V,E)$ 和图 $G'=(V',E')$，如果存在一个双射 $f:V\to V'$，使得 $\{v_i,v_j\}\in E$ 当且仅当 $\{f(v_i),f(v_j)\}\in E'$，我们称 G' 同构于 G，记为 $G'\cong G$。

图 6.25 (a)为图 $G_a=(V_a,E_a)$，图 6.25 (b)为图 $G_b=(V_b,E_b)$，从 G_a 到 G_b 存在一一映射 $f:V_a\to V_b$，其中 $f(u_1)=u_2$，$f(v_1)=w_2$，$f(w_1)=y_2$，$f(y_1)=x_2$。因此这两个图是同构的。

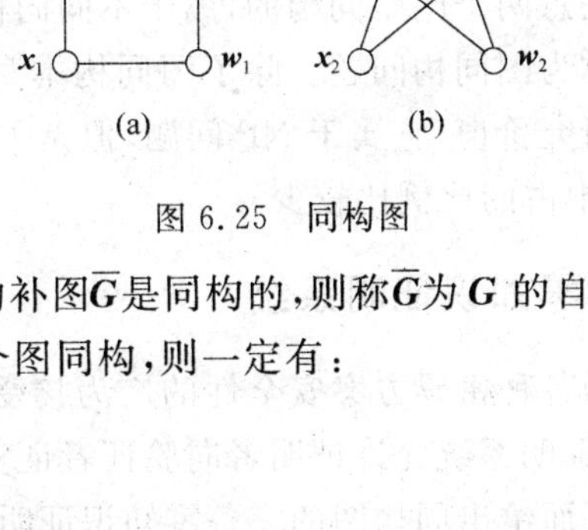

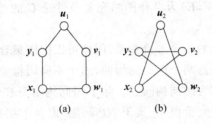

图 6.25 同构图

定义 6.28 若图 G 和它的补图 $\overline{G}$ 是同构的，则称 $\overline{G}$ 为 G 的自补图。

根据同构的定义，如果两个图同构，则一定有：

① 它们有相同的节点数；

② 它们有相同的边数；

③ 它们对应的节点的度数相同。

对于一个矩阵 A，将它进行以下变换，第 i 行和第 j 行交换，然后第 i 列和第 j 列交换，这样的变换称为 A 的一次对称变换。我们在 6.3 节介绍过图的矩阵表示，它们是计算机处理图的基础，其中的邻接矩阵可以用来很好地判断两个图之间的同构关系。

如下两个矩阵即是相互做了一次对称变换而成的。

$$\begin{pmatrix} a_{11} & \cdots & a_{1i} & \cdots & a_{1j} & \cdots & a_{1n} \\ \vdots & & \vdots & & \vdots & & \vdots \\ a_{i1} & \cdots & a_{ii} & \cdots & a_{ij} & \cdots & a_{in} \\ \vdots & & \vdots & & \vdots & & \vdots \\ a_{j1} & \cdots & a_{ji} & \cdots & a_{jj} & \cdots & a_{jn} \\ \vdots & & \vdots & & \vdots & & \vdots \\ a_{n1} & \cdots & a_{ni} & \cdots & a_{nj} & \cdots & a_{nn} \end{pmatrix} \begin{pmatrix} a_{11} & \cdots & a_{1j} & \cdots & a_{1i} & \cdots & a_{1n} \\ \vdots & & \vdots & & \vdots & & \vdots \\ a_{j1} & \cdots & a_{ii} & \cdots & a_{ji} & \cdots & a_{jn} \\ \vdots & & \vdots & & \vdots & & \vdots \\ a_{i1} & \cdots & a_{ij} & \cdots & a_{jj} & \cdots & a_{in} \\ \vdots & & \vdots & & \vdots & & \vdots \\ a_{n1} & \cdots & a_{nj} & \cdots & a_{ni} & \cdots & a_{nn} \end{pmatrix}$$

定理 6.18 图$G_1=(V_1,E_1)$和图$G_2=(V_2,E_2)$同构的充要条件是G_1和对应的邻接矩阵A_1可以通过有限次的对称变换得到G_2对应的A_2邻接矩阵。

证明：必要性。假设两个图G_1和G_2同构，V_1和V_2间存在一个双射$f:V_1\to V_2$。记$V_1=\{v_1,v_2,\cdots,v_n\}$，$V_2=\{w_1,w_2,\cdots,w_n\}$，则对$\forall v_i\in V_1$都有$f(v_i)=w_j(i,j\in[1,n])$。对$A_1$做以下系列变换：将每个$v_i(i\in[1,n])$对应的行换到$w_i$对应的行（假定是第$k$行），然后将$v_i$对应的列换到第$k$列，最终使得$A_1$的节点顺序与$A_2$的节点顺序相一致。

根据同构的定义，G_1和G_2对应的节点的邻接情况完全相同，也就是说经过系列变换后的A_1和A_2的对应行列是相同的，因此变换后的A_1和A_2完全相等。上面对A_1做的变换就是一系列的对称变换，即A_1通过有限次的对称变换可得到A_2。

充分性。假设图G_1的邻接矩阵A_1经过有限次的对称变换后，可得到图G_2的邻接矩阵A_2，记$V_1=\{v_1,v_2,\cdots,v_n\}$，$V_2=\{w_1,w_2,\cdots,w_n\}$。对于$\forall v_i\in V_1$，$v_i$若对应变换后矩阵的第$j$行，那么就记$f(v_i)=w_j$。而且这种对应关系是唯一的，因此$f(v_i)=w_j$是一个双射。

对于$\forall\{v_k,v_s\}\in E_2$，令$f(v_k)=w_p$，$f(v_s)=w_q$，由于$A_1$中$v_k$行$v_s$列对应的项为1，根据对称变换，那么在$A_2$中第$p$行第$q$列对应的项也应该为1，即$\{v_k,v_s\}\in E_2$。同理，若$\forall\{v_k,v_s\}\notin E_1$，则$\{f(v_k),f(v_s)\}\notin E_2$，即$\{v_k,v_s\}\in E_1$，当且仅当$\{f(v_k),f(v_s)\}\in E_2$。因此$G_1$和$G_2$是同构的。证毕。

定理 6.19 一个图$G=(V,E)$为自补图的充要条件是G的邻接矩阵A通过有限次的对称变换，得到$\overline{G}$的邻接矩阵$\overline{A}$。

图同构是作用在图集合上的一个等价关系，因此可以把图集合分成一些等价类，也称为同构类。属于同一个同构类的任意两个图是同构的，属于不同同构类的任意两个图是不同构的。判断两个图是否同构的问题称为图同构问题。除了图同构本身在实践中的重要性，它在计算复杂性理论中也有着重要的研究价值，它属于 NP 问题，但是无法判断其属于 P 问题还是 NP 完全问题，这样的问题在 NP 中占的比例比较少。

6.6.2 基于同构图的零知识证明系统

零知识证明是定义和证明各种密码方案安全性的广为接受的方法，在现代密码学中处于核心位置。简单地说，零知识证明系统允许证明者向验证者证实一个论断，验证者在多项式时间内计算得不到任何知识。下面给出同构图的完备零知识证明的具体构造。

算法 6.1 同构图的完备零知识证明。

公共输入：两个图$G_1=(V_1,E_1)$和$G_2=(V_2,E_2)$。

假设证明者P知道G_1和G_2同构，令φ是G_1到G_2的同构映射，即$\phi:V_1\to V_2$是双射，且$(v_1,v_2)\in E_1$，当且仅当$\{\phi(v_1),\phi(v_2)\}\in E_1$。

下面的步骤将使验证者V相信P的知识。

① 证明者 P 随机置换$\boldsymbol{G}_2$ 并产生另一个同构图$\boldsymbol{G}'=(\boldsymbol{V}_2,\boldsymbol{E}')$，其中$\boldsymbol{E}'=\{\pi(\boldsymbol{u}),\pi(\boldsymbol{v})\}$，$\pi$ 是$\boldsymbol{G}_2$ 到$\boldsymbol{G}'$的同构映射。P 将图$\boldsymbol{G}'$发给验证者 V。P 知道$\boldsymbol{G}_2$ 和$\boldsymbol{G}'$同构，也知道 $\boldsymbol{G}_1$ 和$\boldsymbol{G}'$同构。但其他人发现$\boldsymbol{G}_1$ 和$\boldsymbol{G}'$或$\boldsymbol{G}_2$ 和$\boldsymbol{G}'$之间同构与发现$\boldsymbol{G}_1$ 和$\boldsymbol{G}_2$ 之间同构一样困难。

② 接收到证明者 P 发送的图$\boldsymbol{G}'$，验证者 V 均匀选取$\sigma\in\{1,2\}$，然后将 σ 发给证明者，让他给出$\boldsymbol{G}'$和$\boldsymbol{G}_\sigma$间的同构映射。

③ 若证明者 P 从 V 收到的$\sigma=2$，则 P 将 π 发送给 V；否则，P 发送 $\pi\circ\phi(\pi\circ\phi(\nu)=\pi(\phi(\nu)))$。

④ 若验证者 V 从 P 接收到的消息 ψ 是$\boldsymbol{G}'$和 $\boldsymbol{G}$ 间的同构映射，则 V 输出 1(接受输入)；否则输出 0(拒绝输入)。

⑤ P 和 V 重复①到④n 次。

上述构造算法具有以下 3 个属性。

完备性。假设证明者 P 是诚实的参与者，严格按照上述步骤执行，验证者 V 总会接受输入。

有效性。这个构造每运行一轮，P 都有 1/2 的概率猜中验证者 V 在②中会要求执行哪一个证明，从而对 V 进行欺骗，重复运行 n 轮后，P 成功欺骗的概率是$\frac{1}{2^n}$。

零知识性。证明者 P 在每一轮构造中都产生一个新图 $\boldsymbol{H}$，运行 n 轮后，验证者 V 仅得到图$\boldsymbol{G}_1$ 或图$\boldsymbol{G}_2$ 的一些随机同构副本，没有得到任何有用的信息，以帮助他了解$\boldsymbol{G}_1$ 或$\boldsymbol{G}_2$ 之间的同构性。

把满足上述 3 个属性的算法或协议称为一个完备的交互零知识证明系统。

本章小结

本章对图论中的基本知识进行了介绍，主要是对图的基本概念、通路和回路，图的矩阵表示，欧拉图和汉密尔顿图，树及生成树等内容进行了介绍。结合网络空间安全专业的应用需要，本章还介绍了图论在网络空间安全中的一个应用实例，即基于图的同构的零知识证明系统。

本章习题

1. 给定图的集合表示，画出它们的图形表示。

① 无向图$\boldsymbol{G}_1=(\boldsymbol{V}_1,\boldsymbol{E}_1)$，其中，$\boldsymbol{V}_1=\{v_1,v_2,v_3,v_4,v_5\}$，$\boldsymbol{E}_1=\{(v_1,v_2),(v_2,v_3),(v_3,v_4),(v_3,v_5),(v_4,v_5)\}$。

② 无向图 $\boldsymbol{G}_2=(\boldsymbol{V}_2,\boldsymbol{E}_2)$，其中，$\boldsymbol{V}_2=\boldsymbol{V}_1$，$\boldsymbol{E}_2=\{(v_1,v_2),(v_2,v_3),(v_3,v_4),(v_4,v_5),(v_5,v_1)\}$。

③ 有向图 $\boldsymbol{G}_3=(\boldsymbol{V}_3,\boldsymbol{E}_3)$，其中，$\boldsymbol{V}_3=\boldsymbol{V}_1$，$\boldsymbol{E}_3=\{(v_1,v_2),(v_2,v_3),(v_3,v_2),(v_4,v_5),(v_5,v_1)\}$。

④ 有向图 $\boldsymbol{G}_4=(\boldsymbol{V}_4,\boldsymbol{E}_4)$，其中，$\boldsymbol{V}_4=\boldsymbol{V}_1$，$\boldsymbol{E}_4=\{(v_1,v_2),(v_2,v_5),(v_5,v_2),(v_3,v_4),$

$(v_4, v_3)\}$。

2. 写出图 6.26 中各个图的集合表示。

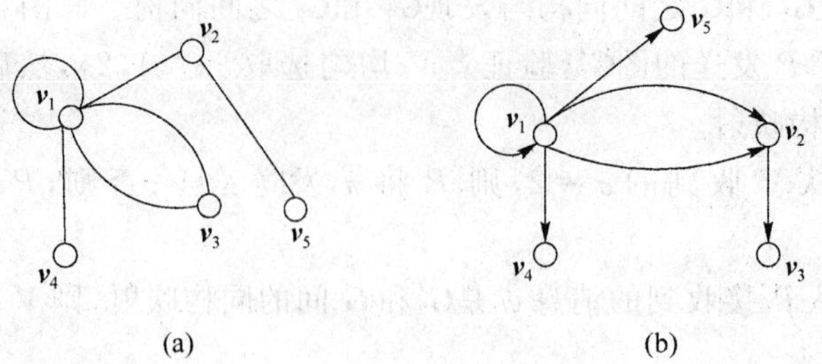

图 6.26　2 题的图

3. 证明在任何有向完全图中，所有节点入度的平方和等于出度的平方和。

4. 给出图 6.27 相对于完全图的补图。

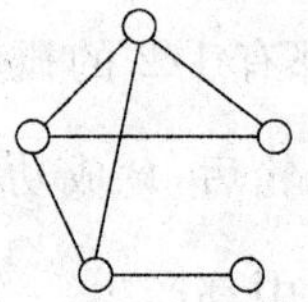

图 6.27　4 题的图

5. 设无向图 $\boldsymbol{G}$ 有 10 条边，3 度与 4 度节点各 2 个，其余节点的度数均小于 3，问 $\boldsymbol{G}$ 中至少有多少个顶点？

6. 若无向图 $\boldsymbol{G}$ 中恰好有两个度为奇数的节点，则这两个节点间必有连线。

7. 请分析图 6.28，求：

① 从 v_1 到 v_6 的所有通路；

② 从 v_1 到 v_6 的所有距离。

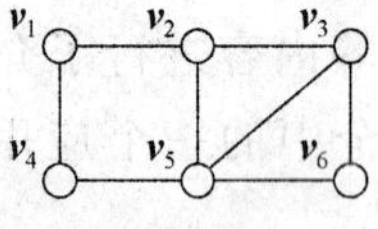

图 6.28　7 题的图

8. 求出图 6.29 中有向图的邻接矩阵 $\boldsymbol{A}$，找出从 v_1 到 v_4 的长度为 2 和 4 的路，通过计算 $\boldsymbol{A}^2, \boldsymbol{A}^3$ 和 $\boldsymbol{A}^4$ 来验证这个结论。

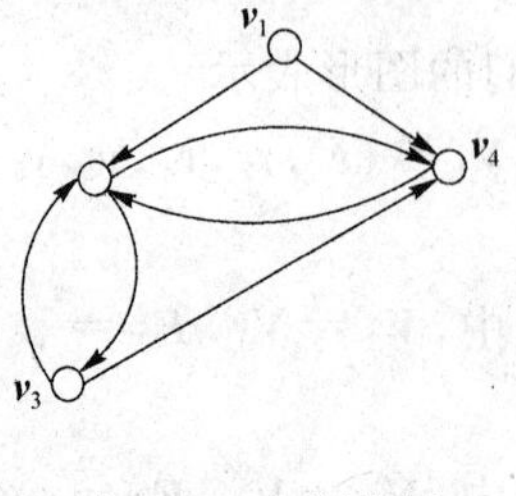

图 6.29　8 题的图

9. 求出如图 6.30 所示的无向图 $\boldsymbol{G}$ 的全部点割集和边割集，并指出其中的割点和割边。

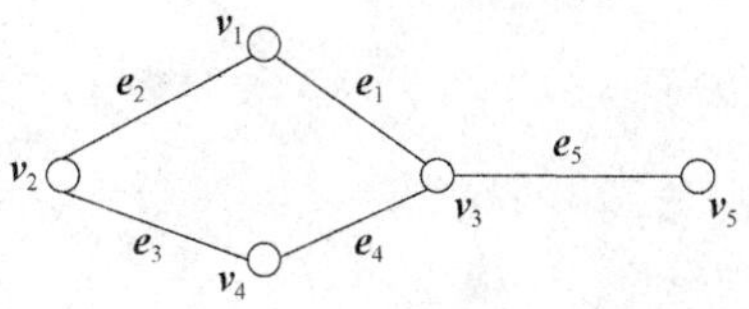

图 6.30　9 题的图

10. 构造一个欧拉图，其节点数 v 和边数 e 符合如下特点：①v，e 奇偶性一样；②v，e 奇偶性相反。如果不可能，请说明原因。

11. 确定 n 取怎样的值，完全图 K_n 有一条欧拉回路。

12. 判断图 6.31 所示的图是否有汉密尔顿回路。

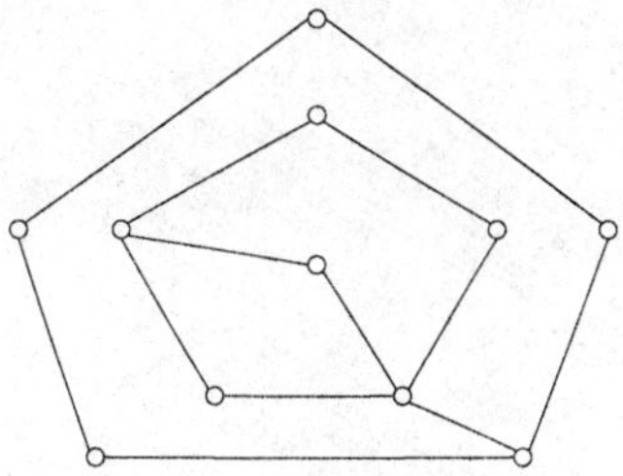

图 6.31　12 题的图

13. 证明当且仅当连通图的每条边均为割边时，该连通图才是一棵树。

14. 一棵树有 2 个节点度数为 2，1 个节点度数为 3，3 个结点度数为 4，请问它有几个节点的度数为 1。

15. 对于图 6.32，利用 Kruskal 算法求一棵最小生成树。

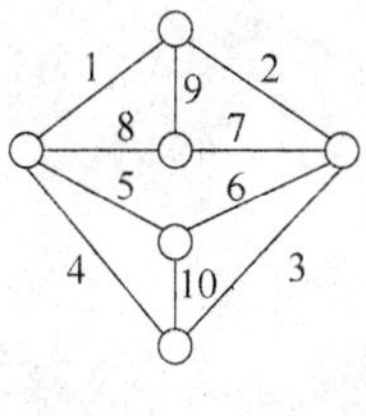

图 6.32　15 题的图

16. 证明在完全二叉树中，边的总数等于 $2(n-1)$，式中 n 是树叶数。

17. 证明图 6.33 中的两个图是不同构的。

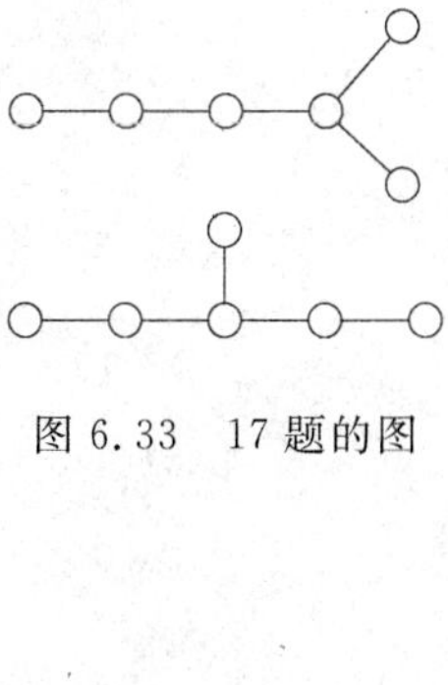

图 6.33　17 题的图